固态锂离子电池技术

主　编　刘明义

副主编　徐若晨

中国电力出版社

CHINA ELECTRIC POWER PRESS

内 容 提 要

本书重点针对固态锂离子电池技术的发展历程、技术路线、行业应用等方面进行阐述。

全书共分为 6 章，第 1 章对固态电解质与固态锂离子电池做概述性介绍；第 2 章、第 3 章和第 4 章对氧化物、硫化物、聚合物固态锂离子电池以及使用的固态电解质进行详细概述，对固态锂离子电池和电解质的研究方向和研究进展以及固态锂离子电池和电解质的制备和优化进行介绍；第 5 章对固态锂离子电池表征与制备工艺进行介绍，主要内容为固态锂离子电池的性能评价方法，包含电化学性能、热学性能、机械性能等。同时介绍了固态锂离子电池的制备工艺技术；第 6 章对固态锂离子电池行业应用进行介绍。

本书适合固态锂离子电池研究学者，科技工作者，电池研发、制造、应用开发工程师等阅读。

图书在版编目（CIP）数据

固态锂离子电池技术 / 刘明义主编；徐若晨副主编.

北京：中国电力出版社，2025. 6. -- ISBN 978-7
-5198-9463-4

Ⅰ. TM912

中国国家版本馆 CIP 数据核字第 2024R1F670 号

出版发行：中国电力出版社

地　　址：北京市东城区北京站西街 19 号（邮政编码 100005）

网　　址：http://www.cepp.sgcc.com.cn

责任编辑：赵鸣志（010-63412385）

责任校对：黄　蓓　马　宁

装帧设计：赵丽媛

责任印制：吴　迪

印　　刷：三河市万龙印装有限公司

版　　次：2025 年 6 月第一版

印　　次：2025 年 6 月北京第一次印刷

开　　本：787 毫米 ×1092 毫米　16 开本

印　　张：16

字　　数：319 千字

印　　数：0001—1000 册

定　　价：90.00 元

21 世纪，随着清洁可再生能源的推广和智能化城市的快速发展，锂离子电池作为二次电池的代表已成为现代生活中不可或缺的一部分。锂离子电池作为一种高能量密度、可循环使用的能量载体，已广泛应用于电动车、移动电子设备等领域。在锂离子电池中，电解质承载着离子传导和电荷传输的任务，对电池性能有重要影响。传统电解质的成分主要为有机液态电解质，具有离子电导性高、电极表面润湿性好的优点，但其电化学稳定性和热稳定性较差：一方面，有机电解液具有易挥发性和可燃性，电池在过充、过放及高温状态下易发生膨胀，造成电解液泄漏；另一方面，锂离子在电解液中穿梭传导过程中易在负极表面生长锂枝晶，随着锂枝晶的生长易穿透隔膜，造成电池正负极接触而发生短路，存在安全隐患。电池应用安全更强调电池本体层级的安全，在外部条件恶化或突变的情况下，不应起火、不应爆炸。

相比传统液态锂离子电池，固态锂离子电池具有更高的能量密度、更宽的工作温度范围和更高的安全性，这使得固态锂离子电池成为能源存储和转换领域的热门研究方向。《新能源汽车产业发展规划（2021—2035 年）》指出：实施电池技术突破行动，加快固态动力电池技术研发及产业化。近年来，各国越来越重视固态锂离子电池技术的发展和应用，固态锂离子电池凭借独有高能量密度和高安全的优势或将成为下一代引领市场的电池技术。尽管固态锂离子电池在安全性等方面具有明显优势，但目前固态锂离子电池的发展仍然不成熟。相较于液态锂离子电池，固态锂离子电池内部的界面为固－固接触，易存在锂离子界面传输速率低的问题，长期循环易造成固态锂离子电池性能发挥受阻。从产业化角度考虑，固态锂离子电池的工艺路线尚不成熟，当前固态锂离子电池的成本仍高于液态锂离子电池，仍需进一步推动技术进步和产业发展。

固态锂离子电池及产业化发展是一个新兴而复杂的领域，了解固态锂离子电池技术的最新进展和未来发展方向对从事该领域的研究和应用至关重要。本书的编写旨在全面系统地介绍固态锂离子电池技术的研究进展、应用领域及未来发展方向，为读者提供参考。该书对从事固态锂离子电池领域研究的人员具有一定的参考价值，可以了解当前固态锂离子电池最新研究进展。同时，对于从事固态锂离子电池相关领域的工程技术人员和企业管理人员来说，可以了解固态锂离子电池的应用现状和未来发展方向，为相关领域业务提供支持。随着固态锂离子电池技术的逐渐成熟，该领域的研究成果和应用案例也需要得到更多的传播。通过该书的出版，可以为广大读者普及固态锂离子电池相关知识，推动固态锂离子电池技术的发展和应用。相较于其他类似的著作，该书更加贴近实际生产以及产业化情况，进一步分析了固态锂离子电池发展的可行性、未来固态锂离子电池发展方向。

本书重点针对固态锂离子电池技术的发展历程、技术路线、行业应用等方面进行阐述。全书共分为 6 章，第 1 章对固态电解质与固态锂离子电池做概述性介绍，主要包含发展历史、工作原理、分类特点、电池组成、技术问题等；第 2 章、第 3 章和第 4 章对氧化物、硫化物、聚合物固态锂离子电池以及使用的固态电解质进行详细概述，对固态锂离子电池和电解质的研究方向和研究进展，以及固态锂离子电池和电解质的制备和优化进行介绍；第 5 章对固态锂离子电池表征与制备工艺进行介绍，主要内容为固态锂离子电池的性能评价方法，包含电化学性能、物理性能、安全性能等，同时介绍了固态锂离子电池的制备工艺技术；第 6 章为固态锂离子电池行业应用介绍，包含对各国固态锂离子电池的政策分析、全球固态锂离子电池专利申请情况介绍、固态锂离子电池行业发展及应用情况概述、固态锂离子电池产业链分析、固态锂离子电池目前的发展困境与解决办法。本书由刘明义担任主编，徐若晨担任副主编，参加编写的人员有安丽、白盼星、曹曦、曹传钊、刘大为、雷浩东、李翔、农謇、裴杰、孙周婷、孙佳为、屠芳芳、王倩、王佳运、徐航宇、相佳媛、向晋、姚珠君、岳芬、杨容、张江涛、赵春荣。在本书的撰写过程中，编写人员做了大量文献收集、图表绘制、撰写修改等工作。在此，作者对为本书的撰写做出贡献的所有同事和朋友们表示诚挚的谢意。特别感谢中国电力出版社赵鸣志、董艳荣编辑在本书出版过程中给予的大力帮助。

固态锂离子电池技术涉及的科学概念和理论知识非常广泛，同时又处于蓬勃发展之中，各种新材料、新技术、新方法不断涌现，受作者水平所限，加之编写时间紧迫，书中难免有纰漏，敬请各使用单位及个人对本书提出宝贵意见和建议。

编　者

2025 年 1 月

目　录

第 1 章

概　　述

1.1　固态锂离子电池简介

1.1.1　固态电解质的发展历程

固态电解质是一种在固体状态下具有离子传导性的物质，与传统的液态电解质（如溶液）相比，固态电解质具有更高的稳定性和安全性。固态电解质通常是由具有离子移动能力的无机或有机化合物组成，在化合物中离子可以进行传导，因此，固态电解质能够进行化学能与电能的相互转换，这在电池中的应用非常重要。固态电解质具备高温稳定性、低内阻、长寿命和尺寸灵活等优势，如今已初步应用在电动汽车、便携式电子设备、储能系统、航空航天等领域。

固态电解质的发现，可以追溯到 19 世纪 30 年代早期。迈克尔·法拉第研究发现，在 177℃的温度下 PbF_2 具有离子导电性。当 PbF_2 加热至更高温度时，固体内部的离子能够快速迁移，并产生电流。在研究 Ag_2S 时，法拉第也发现类似的现象。在约 500℃ 温度下，Ag_2S 同样具有离子导电性，这也表明了固态 Ag_2S 中的离子能在晶体结构内部进行移动。通过实验，法拉第得知固态 PbF_2 和 Ag_2S 具备离子导电性，打破了当时认为固体不具有离子导电性的观念，并为后来固态电解质的研究和发展奠定了基础。

20 世纪 60 年代通常认为是高离子导电性材料发展的起点，"固态离子学"一词开始使用 [1]。自此之后，固态电解质在实际应用方面取得了显著进展。1960 年开发出了新型固态电解质 Ag_3SI，20℃时 Ag^+ 的离子电导率达到 10^2 S/cm。利用 Ag_3SI 固态电解质构建 $Ag \parallel Ag_3SI \parallel I_2$ 固态电池 [2]，这一应用极大地推动了固态电池的发展。1967 年，报道 $Na_2O \cdot 11Al_2O_3$ 中的 Na^+ 具有较高的离子导电性，随后 $Na_2O \cdot 11Al_2O_3$ 成功应用于 Na-S 高温固态电池。

20 世纪 70 年代，发现了钠超级离子导体（NASICON），并得出了它的晶格结构 [3-4]。1973 年，在聚环氧乙烷（PEO）的固态聚合物材料中发现具有离子传输性。在此之后，固态离子学的研究不再局限于无机材料 [5]，固态电解质的研究范围扩大到有机高分子材料 [6-7]。

20 世纪 80 年代，Coetzer 等人使用 β- 氧化铝电解质，发现了钠金属卤化物电池

（Na-NiCl$_2$ 电池）[8]。在此期间，Armand 等人提出了锂盐溶解在 PEO 中，形成固态聚合物电解质。随后，类似的各种导电聚合物材料的研究开始涌现，包括聚丙烯腈（PAN）、聚甲基丙烯酸甲酯（PMMA）和聚偏二氟乙烯（PVDF）等有机固态电解质。

20 世纪 90 年代，美国橡树岭国家实验室开发出磷氧氮化锂（LiPON）无机固态电解质[9]。随着 LiPON 的引入，人们进行了大量的研究工作，进一步开发了其他种类的无机固态电解质，如 NASICON 型（20 世纪 70 年代仅仅发现了这种物质并得出晶格结构，并未开发出此类型的电解质）、LISICON 型、钙钛矿型、石榴石型、硫化物型、氮化物型、LiBH$_4$ 等。

进入 21 世纪，随着材料的持续发现和理论的不断发展，无机和有机聚合物电解质都得到了空前研究。但无论是无机固态电解质还是有机聚合物电解质，都存在各自的优缺点，现阶段它们都还无法满足固态电池实际应用的需求。于是，无机与有机聚合物进行复合的固态电解质被提出来，被认为是非常有前景且实用化的固态电解质。2021 年，中国科学院院士、清华大学教授南策文发表题为"固态电池的大规模生产定制无机 - 聚合物复合材料（Tailoring inorganic-polymer composites for the mass production of solid-state batteries）"的文章，认为无机 - 有机聚合物复合的固态电解质适合于固态电池大规模生产[10]。

1.1.2 固态锂离子电池的发展历程

1972 年，Scrosati B. 等首次报道了采用 RbAg$_4$I$_5$ 为电解质的固态锂离子一次电池[11]，自此，固态锂离子电池的研究拉开帷幕。相比于传统的液态锂离子电池，全固态锂离子电池具有更高的能量密度和安全性能，可有效规避液态锂离子电池内部的电解液泄漏引起的燃烧问题。

1978 年，Coetzer 等人通过液态钠负极、固态正极和 β-氧化铝电解质[12] 组成钠金属卤化物 Na-NiCl$_2$ 电池，也被称为 Zeolite Battery Research Africa（ZEBRA）电池，进一步提升了固态电池的能量密度、循环寿命和安全性[8]。

1992 年，美国橡树岭国家实验室利用无机锂固态电解质 LiPON 成功开发了第一块薄膜全固态锂离子电池[9, 13]。薄膜全固态锂离子电池具有轻、薄、柔性等特点，目前已在许多领域中得到应用，包括便携式检测设备、假肢和心脏起搏器等。

1993 年，3M 公司与 Hydro Quebec 联合开发了负极为锂箔、正极为钒氧化物、电解质为聚环氧乙烷（PEO）的固态动力电池，具有较好的性能，电池容量达到 119 Ah，能量密度达到 155 Wh/kg，放电深度为 80% 时循环寿命达到 600 次。但由于该类电池需要在 60 ～ 80℃的条件下才能使用，导致锂金属 - 聚合物电池计划被搁置很长一段时间。直到 2010 年，法国最大的电动汽车运营商 Bolloré 将锂金属 - 聚合物电池用于 Bollore

Bluecar 电动汽车上，此类电池才首次商业化应用于乘用车[14]。Bollore Bluecar 电动汽车配备 30 kWh 的锂金属 - 聚合物电池，该电池与超级电容联合使用，在城市道路上最长行驶里程为 250 km，最高时速为 130 km，目前该出租车在法国的销量已超过 2000 辆。近年来，加拿大 Hydroquebec 在聚合物电解质可充锂电池领域又取得新的进展，其所制备的 Li‖ 接枝 PEO 聚合物电解质 ‖LiFePO$_4$ 电池，能量密度可达 130 Wh/kg，循环寿命达到 2000 次。

21 世纪，随着电池技术的快速发展，研究人员开发出许多新型固态锂离子电池，包括锂 - 空气电池、锂 - 硫电池和锂 - 溴电池[15]。

2013 年，科罗拉多大学博尔德分校的研究人员宣布开发出硫基固态锂离子电池，该固态锂离子电池应用铁 - 硫的固态复合正极，可实现更高的容量。

2017 年，Manthiram 等人开发了使用导游离子固态电解质的水性电池，与传统 Li$^+$ 或 Na$^+$ 脱出 / 嵌入的氧化还原反应不同，Li$^+$ 或 Na$^+$ 等导游离子在固态电解质中充当"信使"，调节正极和负极的电荷传输，不直接参与电极反应[16]。

2020 年，三星高级技术研究院（SAIT）和日本三星研发中心（SRJ）的研究人员在 Nature 上发表文章 "High-energy long-cycling all-solid-state lithium metal batteries enabled by silver-carbon composite anodes"，三星的研究人员采用一层厚度为 5 μm 的银 - 碳复合材料作为软包电池的负极，能有效防止锂离子电池老化出现树状晶体的问题。文章指出，如果软包固态锂离子电池的负极采用银 - 碳复合材料，电池的寿命、能量密度、安全性都将得到大幅提升。此种固态锂离子电池用于电动汽车，单次充电后续航里程可以达到 800km，循环可以达到 1000 次。同时，电池的能量密度提升至 900 Wh/L，相同电池容量下，采用银 - 碳负极的电池比传统锂离子电池的体积小 50%。

国内固态锂离子电池研究相对于其他国家较晚，但随着近年的发展，在固态领域也取得了一定的成就。

清陶（昆山）能源发展集团股份有限公司于 2002 年开始研发固态锂离子电池，2018 年建成了国内第一条固态锂离子电池生产线，推出高安全性、高能量密度、柔性化的固态锂离子电池，已在特种电源、高端数码等领域成功应用。2022 年 2 月 26 日，总投资 50 亿元的清陶能源固态锂离子电池产业化项目在昆山开发区破土动工，此项目建成投产后，可达到 100 亿 Wh 年装机量。

江西赣锋锂电科技股份有限公司于 2017 年开发出 56 Ah 固态锂离子电池，能量密度达 240 Wh/kg，循环寿命超过 1500 次；同时开发了 10 Ah 的固态锂金属电池，能量密度达 350 Wh/kg，组成模组后，循环寿命超过 300 次，模组能量密度达 210 Wh/kg；2022 年，东风汽车搭载赣锋锂电固态锂离子电池的汽车已达 50 辆。

北京卫蓝新能源科技有限公司于 2016 年创办，一直致力于固态锂离子电池技术研究。固态锂离子电池产线于 2019 年在溧阳开工，2020 年 7 月开始投产。2021 年 5 月公司固态锂离子电池技术相关的发明专利突破 200 件。2022 年 2 月 25 日，公司在山东淄博市齐鲁储能谷开工建设 100 GWh 固态锂电池项目，总投资 400 亿元。

宁德新能源科技有限公司通过改进方法实现了软包聚合物锂离子电池的大规模工业化生产，并成为苹果、华为等智能手机的主要电池供应商。近年，以智能手机为代表的数码产品和以电动汽车为代表的电动交通工具对锂离子电池的能量密度和安全性提出了更高需求，聚合物电解质将在这些电池体系中展示独特的优势并获得更大的市场空间。

1.2 固态电解质及固态锂离子电池工作原理

1.2.1 固态电解质工作原理

无机固态电解质的锂离子传输主要受到弗伦克尔缺陷和肖特基缺陷两种典型点缺陷的影响，如图 1-1 所示，弗兰克尔缺陷是存在于阳离子间隙中的阴离子空位，肖特基缺陷是存在于阴离子间隙中的阳离子空位。具有弗伦克尔缺陷的无机电解质具有较高的离子导电性和较低的活化焓，离子传输主要由空位的运动所驱动，即空位机制；而具有肖特基缺陷的无机电解质具有较低的离子导电性和较高的活化焓，离子传输主要由间隙离子的运动所驱动，即间隙机制。因为具有较高的迁移能垒，与空位机制相比，间隙机制的非缺陷扩散更加困难[17]。

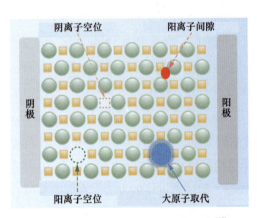

图 1-1　弗伦克尔缺陷和肖特基缺陷[17]

在聚合物电解质中，锂离子利用聚合物链中的极性基团，在聚合物链分段运动引起配位键形成和断裂的作用下，从相邻的位点传播或跳跃到其他位点，如图 1-2 所示[10]。聚合物链的分段运动与玻璃化转变温度密切相关，根据目前提出的聚合物链离子迁移模型（如 Arrhenius、Vogel-Fulcher-Tamman、Williams-Landel-Ferry），低玻璃化转变温度的聚合物，链的分段运动更活跃，从而具有更高的离子导电性[18]。因此，基于聚合物电解质的固态锂离子电池通常在玻璃化转变温度和聚合物电解质的熔点温度之间运行。尽管在高于聚合物电解质的熔点温度下，固态锂离子电池电解质的离子导电性得到极大的增强，但此时聚合物具有了液态的特性，机械强度降低，导致锂枝晶生长，甚至发生内部短路、聚合物电解质泄漏，将会造成严重的安全问题[19]。

固态聚合物 - 无机复合电解质一般通过聚合物电解质与无机材料的复合提高电解质的性能,其中无机材料包含离子不导电的惰性无机填料和离子导电的活性无机填料。固态聚合物 - 无机复合电解质中锂离子的传输受到复合电解质中的无机颗粒的影响。复合电解质可以通过填料的功能优势促进锂离子的传输。首先,无机填料可以降低聚合物的玻璃化转变温度,抑制聚合

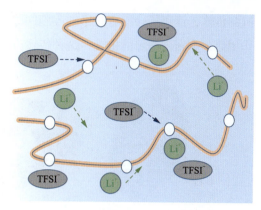

图 1-2 聚合物的分段运动 [10]

物结晶,从而促进分段运动,如图 1-3 所示 [20]。其次,无机填料与锂盐之间的路易斯酸碱相互作用可以促进盐的解离,有利于 Li^+ 的传输并增加游离 Li^+ 的数量。第三,无机填料的特殊功能基团与 Li^+ 和聚合物配位,减弱了 Li^+ 与聚合物之间的相互作用力,从而降低了分段运动过程中 Li^+ 跳跃的能垒。第四,可以通过在惰性填料与聚合物的界面中渗透活性填料来创建新的离子通道以促进 Li^+ 离子传输。

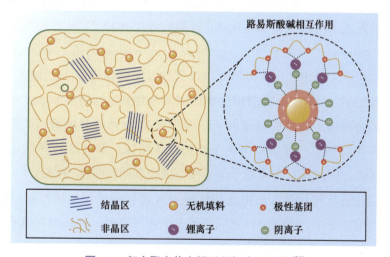

图 1-3 复合聚合物电解质的锂离子传输 [20]

1. 无机固态电解质的离子传输机制

(1) LISICON 型固态电解质。LISICON 即超级锂离子导体(lithium super ionic conductor),Bruce 和 West 率先报道 $Li_{14}ZnGe_4O_{16}$ 材料,并将其命名为 LISICON。$Li_{14}ZnGe_4O_{16}$ 的离子电导率很低,室温下只有 10^{-7} S/cm。$Li_{14}ZnGe_4O_{16}$ 对金属锂和 CO_2 具有非常高的反应活性,且存在"老化效应",电导率随着时间下降 [21]。

LISICON 的结构框架和 γ-Li_3PO_4 的结构框架相同,空间群为 *Pnma*。图 1-4 给出了 γ-Li_3PO_4 的晶体结构 [22],Li^+ 填充在 PO_4 四面体的空隙位置,Li^+ 在该结构中只能以间隙

机制传输，锂离子会沿着晶格的晶胞间隙或孔隙向前移动，在与晶格中其他锂离子相互作用后，重新占据新的位置，这种传输方式导致离子电导率较低。

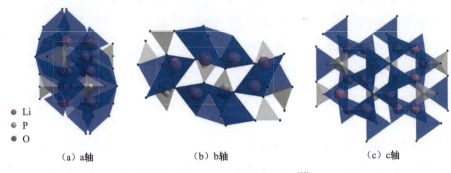

- Li
- P
- O

| （a）a轴 | （b）b轴 | （c）c轴 |

图 1-4　γ-Li$_3$PO$_4$ 的晶体结构 [22]

（2）NASICON 型固态电解质。NASICON（sodium super ionic conductor）即超级钠离子导体。1968 年，确定 NaM$_2$(PO$_4$)$_3$ (M=Ge、Ti、Zr) 具有 NASICON 结构。1976 年，Hong 发现 NASICON 具有与 β-Al$_2$O$_3$ 相近的 Na$^+$ 传导能力。当 $x=2$ 时，Na$_{1+x}$Zr$_2$Si$_x$P$_{3-x}$O$_{12}$ 具有最高的离子电导率，成为第一种被报道的具有 NASICON 结构的钠离子导体。

对于化学通式 AM$_2$(BO$_4$)$_3$，[M$_2$B$_3$O$_{12}$] 骨架构成了 NASICON 的基本结构，MO$_6$ 八面体和 BO$_4$ 四面体以共角的形式连接，形成了 Li$^+$ 的传输通道。NASICON 的晶体结构如图 1-5 所示 [23]。M$_2$(BO$_4$)$_3$ 结构单元由 3 个 BO$_4$ 四面体连接 2 个 MO$_6$ 八面体构成。该框架能够容纳 A、M、B 位置的掺杂引起的局域组成的变化。因此，A$_2$M$_2$(BO$_4$)$_3$ 结构单元中的碱金属的数目可以通过调节过渡金属 M 和元素 B 的价态来调整，大量的间隙位置最多可容纳 5 个碱金属阳离子。MO$_6$ 八面体和 BO$_4$ 四面体的连接构成了阳离子传输的通道，使其具有高的离子电导率。碱金属阳离子通过通道从一个位置跃迁到另一个位置，通道瓶颈的大小由骨架特性和 A 位置的载荷浓度控制。两个 MO$_6$ 八面体被 BO$_4$ 四面体分离，-M-O-M- 之间不能发生电子离域，使该材料具有低的电子电导率。

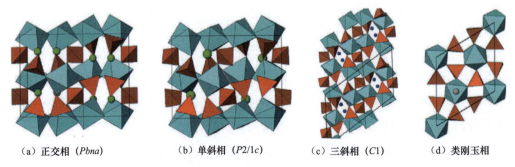

| （a）正交相 (*Pbna*) | （b）单斜相 (*P2/1c*) | （c）三斜相 (*C1*) | （d）类刚玉相 |

图 1-5　NASICON 的晶体结构 [23]

（3）钙钛矿型固态电解质。ABO_2 钙钛矿（peroskite）为立方相结构。用 Li^+ 部分取代 $La_{2/3\square 1/3}/TiO_3$ 中的 La^{3+}，可以得到锂离子导体 $Li_{3x}La_{2/3-x}TiO_3$。$Li_{3x}La_{2/3-x}TiO_3$ 通常有两种空间群：$P4/mmm$ 和 $Cmmm$。$P4/mmm$ 结构的晶胞参数 $a=b\approx3.87$Å，$c\approx2a$。从图 1-6 可以看到，钙钛矿由 TiO_6 八面体构成，A 位置与 8 个八面体的 12 个氧离子连接。空间群为 $Cmmm$ 的结构相比于 $P4/mmm$，八面体略有倾斜。在两种不同的结构模型中，La^{3+} 不均匀地分布在 la 位置和 1b 位置，即为 La1 和 La2。这种 La^{3+} 的不均匀分布是 c 轴方向晶胞参数加倍的主要原因，同时伴随着超晶格衍射线的出现。经过淬火制备的样品，超晶格的衍射峰发生宽化，这与反相畴的存在相关。这种现象引起了 c 轴方向 La1-La2-La1 的无序状态。这种 La^{3+} 的不均匀分布表明在钙钛矿结构的 Oab 平面会出现富 La^{3+} 层和贫 La^{3+} 层，这是导致八面体略微倾斜的可能原因。通过分子式可以看出 La^{3+} 离子只占据了 A 位的 2/3。因此，$Li_{3x}La_{2/3-x}TiO_3$ 之所以具有高的离子电导率，是因为在 $Li_{3x}La_{2/3-x}TiO_3$ 固态电解质中可能存在 Li^+、La-Li 取代、氧空位和自由电

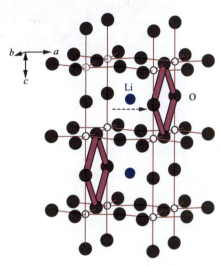

图 1-6　$Li_{3x}La_{2/3-x}TiO_3$ 的晶体结构[24]

子等多种结构缺陷，而正是因为缺陷的存在才有发生跃迁的可能，从而产生离子电导和电子电导。

（4）石榴石型固态电解质。传统的石榴石（garnet）结构的化学通式为 $A_3B_2$$(XO_4)_3$（A=Ca、Mg、Y、La 或者其他稀土元素；B=Al、Fe、Ga、Ge、Mn、Ni 或者 V），其中，A、B、X 均为阳离子占据位置，分布有 8、6、4 个氧配位，具有面心立方结构。空间群为 Ia-3d。图 1-7（a）给出了传统石榴石 $Li_3Nd_3Te_2O_{12}$ 的晶体结构。当 X 为 Li^+ 时，石榴石具有 Li^+ 导通能力。通常研究的石榴石每结构单元含有 5～7 个 Li^+，超过了传统石榴石结构所能容纳的 3 个 Li^+，因此称为富锂石榴石，如图 1-7（b）所示。

在 Li_3 的石榴石体系中，如 $Li_3Nd_3Te_2O_{12}$，^6Li NMR 研究只得到一种锂的信号峰，该峰对应着四面体位置上的 Li^+ 的有序排列。而对于 Li_5、Li_6 和 Li_7 石榴石体系，^6Li NMR 研究得到第二种信号峰，该峰对应着扭曲的八面体（48g/96h）位置上的 Li^+。随着 Li^+ 浓度的提高，第二种峰的峰面积也随之增大。O'Callaghan 等人没有观察到 Li1 位置和 Li2 位置之间 Li^+ 的跳跃。即使对于富锂体系，四面体位置的 Li^+ 也没有参与 Li^+ 的传导。扭曲的八面体位置的 Li^+ 具有较高的移动性，Li^+ 从一个八面体位置跃迁到共边的八面体位置，构成了 Li^+ 的传输通道。

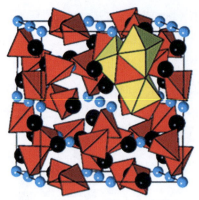
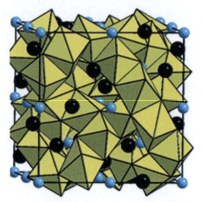

（a）石榴石Li₃Nd₃Te₂O₁₂的晶体结构　　　（b）富锂石榴石Li₅La₃Ta₂O₁₂的晶体结构

图 1-7　石榴石和富锂石榴石的结构 [25]

Wullen 等人对 $Li_5La_3Nb_2O_{12}$ 进行了详细的 ^6Li NMR 的研究。随着烧结温度的升高，八面体位置的占有率增大，$Li_5La_3Nb_2O_{12}$ 的离子电导率增大。这表明八面体位置的 Li^+ 具有更高的移动性，是其高离子电导的主要原因。此外，在 63 ～ 137℃ 的温度范围内，四面体位置的 Li^+ 所对应的 Li 峰的宽度没有发生变化，表明四面体位置的 Li^+ 的移动性较低。二维交换 NMR 表明八面体位置之间，Li^+ 具有快速的交换，但是在四面体与八面体位置之间，没有 Li^+ 发生交换，即 Li^+ 的跃迁只发生在相邻八面体之间，而不经过四面体位置 [26]。Koch 和 Vogel 认为这不足以证明四面体位置上的 Li^+ 是不移动的，只能说明其移动性较低 [27]。

Awaka 等人使用微分傅里叶成像中子衍射技术研究了 Li^+ 在立方相石榴石 $Li_7La_3Zr_2O_{12}$ 中的传输机理。随着测试温度的升高，代表 24d 位置和 96h 位置的信号逐渐发生重叠，最后构成一条 24d → 96h → 24d → 96h → 24d 位置的循环回路。Awaka 等人认为，该回路即为 Li^+ 的传导路径。其中 24d 为传导路径的节点位置，对 $Li_7La_3Zr_2O_{12}$ 的锂离子电导率起决定性作用 [28]。Goodenough 等人通过中子衍射研究，提出了相近的 $Li_7La_3Zr_2O_{12}$ 结构的 Li^+ 传输路径，即 24d → 96h → 48g → 96h → 24d [29]。

基于密度泛函理论，Xu 等人研究了三种立方相体系石榴石，$Li_3La_3Te_2O_{12}$、$Li_5La_3Nb_2O_{12}$、$Li_7La_3Zr_2O_{12}$。$Li_3La_3Te_2O_{12}$ 中，所有的 Li^+ 占据在四面体（24d）位置，因此 Li^+ 只可能从四面体（24d）位置跃迁到相邻的八面体位置（48g/96h），跃迁活化能为 1.5eV。$Li_5La_3Nb_2O_{12}$ 体系中，Li^+ 占据四面体位置（24d）和 1/3 的八面体位置（48g/96h），Li^+ 可以从一个八面体位置跃迁到相邻的八面体空位，而在跃迁过程中不经过四面体位置。作为对比，$Li_7La_3Zr_2O_{12}$ 四面体位置（24d）的 Li^+ 占有率降低，只有 50%，八面体位置的 Li^+ 占有率上升到 90%，Li^+ 可以从一个八面体位置，经过四面体位置而传输到相邻的八面体位置（48g/96h），这样的传输路径具有更小的活化能。密度泛函理论计算表明，石榴石的体相离子电导率取决于锂离子浓度，掺杂元素的作用不是特别明显。同时，Li^+ 的传输机理与石榴石中的 Li^+ 浓度有关[30]。

（5）硫化物电解质。相比较于 O^{2-}，S^{2-} 具有更大的离子半径和极化度，硫化物可能表现出更高的离子电导率。硫化物电解质可以分为三类：晶体硫化物、玻璃态硫化物和玻璃陶瓷硫化物。

thio-LISICON 是最常见的晶体硫化物电解质，其与 LISICON 型氧化物具有相同的 γ-Li_3PO_4 结构，故其锂离子传输方式与之相似。具有 thio-LISICON 结构的三元硫化物，Li_2ZrS_3、Li_2GeS_4、Li_5GaS_4、Li_3PS_4 的电导率都较低。其中，Li_2ZrS_3 具有最高离子电导率，但也只有 6.3×10^{-6} S/cm。相比较于晶体固态电解质，玻璃态电解质没有晶界阻抗可得到更高的离子电导率。在玻璃态硫化物的基础上进行结晶化，获得玻璃陶瓷硫化物，这种方式是提高低电导样品电导率的有效方法。Li_2S-P_2S_5 玻璃陶瓷的室温离子电导率可达 3.2×10^{-3} S/cm，同时活化能为 18 kJ/mol，电化学性能远远高于相同组成的玻璃态以及晶体材料。在玻璃结晶过程中，会形成不同于 thio-LISICON 结构的另一种高电导率的晶体结构，这是玻璃陶瓷具有高电导率的主要原因。

2. 聚合物电解质的离子传输机制

（1）PEO 基聚合物电解质。由于结构上的需求，目前适合作为聚合物电解质的基体仅局限于 $CH_2CH_2O_n$、$CH_2CH(CH_3)O_n$ 和 $CH_2CH_2NH_n$ 几类，其中 $CH_2CH_2O_n$ 称为聚氧化乙烯（PEO），也叫聚环氧乙烷，具有单斜和三斜两种结构。通常 PEO 以单斜晶系形式存在，常温下 PEO 的结晶度约为 85%，玻璃化转换温度约为 −64℃。在 PEO-盐络合物中，PEO 链段上氧的孤对电子通过库仑作用与 Li^+ 发生配位，使得锂盐的阴、阳离子解离，通过该过程可将锂盐"溶解"在 PEO 基体中，这与盐在溶剂中的溶解过程相似，而不同之处在于在盐溶液中离子能在溶液中自由移动，而在 PEO-盐络合物中，由于聚合物链的尺寸较大，离子的自由移动几乎是不可能的。因此，聚合物中离子的迁移需要 PEO 链段能够伸展运动，即短链段的运动导致阳离子 - 聚合物配位键松弛断裂，阳离子在局部电场作用下扩散跃迁。这种阳离子扩散运动可以在一条链上不同的配位点之间进行，也可以在不同链的配位点之间进行。聚环氧乙烯（PEO）基聚合物电解质的 Li^+ 离子传导机理如图 1-8 所示[31]。

PEO-盐络合物离子电导率通常较低，其可能原因有：一方面，PEO 具有比较高的结晶度，能有效传输离子的无定形相比例不高，降低了离子的迁移速率；另一方面，PEO 的介电常数较低，部分盐以离子对形式存在，降低了体系的载流子数目和浓度。因而纯固态 PEO 基聚合物电解质的室温离子电导率非常低，如 PEO-$LiClO_4$ 在室温下的离子电导率仅有 10^{-7} S/cm。

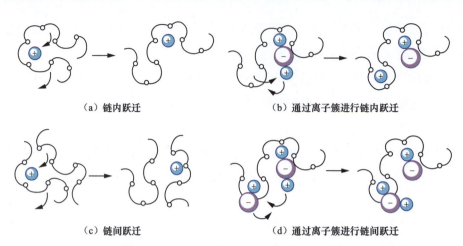

（a）链内跃迁　　　　　　　　　　　　　　（b）通过离子簇进行链内跃迁

（c）链间跃迁　　　　　　　　　　　　　　（d）通过离子簇进行链间跃迁

图 1-8　聚环氧乙烯（PEO）基聚合物电解质的 Li⁺ 离子传导机理 [31]

　　一直以来，研究者们的观点并不一致。如 Bruce 等对聚合物电解质结构的研究表明：PEO- 盐络合物从晶态到无定形态，虽然聚合物的长程有序遭到破坏，但结构的大部分得以保留。因此，在阳离子 - 聚合物的次级结构得以保留的情况下，阳离子优先在该短程有序的螺旋结构中发生迁移，而阳离子在螺旋结构之间的迁移是控制步骤 [32]。为了证实该理论模型，Bruce 等人 [33] 系统研究聚合物结构、链长、分散性、末端基团等对晶化聚合物电解质电导率的影响规律，并通过对这些影响因素进行调控与优化，使所获得的晶态聚合物电解质的离子电导率比对应的无定形聚合物电解质高两个数量级。不过，聚合物电解质到底是晶区导电还是非晶区导电还存在一定的争论。例如，Bhattacharyya 等人 [34] 采用原子力显微镜（AFM）的 Cr-Au 探针对聚合物电解质局部区域的电导率进行了表征，结果发现非晶区域电导率远大于结晶区域。通常晶态聚合物电解质导电性差的原因可以作如下解释：聚合物电解质晶粒很小，最大的只有几百纳米；晶粒的取向是随机的，但是锂离子只能在每个晶粒内沿着一维方向运动，而在晶粒之间界面上的迁移很困难。因此，要想提高这一类电解质的电导率，或者把它们做成大单晶，或者设法让锂离子在三维方向上运动。然而，获得聚合物的大单晶在制备上存在相当的难度，而迫使聚合物成规则结构则存在工艺上的可能性：Vorreys 等人 [35] 研究了将 PEO 基聚合物电解质固定在孔径为 30 ～ 400 nm 的圆柱形孔中，在孔径为 30 nm 时获得的电导率为 2.43×10^{-4} S/cm，比相同组成而不经纳米孔固定的聚合物电解质的电导率高两个数量级，作者认为导电性提高的原因主要在于 PEO 链在孔中的强制取向，似乎也从侧面证实规则结构可能有利于聚合物电解质导电性的提高。

　　（2）胶体聚合物半固态电解质。根据聚合物基体的不同，可将胶体聚合物分为聚丙烯腈（PAN）、聚甲基丙烯酸甲酯（PMMA）和聚偏氟乙烯（PVdF）几大体系。与 PEO 聚合物电解质不同，胶体聚合物半固态电解质通常需要加入溶剂。

Appetecchi 等人[36]以 PAN 为聚合物基体、$LiPF_6$ 或 $LiN(CF_2SO_2)_2$ 为盐、碳酸乙烯酯 - 碳酸二乙酯 / 聚碳酸酯（EC-DEC/PC）为溶剂制备的胶体聚合物半固态电解质具有很好的化学和电化学稳定性。一般认为，在胶体电解质中，离子迁移主要发生在溶剂区[37]。但当锂盐溶度增大时，EC 与 PC 增塑的 PAN 聚合物电解质出现 Li 与 -CN 基团的弱络合，而电导率并没有因为络合的出现而明显下降，这表明锂通过沿聚合物链的迁移与在 PC 与 EC 中的迁移同样有效[38]。

对 PMMA 胶体电解质的研究表明，增加聚合物的加入量将使胶体电解质的黏度增大，电导率下降，采用不同溶剂的胶体电解质的室温电导率在（1 ~ 10）× 10^{-3}S/cm。在 PMMA 胶体电解质中，基体与溶剂的相互作用较弱，因此可以将 PMMA 电解质看作是电解质埋在"钝化"的主体聚合物中，由于界面阻抗较高，PMMA 体系不适合金属锂电极[39]。

PVdF 具有高的电化学稳定性，由于具有强极性的共价键（-C-F），其介电常数高（ε=8.4），从而有利于与其混溶的锂盐更大程度地离子化，因而具有较高的载流子浓度。通常 PVdF 在有机溶剂中溶胀得到的胶体聚合物半固态电解质，具有高的电导率和好的温度稳定性。PVdF/HFP 的核磁共振研究表明，聚合物只是充当阳离子的笼子[40]；采用脉冲场梯度测量 PVdF/HFP 胶体电解质中 Li^+ 的扩散系数，其扩散系数的大小与体系中聚合物的溶剂的用量有关，而其中盐的解离程度又与聚合物含量有关，因此表明移动电荷与聚合物间存在一定程度相互作用[41]。

1.2.2　固态锂离子电池工作原理

固态锂离子电池的工作原理与液态锂离子电池基本一样，都是"摇椅式"充放电方式。唯一的区别在于，液态锂离子电池的电解质和隔离膜由固态电解质取代，如图 1-9 所示[42]。以商业化的钴酸锂 / 石墨锂离子电池为例，其基本原理如下：

充电时，Li^+ 从钴酸锂正极脱出，经过固态电解质嵌入石墨，电子通过外电路从正极到达负极并伴随着正极材料中 Co^{3+} 的氧化，正极材料中锂离子浓度降低而负极材料中锂离子浓度升高[43]。放电过程则正好相反，Li^+ 自发地从负极脱出经过固态电解质嵌入到正极材料中，电子从外电路到

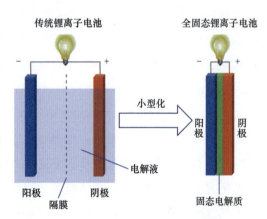

图 1-9　传统锂离子电池和全固态锂离子电池对比[42]

达正极并引发了高价钴的还原。因此，循环过程中锂离子电池的电化学反应式如下。

正极反应为

$$LiCoO_2 \rightleftharpoons Li_{1-x}CoO_2 + xLi^+ xe^-$$

负极反应为

$$6C + xLi^+ + xe^- \rightleftharpoons Li_xC_6$$

总反应为

$$LiCoO_2 + 6C \rightleftharpoons Li_{1-x}CoO_2 + Li_xC_6$$

1.3 固态锂离子电池的分类与特点

1.3.1 固态锂离子电池的分类

固态锂离子电池按成分可分为无机固态锂离子电池，包含硫化物固态锂离子电池和氧化物固态锂离子电池、聚合物固态锂离子电池、复合固态锂离子电池，以及半固态锂离子电池。

1. 无机固态锂离子电池

顾名思义，无机固态锂离子电池的关键性材料为无机固态电解质，而无机固态锂离子电池的性能优劣也主要取决于无机固态电解质。无机固态电解质在本质上是一种具有锂离子传导能力的无机陶瓷，又被称为快离子导体或超离子导体。其通常具有较高的离子电导率，离子迁移数为1，力学强度高、韧性差、阻燃性好。无机固态电解质按物质分类可分为氧化物电解质和硫化物固态电解质。

（1）氧化物固态锂离子电池。氧化物固态电解质普遍具有可以满足电池需求的离子电导率、较好的空气稳定性和安全特性、较高的力学强度和杨氏模量，有助于抑制锂枝晶的生长。但其高硬度和低韧性使得电池工作过程中电解质与电极难以保持良好的界面接触，同时较差的加工特性也对其规模化生产提出了更高的要求。目前研究较多的几种用于固态锂离子电池的氧化物电解质，石榴石型的 $Li_7La_3Zr_2O_{12}$ (LLZO)、钙钛矿型的 $Li_{3x}La_{2/3-x}TiO_3$ (LLTO)、NASICON 型的 $Li_{1+x}Al_xTi_{2-x}(PO_4)_3$ (LATP)，以及 $Li_{1+x}Al_xGe_{2-x}(PO_4)_3$ (LAGP)，其结构如图 1-10 所示。尤其是 LLZO，因其具有高离子电导率、宽电化学稳定性窗口和优异的热力学性能（如高强度和弹性模量）而受到广泛关注。但是，通常需要大于 1000℃ 的高烧结温度才能在室温下获得具有 $10^{-4} \sim 10^{-3}$ S/cm 的高离子电导率的致密氧化物电解质。氧化物电解质的刚性使其难以在循环过程中缓冲电极材料的体积变化，导致氧化物电解质与电极之间失去紧密接触。此外，高加工温度及其固有的脆性使得难以制造基于氧化物电解质的块状固态锂离子电池。氧化物电解质可适用于通过薄膜沉积制造的微电池，如基于锂磷氧氮化物（LiPON）的全固态薄膜锂电池的制备工艺成熟，电池性能优异，已率先实现了商品化生产。就制备方法而言，有别于液态锂离子电池常规的分散、搅浆、涂覆等化学手法为主的制备过程，氧化物固态锂离子电池主要使用物理方法制备，如磁控溅射、原子层沉积、物理蒸镀等。这些制膜技术通过把材料蒸发为原子或分子簇团叠加成膜，有效地解决了固-固界面上的微观缺陷，实现固-固界面的致密接合。不使用液态电解液的全固态薄膜锂电池具有高安全性，理论上具有比能量高，功率、高温、低温性能好等特点。但微米级厚度的正极、负极限制了电池可存储的能量，只能达到毫瓦大小，这在很大程度上限制了其应用。所以，开发用于制造多层氧化物电解质电池的技术将具备很大的挑战性。

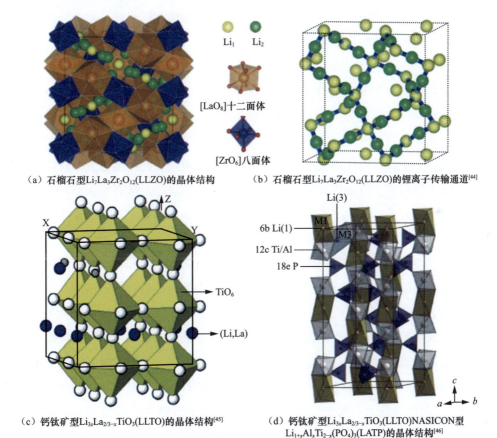

（a）石榴石型Li₇La₃Zr₂O₁₂(LLZO)的晶体结构

（b）石榴石型Li₇La₃Zr₂O₁₂(LLZO)的锂离子传输通道[44]

（c）钙钛矿型Li₃ₓLa₂/₃₋ₓTiO₃(LLTO)的晶体结构[45]

（d）钙钛矿型Li₃ₓLa₂/₃₋ₓTiO₃(LLTO)NASICON型Li₁₊ₓAlₓTi₂₋ₓ(PO₄)₃(LATP)的晶体结构[46]

图 1-10　晶体结构

（2）硫化物固态锂离子电池。硫化物电解质由于其中的硫元素具有比氧元素更低的电负性，与锂离子的相互作用更弱，因此通常具有比氧化物电解质更高的离子电导率。且硫化物相比于氧化物质地柔软，可以直接通过冷压成型，获得较为紧密的电极/电解质界面。同时由于其制备过程中无需高温烧结，且热处理温度相较于氧化物也要更低，因此其在固态锂离子电池生产的简便性和功耗方面比氧化物电解质更具优势。几种基于硫化物的无机电解质，例如银汞矿家族，在室温下表现出极高的离子电导率，为 $10^{-3} \sim$

10^{-2} S/cm，甚至超过了传统锂离子电池中液体电解质 - 隔膜的离子电导率。硫化物的主要缺点是它们有限的热力学稳定性、对 H_2O 和 O_2 的敏感性，因此它们很容易与空气中的水分反应生成 H_2S 气体，从而破坏电解质。大多数硫化物在低电位下被锂金属还原并在中间电位下氧化，由于离子的相互界面扩散或反应，可能在正极氧化物颗粒和硫化物之间的界面处形成空间电荷层。因此，需要保护界面或合金负极来稳定硫化物电解质 - 电极界面。在考虑大规模生产固态锂离子电池时，硫化物具有延展性，只需将其压在一起而无需高温共烧结，即可促进层压电解质和复合电极层的制造。因此，外部加压对于形成均匀的固 - 固界面和保持电极 - 电解质界面的紧密接触至关重要。例如，在电池循环期间施加外部压力的情况下，硫化物基固态锂离子电池性能良好。然而，硫化物基固态锂离子电池对压力的要求也限制了它们的应用。

2. 聚合物固态锂离子电池

聚合物电解质中的有机高分子作为基体赋予聚合物电解质良好的柔韧性和粘弹性，可以改善电解质与电极的界面接触，缓解由电极体积变化引起的界面失配问题。同时，有机高分子还具有可设计性强的优势，有利于聚合物电解质的改性或特定功能的设计。此外，有机高分子优异的成膜性不仅可以帮助聚合物电解质的厚度达到传统商业隔膜的水平，还极大地简化了电解质及固态锂离子电池的生产过程。聚合物固态锂离子电池能与现有的液态锂离子电池生产产线匹配兼容，更易于商业化生产，可降低生产成本，且使柔性固态锂离子电池的设计和应用成为可能。

但聚合物电解质相对较高的使用温度、较低的抗氧化电位和较差的稳定性使其应用存在着较大的挑战。由于聚合物电解质润湿电极能力差，活性材料脱嵌锂必须通过极片传输到电极表面进行，使得电池工作过程中极片内活性物质的容量不能完全发挥。将电解质材料混入电极材料中或者替代黏结剂，制备成复合电极材料，填补电极颗粒间的空隙，模拟电解液润湿过程，是提高极片中锂离子迁移能力及电池容量发挥的一个有效方法。聚合物电解质由于结晶度高，导致室温下导电率低，因此工作温度通常需要维持在 $60 \sim 85℃$，电池系统需装配专门的热管理系统。目前成熟度最高的 BOLLORE 的 PEO 基电解质固态锂离子电池已经商用，于英国少量投放城市租赁车，其工作温度要求 $60 \sim 80℃$，正极采用磷酸铁锂，但目前该电池能量密度仅为 100 Wh/kg。聚合物基电解质的另一个缺点是电化学窗口较窄，PEO 的氧化电位在 3.8 V，除了磷酸铁锂（LFP）外，钴酸锂（LCO）、镍钴铝三元材料（NCA）、尖晶石氧化物等高能量密度正极难以与之匹配。因此，聚合物基电池很难超过 250 Wh/kg 的能量密度，这是基于聚合物电解质体系的局限。目前聚合物电池的循环寿命在 $500 \sim 800$ 次之间，与传统的液态锂离子电池之间还存在一定差距。

此外，基于聚环氧乙烷的电解质在室温下的离子电导率在 $10^{-7} \sim 10^{-5}$ S/cm 范围内，低于电池的使用要求。通过添加增塑剂（锂盐有时也具有显著的增塑作用）或残留溶剂的存在来增加电解质中自由体积的量，或通过增加聚合物基质中锂盐的量，可以提高聚合物电解质的离子电导率。然而，尽管低分子量的添加剂会增加离子电导率，但也会损害其他性能，例如机械强度和电化学稳定性。此外，由于聚合电解质的低弹性模量，简单的聚合物 - 锂盐混合物不能完全阻止锂枝晶的生长。

自 1973 年发现基于固态聚环氧乙烷的电解质以来，已经测试了各种聚合物基体，包括聚碳酸酯（例如聚碳酸亚乙酯、聚碳酸亚丙酯、聚碳酸亚丙酯、聚碳酸乙烯酯）、聚酯、聚腈（例如聚丙烯腈）、聚胺（例如聚乙烯亚胺）和聚偏二氟乙烯及其共聚物。聚环氧乙烷具有非常低的玻璃化转变温度（约 $-64℃$），与其他聚合物相比，它是一种良好的锂离子络合剂。类似于锂离子与聚环氧乙烷的氧配位，聚碳酸酯基和聚酯基聚合物电解质可以通过羰基和 / 或醚氧与锂离子配位，并在一定程度上表现出相似的特性。聚丙烯腈比聚环氧乙烷刚性更强，且具有更高的玻璃化转变温度，含氮基团可以作为路易斯碱并与锂离子配位和溶剂化。聚偏二氟乙烯及其共聚物已广泛用于凝胶电解质中，通过吸收大量液态电解质，作为凝胶聚合物电解质用于半固态锂离子电池中。

总体来看，柔性的聚合物电解质可以确保电极和电解质之间的低界面电阻，并兼容大规模制造工艺。但是其室温离子电导率低、电化学稳定窗口窄等问题仍需要进一步解决。

3. 复合固态锂离子电池

无机固态电解质和聚合物电解质各自具有其优势和不足，目前来看，单一的电解质体系还无法满足固态锂离子电池对于固态电解质的需求。聚合物电解质作为基体提升固态电解质的柔韧性和可加工性，同时改善电解质与电极材料的界面接触，无机电解质或其他无机材料、聚合物网络等作为增强体来提升电解质的离子传输特性和力学强度，从而制备综合性能较好的复合固态电解质，是目前能够帮助固态电解质快速应用推广的一种策略。

将无机纳米填料加入聚合物电解质基体中制备复合固态电解质是目前最常见的复合手段。多数无机粉体的合成相对简单，引入填料制备聚合物电解质膜的过程也不复杂。无机填料按照是否具有锂离子导电性能可分为两类：惰性填料和活性填料。惰性填料（如 SiO_2）不直接参与锂离子的传输过程，而活性填料（如 LAGP）由于本身具有离子导电性可直接参与固体电解质中锂离子的传输过程。如图 1-11 展示了 PEO-SiO$_2$ 复合电解质的制备流程图 [47]，以及 YSZ/PAN-LiClO$_4$ 复合固态电解质中的锂离子传输的过程 [48]。这类复合电解质具有成本较低、通用性好、便于规模化制备等优点。目前，关于无机填料对固态聚合物电解质离子电导率的改善作用存在两种理论：Wieczorekw 等人 [49] 认为无机填料的官能团可通过路易斯酸碱相互作用与电解质中的阴离子缔合，通过促进锂盐的解离来提高体系中的自由锂离子数目；CroceF 等人 [50] 则认为无机填料除了可用作路易斯酸（碱）外，还可阻碍聚合物中链段的局部重组，通过减少聚合物结晶程度来促进链段运动。研究表明聚合物体系的结晶度与无机颗粒的大小、掺入量、自身性质及无机颗粒在聚合物基体中的分散程度等因素相关。颗粒尺寸较大或颗粒团聚可能会阻塞锂离子的传输通道，而纳米尺寸的填料具有更高的比表面积，因而更利于复合电解质离子传导性能的提高。

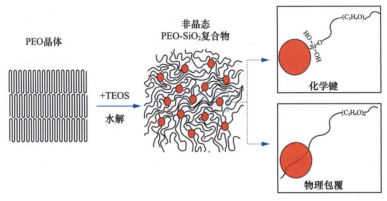

（a）PEO-SiO₂复合电解质的制备流程图[47]

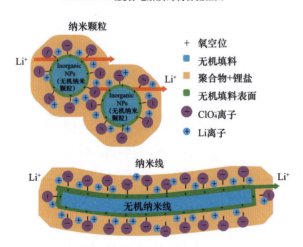

（b）YSZ/PAN-LiClO₄复合固态电解质中的锂离子传输示意图[48]

图1-11　复合电解质的制备流程及锂离子传输的示意图

此外，由于部分固态电解质本身与电极之间存在化学或电化学不稳定性，以及无机电解质通常与电极之间存在界面失配的问题，多层复合电解质多用来针对性地改善固态锂离子电池中的电极/电解质界面问题。随着对复合电解质中锂离子传导机制的进一步理解，陶瓷相与聚合物基体在界面处形成具有加快锂离子传输作用的界面层区域逐渐成为共识，因此具有连续界面的三维复合电解质逐渐得到研究者的关注。总之，目前正在探索不同类型的复合电解质的改性方法，但是，如何扬长避短地发挥无机固态电解质和聚合物电解质的特性，是这一研究的重点和难点。同时，复合固态电解质的制备工艺、成膜效果、成膜后的机械性能等也是复合固态电解质的重点关注点。目前，复合固态电解质仍然不具备大规模商业化生产应用的条件，还需要进一步的研究与开发。

4. 半固态锂离子电池

半固态锂离子电池是一种新型的电池架构，它结合了液态电解质和固态锂离子电池组件的优点。在半固态锂离子电池中，正极、负极以及固态电解质作为电池的主体材料，电解液则充填在正负极与固态电解质的空隙中。根据电解液的含量不同，可将电池分为液态锂离子电池［电解液 10% ～ 25% wt（质量分数）］、半固态锂离子电池［电解液 5% ～ 10%（wt）］、准固态锂离子电池［电解液 0% ～ 5%（wt）］、全固态锂离子电池［电解液 0%（wt）］4 类。相比传统液态锂离子电池，半固态锂离子电池采用固态电解质，且液态电解液含量少，能够避免液态锂离子电池电解液泄漏和短路等问题，提高了电池的安全性。半固态锂离子电池中使用的固态材料可以提供更高的能量密度，从而增加电池的储能能力。固态材料的稳定性较高，能够延长电池的循环寿命，并减少液态电解质的挥发和溶解问题。由于半固态锂离子电池采用固态材料作为支撑，可以减少液态电解质被外界物质渗透的可能性，提高电池的稳定性。目前，全固态锂离子电池工艺并不成熟，仍处于实验室研发阶段，离规模化的生产应用还存在巨大的差距，而由液态锂离子电池→半固态锂离子电池→准固态锂离子电池→全固态锂离子电池的技术路线，将是切实可行的。半固态锂离子电池在技术与工艺上可借鉴液态锂离子电池，对其规模化生产应用有着非常重要的意义。目前国内已有多家电池厂商推出了半固态动力电池。半固态锂离子电池作为液态锂离子电池与全固态锂离子电池的过渡，承担着技术突破、工艺优化、制造降本的功能。

尽管半固态锂离子电池具有一些优点，但仍然面临很多挑战，目前固态电解质的制备成本仍然较高、离子传输速率仍然较慢，这使得半固态锂离子电池在成本与性能上暂不如液态锂离子电池，对其进一步的发展形成较大制约。

1.3.2　固态锂离子电池的特点

相较于传统的液态锂离子电池，固态锂离子电池具备如下几个优势。

1. 能量密度

固态锂离子电池的正极材料、电解质、负极材料进行薄层堆叠，为双极结构，相比于液态锂离子电池，相同的体积和质量，能够提升电芯容量。此外，固体电解质耐热性高于有机溶剂的电解质，可减少冷却机制占据的体积和质量，从而获得高能量密度。固态锂离子电池可使用金属锂作为负极，其比容量更高，接近石墨负极的 10 倍，可以获得更高的能量密度。

2. 安全性

传统锂离子电池的电解液存在泄漏、易燃、热稳定性差等缺点，导致电池在使用过程中存在安全隐患。虽然当前电池的安全性已显著提升，但没有从根本上消除隐患。固态电解质则没有液体泄漏风险，且熔点、沸点均较高，不易燃、耐高温、无腐蚀、不挥发，同时固态电解质机械强度较高，热稳定性和电化学稳定性比液态电解质更好。

固态锂离子电池采用固态电解质而不是液态电解质，因此不存在液态电解质泄漏或溢出的风险，这排除了电解质泄漏引起的化学反应甚至起火燃烧等风险。固态锂离子电池使用的固态电解质具有较高的热稳定性，能够承受更高的温度和热冲击，这也减少了电池在高温环境下过热和燃烧的风险。与传统液态电解质相比，固态锂离子电池的内部组件更加稳定，固态电解质的固态特性和更均匀的界面结构，减少了内部短路的风险。

3. 循环寿命

从理论上来说，固态锂离子电池能解决固体电解质膜（SEI）持续生长、过渡金属溶解、正极材料析氧、电解液氧化、析锂等问题，可大大提升电池的循环性和使用寿命。

固态电解质具有较高的化学稳定性，可以抵抗与电极材料和电解质之间可能发生的副反应，有利于固态锂离子电池在长时间循环中保持较稳定的电化学性能，并降低电解质降解的风险。固态电解质不受溶剂挥发和电解质分解的影响，避免了液态锂离子电池中电解质逐渐损失活性或降解的问题。这也有助于延长固态锂离子电池的使用寿命并提高循环稳定性。此外，固态电解质的界面结构可以有效抑制电极表面的极化现象（如SEI膜的不断增长），从而有效缓解电池容量衰减和性能下降问题。同时，由于固态电解质的使用，可避免金属锂在电解液中的析出和堆积，将进一步延长固态锂离子电池的循环寿命，并降低电池短路的风险。

尽管在理论上固态锂离子电池的循环寿命表现得更好，但目前受限于固态电解质自身离子导电性、与电极的界面接触等问题，实际上商业化的固态锂离子电池寿命远不如液态锂离子电池。仍需进一步改进，包括不断改进固态电解质的导电性、稳定性和制备技术。

4. 应用温度范围

固态电解质通常使用高温稳定的陶瓷或聚合物材料制成，能够承受 150℃ 以上的高温 [51]，即使在 200℃ 也难以燃烧。相比之下，传统液态电解质闪点低，可能在高温条件下发生蒸发、分解或氧化等问题。同时液态锂离子电池使用的隔膜熔化温度低，使得电池在 80℃ 以上存在着火风险。此外，与液态电解质相比，一些固态电解质具有更好的低温导电性能。这使得固态锂离子电池能够在低温环境下保持较高的离子传导性，提供可靠的电池性能。且由于固态电解质和界面结构设计得更稳定，能够减少极化对温度的依赖性，这意味着固态锂离子电池的电化学性能更加稳定，在不同的温度范围内能够实现相对一致的性能表现。这使得固态锂离子电池能够更好地适应温度梯度和温度循环，减少因温度变化而引起的损耗和衰减。因此，固态锂离子电池将来有望在石油勘探、地下钻井、航空航天等高温领域应用。

需要注意的是，尽管固态锂离子电池具有宽广的应用温度范围，特定的固态锂离子电池会有不同的温度限制，在实际应用中，需要根据固态锂离子电池的具体规格和材料选择来确定其适合的工作温度范围。

1.4 固态锂离子电池的组成

1.4.1 正极材料

固态锂离子电池正极材料是提供固态锂离子电池电化学反应所需的锂离子。固态锂离子电池正极材料的选择与液态锂离子电池基本一致，需满足如下要求。正极材料应具备较高的脱锂和嵌锂电位、稳定的充放电平台，以及较高的工作电压；除使用含锂的材料作为负极外，正极材料是锂离子电池的主要锂来源，因此应具有较小的电化学当量，以保证电池具有较高的比容量；正极材料脱锂和嵌锂的过程中，结构应具备良好的稳定性，保证电池的循环使用；正极材料应具备较高的锂离子扩散系数，且在大电流条件下具备较高的可逆容量；正极材料在固态锂离子电池工作过程中应对固态电解质呈电化学惰性，这也与正极材料与固态电解质的适配息息相关。

正极材料按照结构主要可分为以下几类：聚阴离子正极材料、高容量富锂材料、层状正极材料。

1. 聚阴离子正极材料

常见的聚阴离子体系有磷酸盐体系、硅酸盐体系、硫酸盐体系等，这里介绍前两种。

（1）磷酸盐体系 $LiMPO_4$（M=Fe、Co、Ni、Mn）。$LiMPO_4$ 为橄榄石结构，其骨架结构如图 1-12 所示。P 原子占据四面体（4c）位置（淡阴影），M 原子占据八面体（4c）位置（浓阴影）位置，Li 锂离子（小圆）占据八面体（4a）位置。因为橄榄石结构的 $LiMPO_4$ 材料在锂离子完全脱出的状态下不会破坏其结构，所以具

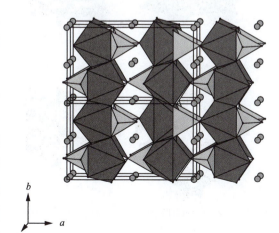

图 1-12 $LiMPO_4$ 的骨架结构 [52]

有较好的耐过充能力。这种材料在充放电过程中利用金属 M^{3+}/M^{2+} 的氧化还原对，在充电时形成的高价金属氧化能力不强，很难与电解质等发生氧化还原反应。此外，较强的 P-O 共价键，由于诱导效应，在充放电过程中可以保持材料结构的稳定性，从而提高电池的循环性能及安全性能。

在实际应用中，$LiFePO_4$ 的电子能带间隙为 0.3 eV，各方面性能较优越，最快实现了产业化。$LiFePO_4$ 具有很多优点：如结构稳定、循环性能好、耐过充/过放、安全。但其也存在电子导电性较低的缺点，使得其高倍率性能较差。$LiFePO_4$ 的低电子导电性可通过掺杂、包覆等手段改善。其中，掺杂手段可通过改变离子导电机制，降低电荷传递活化能。Chung 等[53] 采用 Nb、Ti、Zr 等掺杂 $Li_{1-x}M_xFePO_4$，提高了 $LiFePO_4$ 的电导率。Shi 等[54] 认为掺杂手段除了提高材料的空位浓度从而导致材料电导率大大增加外，还可能存在一种电子跳跃传导机理。而包覆则是通过在煅烧前驱体中加入碳添加剂来改善 $LiFePO_4$ 的电子导电性。

（2）硅酸盐体系 Li_2MSiO_4（M=Fe、Co、Mn）。以 Li_2FeSiO_4 为例，图 1-13 从两个视角给出其结构示意图[55]。（a）γ_s 结构（空间群 $P2_1/n$），其中一半的四面体结构指向相反的方向，并包含一对 LiO_4/FeO_4 和 LiO_4/LiO_4 共边连接的四面体组；（b）γ_{II} 型结构（$Pmnb$），由 Li-Fe-Li 顺序构成的三边共用四面体；（c）β_{II} 结构（$Pmn2_1$），所有的四面体都指向同一个方向，垂直于紧密堆积面，并且相互共角；沿着 a 轴的 LiO_4 链平行于交替的 FeO_4 链和 SiO_4 链；（d）逆 -β_{II} 结构（$Pmn2_1$），所有四面体沿着 c 轴方向指向相同方向，四面体共角连接。SiO_4 四面体彼此分离，与 LiO_4 和 $(Li/Fe)O_4$ 四面体共角。

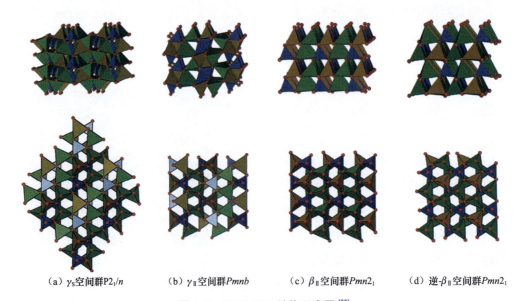

（a）γ_s 空间群 $P2_1/n$　　（b）γ_{II} 空间群 $Pmnb$　　（c）β_{II} 空间群 $Pmn2_1$　　（d）逆 -β_{II} 空间群 $Pmn2_1$

图 1-13　Li_2FeSiO_4 结构示意图[55]

SiO_4—蓝色；FeO_4—棕色；LiO_4—绿色；氧离子—红色

由于 Li_2FeSiO_4 的氧化还原电位较低，为 2.8V（相对于 Li/Li^+），材料暴露于空气中将发生化学脱锂过程。Nytén A 等人[56] 对 Li_2FeSiO_4 的稳定性和表面性质进行了研究，发现材料暴露于空气中，会在表面形成 Li_2CO_3 等碳酸盐物种，说明发生了化学氧化脱锂过程。因此，材料在空气中储存时间延长，其相结构也会发生明显变化，对称性由 $P2_1/n$ 转变为 $Pnma$。与之相对应的电化学性能也发生变化，主要表现为首次充电过程中 3.2V 平台容量衰减。通过对空气中储存后的材料进行高温退火后，结构和性能可以得到恢复。另外，Li_2FeSiO_4 材料导电性不好也制约其性能的发挥，解决方法同 $LiFePO_4$ 材料，可以将材料合成为纳米材料或进行碳包覆[57]、掺杂[58] 等。

2. 高容量富锂材料

富锂正极材料 $xLi_2MnO_3 \cdot (1-x) LiMO_2$（M=Ni、Co、Mn）是由 $LiMO_2$ 和 Li_2MnO_3 两种组分按不同比例复合而成。理想 $LiMO_2$ 和 Li_2MnO_3 的层状结构如图 1-14 和图 1-15 所示[59]。$LiMO_2$（M=Ni、Co、Mn）的结构是 α-$NaFeO_2$ 型，属于六方晶系，R-3m 空间点阵群。Li_2MnO_3 是由 $LiMn_2$ 层、氧层、锂层、氧层、$LiMn_2$ 层等重复系列组成。在 $LiMn_2$ 层中的 Li^+ 和 Mn^{4+} 形成 $LiMn_6$ 超晶格，这种超晶格使其对称性降低，从六方晶系变为单斜晶系。

在研究过程中，发现富锂锰基正极材料 $Li_{1+x}M_{1-x}O_2$ 除了结构复杂之外，充放电机理也存在争议。其首次库仑效率、倍率性能、高温性能、长循环性能、充放电循环过程中放电电压平台衰减等诸多问题需要解决。解决这些问题的方法包括包覆改性、表面酸处理、预循环处理等。Han Shaojie 等[60] 通过 40% 的 $Na_2S_2O_8$ 水溶液浸泡，然后经过 300℃ 煅烧，富锂锰基正极材料性能得到改善。对于表面常用的包覆物质有金属氧化物、

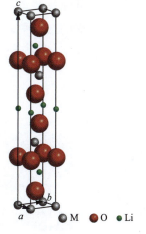

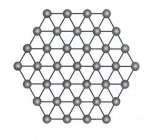

（a）三方晶系$LiMO_2$（R-3m）晶胞　　　　（b）在过渡金属层的原子排列[59]

图 1-14　理想 $LiMO_2$ 的层状结构

（晶胞参数 $a=b=2.8873$Å，$c=14.2901$Å，$\alpha=\beta=90°$，$\gamma=120°$）

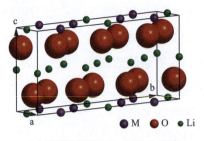
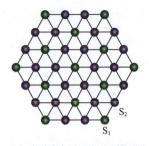

（a）单斜晶系Li₂MnO₃（C2/m）晶胞   （b）在过渡金属层的原子排列[59]

图 1-15　理想 Li₂MₙO₃ 的层状结构

（晶胞参数 a=4.937Å，b=8.532Å，c=5.030Å，α=γ=90°，β=109.46°）

磷酸盐类、氟化物、碳等。Wu Y 等人[61]通过使用 Al_2O_3、CeO_2、ZrO_2、SiO、ZnO 和 $AlPO_4$ 进行表面改性，材料循环性能提高。研究表明表面改性，可将正极材料首次充电过程中部分氧缺陷仍保留在晶格中，有效地降低了首次不可逆容量并且提高了放电比容量。除了表面改性，也通过掺杂的方法来改善材料的结构稳定性。常用的掺杂离子有 Mg^{2+}、Al^{3+}、Cr^{3+}、Ti^{4+}、Na^+、F^- 等。掺杂离子是为了抑制材料循环过程中 Mn 向锂层迁移，提高材料的循环稳定性。除了包覆、掺杂改性材料之外，Li_2MnO_3 和 $LiMO_2$ 的比例也会影响材料的循环性能。高容量的富锂正极材料是实现固态锂离子电池高能量密度的正极材料之一。

3. 层状正极材料

（1）$LiCoO_2$ 正极材料。$LiCoO_2$ 具有多晶型，早期报道认为 $LiCoO_2$ 表现出两种类型的层状结构：O3 和 O2。O3 结构是热力学稳定的，通过固相反应可以得到，具有 α-$NaFeO_2$ 型层状结构，属于六方晶系，具有 R-3m 空间群，由 LiO_6 和 CoO_6 两个八面体共边组成。O2 类型的 $LiCoO_2$ 是亚稳态的，它是由 Carlier D 等人[62]首先合成出来，是由 P2-$Na_{0.70}CoO_2$ 相通过 Na^+/Li^+ 离子交换制备的。在 O2 的结构中，LiO_6 正八面体和 CoO_6 正八面体不仅共边还共面。如图 1-16 所示，在亚稳态 O2-$LiCoO_2$ 和 O1-$LiCoO_2$ 中 O 沿（001）方向的排布式分别为 ABACABAC…和 ABAB…。

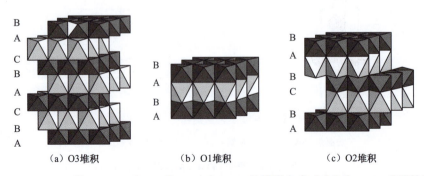

（a）O3堆积   （b）O1堆积   （c）O2堆积

图 1-16　Li_xCoO_2 的 O3、O2 和 O1 的 CoO_6 与 LiO_6 的堆砌方式（暗色为 CoO_6 八面体）[62]

　　$LiCoO_2$ 在高电压下，更多的 Li^+ 离子可以从晶体结构中脱出，从而比容量可以达到 180 mAh/g，甚至更高。但是锂离子的大量脱出，使得 $LiCoO_2$ 结构破坏，导致电池循环性能和安全性能变差，严重制约了 $LiCoO_2$ 在高压电池中的应用。造成性能变差的原因是在高的脱锂状态下，材料会发生相变，晶格失氧，造成结构不稳定。同时，在液态锂离子电池中，材料与电解液反应，造成 Co 的溶解等。目前广泛采用对 $LiCoO_2$ 掺杂和包覆的方法改进材料的结构稳定性和表面状态，极大地提高了材料在高电压下的电化学性能。掺杂元素有 Mg、Al、Zr、Ti 等，包覆材料有 ZrO_2、Al_2O_3、SiO_2 等。改性后的 $LiCoO_2$ 在充电截止电压为 4.5 V（相对于 Li^+/Li）时，也可发挥出较好的电化学性能。$LiCoO_2$ 制备工艺简单、工作电压平稳、能量密度较高，循环稳定性和倍率性能优异，还具有很高的压实密度，再加上其性能的持续改进，直至今日在便携式移动电子产品领域（如手机、计算机、数码相机等）仍占据着统治地位。未来，$LiCoO_2$ 在半固态 / 全固态锂离子电池的正极材料选择中也有一席之地。

　　（2）$LiMnO_2$ 正极材料。层状 $LiMnO_2$ 有正交 $LiMnO_2$ 和单斜 $LiMnO_2$ 两种晶型。正交 $LiMnO_2$ 为 β-$NaMnO_2$ 型结构，属于 *Pmnm* 空间群。在 $LiMnO_2$ 晶格中，LiO_6 和 MnO_6 八面体呈波纹形交互排列，而且 Mn^{3+} 向锂层迁移所引起的 Jahn-Teller 畸变效应使得 MnO_6 八面体骨架被拉长 14% 左右。单斜 $LiMnO_2$ 为 α-$NaFeO_2$ 型结构，与 $LiCoO_2$ 结构相似，属于 C2/m 空间群。层状 $LiMnO_2$ 实际是一种被 Mn^{3+} 的 J-T 效应扭曲了的菱方结构，是热力学上不稳定的，因此很难直接合成。

　　在电化学反应过程中，层状 $LiMnO_2$ 正极材料会转化为更加稳定的锂化尖晶石 $Li_2Mn_2O_4$，从而造成可逆容量的迅速衰减。对于单斜结构的层状 $LiMnO_2$，其结构会向菱方结构转变，这会引起电极材料的体积变化，同样会使得可逆容量大幅降低。一般可以通过掺杂改性来抑制层状 $LiMnO_2$ 向尖晶石转变，缓解其结构不稳定的问题。目前发现掺杂铝、钴、镍、铬、钼、镁、锌等元素有助于层状 $LiMnO_2$ 材料的结构稳定，从而显著提高其循环稳定性，但容量较低，为 100 ～ 120 mAh/g，可少量应用在电动工具、电动自行车上。

　　（3）$LiNiO_2$ 正极材料。$LiNiO_2$ 具有两种结构变体：立方 $LiNiO_2$（Fm3m）和六方 $LiNiO_2$（R-3m）结构。如图 1-17 所示 [63]，若把六方结构 $LiNiO_2$（R-3m）的镍离子和锂离子与其周围的 6 个紧邻氧原子看作 NiO_6 八面体和 LiO_6 八面体，那么也就可以把 $LiNiO_2$ 晶体看作由 NiO_6 八面体层和 LiO_6 八面体层交替堆垛而成。从图 1-17 可以看出，$LiNiO_2$ 的实际结构不同于理想结构。这是因为化学计量比的 $LiNiO_2$ 很难合成，主要原因是 Ni^{2+} 氧化成 Ni^{3+} 存在较大势垒，残余的 Ni^{2+} 会部分进入 3a 位置占据 Li^+ 的位置。

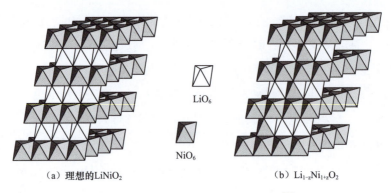

（a）理想的LiNiO$_2$ （b）Li$_{1-z}$Ni$_{1+z}$O$_2$

图 1-17　LiNiO$_2$ 理想和实际结构图 [63]

虽然 LiNiO$_2$ 的脱嵌电位在 3.8V（相对于 Li$^+$/Li）左右，与 LiCoO$_2$ 接近，且 Ni 资源比 Co 资源丰富便宜，但到目前为止，纯的 LiNiO$_2$ 还没有实现商业化应用。主要是因为 LiNiO$_2$ 存在很多问题。首先，计量比的 LiNiO$_2$ 制备条件十分苛刻，纯的 LiNiO$_2$ 很难合成。其次，LiNiO$_2$ 材料的性能重现性差。Ni^{2+} 极易占据 Li$^+$ 的位置，阻止锂离子的扩散，使得可逆比容量降低。此外，LiNiO$_2$ 的热稳定性也差，较高温度下容易发生分解，Ni^{3+} 变成 Ni^{2+}。在充放电过程中，Ni^{2+} 和 Li$^+$ 的混排效应，大量脱锂后结构塌陷，使得材料性能恶化。

为了解决上述所存在的问题，可以进行 Mn 掺杂 LiNiO$_2$ 形成二元体系，Mn 和 Co 掺杂形成三元体系，Co 和 Al 掺杂形成三元体系。由于不同元素的协同效应，高镍的二元/三元体系具有容量高、循环和倍率性能好等优点，且相比于 LiCoO$_2$ 正极具有成本上的优势，已经成功应用于大功率及高容量要求的动力电池领域。此类材料也是固态锂离子电池实现高能量密度的正极材料的选择之一。

1.4.2　负极材料

负极材料作为固态锂离子电池的重要组成部分，其性质对电池的整体性能仍然至关重要，并且需要具备以下性能：电化学反应电位低，储锂能力强，材料结构变化小，电压平台的变化小，具备较高的离子与电子电导率。

根据负极材料在固态锂离子电池中的作用，可以将其分为如下几类：

1. 金属类负极材料

包括锂/钠金属、锂合金等。锂金属是目前最常用的固态锂离子电池负极材料之一，具有高能量密度。实际上金属锂作为电池的负极在 20 世纪 70 年代就已经开始使用，但是由于金属锂在循环过程中锂离子不均匀沉积生成枝晶，导致电池鼓包，降低电池寿命并引发安全问题，故而导致其发展被搁置。金属锂负极存在的问题关系图如图 1-18 所示。

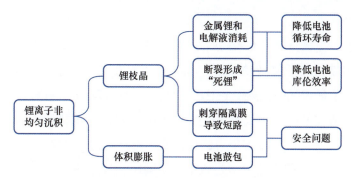

图 1-18 金属锂负极存在的问题关系图

针对锂金属电池中的多种问题，需从多个角度寻求解决办法，但最根本是要解决金属锂枝晶的问题。锂枝晶的形成是由于锂离子不均匀的沉积导致，在循环过程中，锂成核并随着电流的变化不断沉积形成锂枝晶，随着锂枝晶的累积，部分枝晶断裂形成"死锂"，导致电池容量衰减。更甚者造成电池短路，引起热失控，发生安全问题。整个过程如图 1-19 所示 [64]。

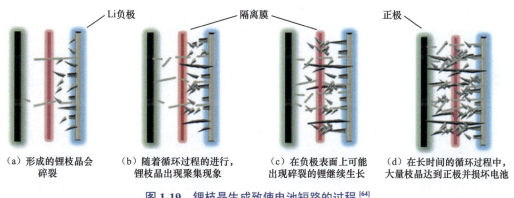

（a）形成的锂枝晶会   （b）随着循环过程的进行，   （c）在负极表面上可能   （d）在长时间的循环过程中，
　　　碎裂　　　　　　　　　　锂枝晶出现聚集现象　　　　出现碎裂的锂继续生长　　　大量枝晶达到正极并损坏电池

图 1-19 锂枝晶生成致使电池短路的过程 [64]

为了应对锂枝晶生长造成的危害，Liw 等人提出了一种抑制枝晶生长的新方法 [65]。他们使用了聚硫化锂和硝酸锂作为添加剂加到醚类电解质中，相比于在醚类电解质中形成的薄弱 SEI 层而导致的锂枝晶生长和 SEI 破裂问题，加入添加剂后形成的稳定 SEI 可有效地抑制锂枝晶生长。Zhao CZ 等人提出了一种新的柔性阴离子固定化陶瓷 - 聚合物复合电解质来抑制锂负极上的枝晶生长 [66]。Kim 等人通过对比研究凝胶聚合物电解质和复合聚合物电解质的电池来研究枝晶生长 [67]，发现复合聚合物电解质的电池有效地抑制了枝晶生长，均匀分散的 Al_2O_3 纳米颗粒起到了保护屏障的作用。

金属锂作为负极仍然存在很多挑战，目前开展了大量的研究工作，但仍然没有解决根本性问题。尽管如此，要实现固态锂离子电池的高能量密度，金属锂作为负极的使用是必须的，这还需要更多的研究和突破。

2. 碳族材料

碳族材料作为负极材料具有较高的导电性和稳定性，但能量密度相对较低。这类材料一般具有层状结构或者 3D 网络架构，锂离子可以在结构间进行脱嵌而不破坏材料的结构。石墨是目前最成熟的锂离子电池负极材料，目前液态商业锂离子电池基本使用石墨负极。石墨具有完整的层状结构，且排列规整。每层中的碳原子以 sp^2 杂化方式形成六边形架构，层与层之间以范德华力链接，其理论比容量为 372 mAh/g（电位 0.05 V，相对于 Li/Li$^+$）。天然石墨在充放电过程中，层间距会发生明显变化，导致石墨层粉化脱落，同时溶剂分子也容易共嵌入石墨层中，导致电池循环容量衰减，故而天然石墨需要进行包覆、掺杂、表面氧化等改性而获得更优的性能。人造石墨是以针状焦、沥青焦和石油焦为原材料，通过破碎、改性造粒、焙烧、石墨化、炭化、成品加工 6 个步骤制备而成。人造石墨可以通过控制制备工艺来调控性能，满足不同领域的需求。相比天然石墨，人造石墨的物理、化学性质更加稳定，可靠性更高。另外，石墨烯、多孔碳、碳纳米管、碳纳米纤维等碳基衍生的负极材料，具有优异的导电性和多样化结构，从而应用到不同领域。

3. 金属氧化物

钛酸锂（$Li_4Ti_5O_{12}$）、锰氧化物（MnO_2）等金属氧化物作为负极材料具有较高的电化学稳定性和循环寿命。应用较多的是具有尖晶石结构的 $Li_4Ti_5O_{12}$，能够与 Li$^+$ 反应生成 $Li_7Ti_5O_{12}$，其较高的嵌锂电位（1.55V）不会造成电解液的分解而形成 SEI。因此，其首圈库伦效率远高于其他负极材料。同时 $Li_4Ti_5O_{12}$ 在脱嵌锂过程中的体积变化率仅有 0.2%，对材料结构的破坏程度非常小，使其具有非常优异的循环稳定性[68]。然而，$Li_4Ti_5O_{12}$ 的理论比容量仅有 175 mAh/g，并且电导率相对较低，电子的传输速率受限，导致倍率性能较差，这些不利因素极大地限制了其在储能器件中的实际应用。Jhan YR 等[69] 将 $Li_4Ti_5O_{12}$ 与多壁碳纳米管进行复合，碳纳米管不仅能够有效阻止 $Li_4Ti_5O_{12}$ 颗粒的团聚，还能够提供高效的导电网络，增强材料的电子导电性，有效提升了材料的循环稳定性和倍率性能。

4. 合金材料

硅合金、锡合金等合金材料能够实现更高的负极容量，从而提高固态锂离子电池的能量密度。

合金型负极材料通过与锂离子反应生成稳定的合金化合物来进行电化学储锂，具有较低的充放电平台和较高的比容量。在所有的合金型负极材料中，硅材料具有最高的理论质量和体积比容量（4200 mAh/g、9786 mAh/cm^3），并且硅基材料储量丰富，对环境污染小，是理想的负极材料之一。但是，硅基材料因其独特的合金化储锂机制，在电化学反应过程中的体积变化率大于 400%，造成电极材料逐渐开裂、破碎、粉化，最终从集流体上脱落，导致电池容量急剧衰减。不仅如此，在液态锂离子电池中，电极材料粉化暴露出的表面将生成新的固体电解质界面（Solid Electrolyte Interphase，SEI）膜，严重消耗电解液并阻碍锂离子的传导。纳米结构设计是一种有效提高硅基材料电化学性能的措施，多种纳米结构的硅材料，如纳米线、纳米管、纳米球等被设计合成并应用于锂离子电池。纳米尺度的硅基材料能够增加电极材料的比表面积，提供更多的电化学活性位点，提升反应动力学性能。研究发现，当硅颗粒直径小于临界粒径尺寸（约 150 nm）时，颗粒在初始锂化时不会开裂，同时颗粒之间的空隙能够缓解硅基负极体积膨胀的问题，有助于提升其循环稳定性。但是，纳米化的硅材料依然面临着导电性差、易团聚、副反应多等问题。将纳米硅与碳材料进行复合能有效改善上述问题[70]。

除此之外，锗基、锡基、锑基和磷基等合金型负极材料也因其具有较高的理论比容量受到关注，但是，这类材料在循环过程中同样存在着剧烈的体积变化问题，导致较差的循环稳定性，限制了其实际应用。

1.4.3 电解质材料

依据目前产业化进程简单分类，固态锂离子电池的电解质主要有氧化物、硫化物、聚合物 3 种技术路线。其中氧化物电解质材料种类包括锂镧锆钛氧 / 锂镧锆氧、磷酸铝钛锂、锂锆硅磷氧等；硫化物电解质材料种类包括硫化锂、锗、磷、硅等。聚合物电解质材料种类包括聚环氧乙烷材料、聚碳酸亚丙酯、聚丙烯腈、热塑性聚氨酯等。

1.4.4 其他组成材料

组成固态锂离子电池的其他重要材料包括锂盐添加剂，例如六氟磷酸锂（$LiPF_6$）、四氟硼酸锂（$LiBF_4$）、双三氟甲基磺酰亚胺锂［$LiN(CF_3SO_2)_2$，LiTFSI）、双氟磺酰亚胺锂（$LiN(FSO_2)_2$，LiFSI］、二草酸硼酸锂（LiBOB）等；导电碳添加剂，例如导电炭黑、碳纳米管等；黏结剂，例如常用的正极极片的黏结剂聚偏二氟乙烯（PVDF）、负极极片的黏结剂羧甲基纤维素钠（CMC）。此外，与液体电池相似，固态锂离子电池正、负极所用集流体分别为铝箔和铜箔。固态锂离子电池的外包装材料为铝塑膜，和普通复合膜相比，铝塑膜需要拥有更好的阻隔性、耐穿刺性、冷冲压成型性、绝缘性和稳定性。

1.5　固态锂离子电池存在的技术问题

1.5.1　固态锂离子电池与液态锂离子电池对比

固态锂离子电池和液态锂离子电池在电池结构、电解质和性能等方面存在一些区别，具体如下。

1. 电池结构

固态锂离子电池采用固态电解质，将正极、负极和电解质封装形成固态结构。液态锂离子电池则采用液态电解质，将正极和负极通过液态电解质隔开。固态电解质是以固态材料为基础，具有较好的热稳定性。固态锂离子电池中，固态电解质直接与正极和负极接触，起到离子传输和电子隔离的作用。而在液态锂离子电池中，液态电解质充填在正极和负极之间，起到电子和离子传输的媒介作用。固态锂离子电池由于固态电解质和电极之间没有液体界面，其界面相对稳定，极化减少。而液态锂离子电池中的液态电解质极易引起界面反应和极化现象，对电池性能产生一定影响。但是，由于固态锂离子电池的界面接触为固-固接触，界面的润湿性较差，这也限制了固态锂离子电池性能的发挥。此外，固态锂离子电池和液态锂离子电池在正极材料、负极材料的选择，以及电池外壳结构等方面仍然存在一定的共同点和差异，随着电池技术的不断发展，需要对固态锂离子电池结构的设计和材料选择不断改进和创新，以提高固态锂离子电池的性能。

2. 电解质

固态锂离子电池使用固态电解质（通常是陶瓷或高分子材料），这使得固态锂离子电池具有较好的稳定性。但是，通常情况下，固态电解质的离子导电性却没有液态好。而液态锂离子电池使用液态电解质（通常是有机液体或溶液），这种电解质的离子传输速度相对较快，但是存在泄漏的风险，且电池稳定性差于固态锂离子电池。

3. 安全性

固态锂离子电池由于使用不易泄漏、不会发生燃烧或爆炸的固态电解质而有着较好的安全性能。液态锂离子电池由于使用液态电解质而存在泄漏、燃烧和爆炸的风险。

4. 能量密度

固态锂离子电池的能量密度相对较高，可以实现更高的电池容量和更长的续航时间。但是目前由于固态锂离子电池技术的不成熟，距离实现高能量密度、高循环寿命的固态锂离子电池，还需要一定的时间。

5. 生产制造成本

目前固态锂离子电池仍处于发展阶段，制造成本相对较高。液态锂离子电池已经得到了广泛应用，并具备成熟的生产技术和较低的制造成本。

总体来说，固态锂离子电池相比于液态锂离子电池具有更好的安全性能和能量密度，但目前技术尚不成熟、制造成本较高。随着技术的进步和规模效应的逐渐显现，固态锂离子电池在未来有望成为一种具有重要应用前景的新型电池技术。

1.5.2　固态锂离子电池亟需解决的主要问题

1. 界面问题

构建高性能固态锂离子电池的最大挑战是解决固态电解质 / 正极和固态电解质 / 负极界面之间的高界面电阻问题。与传统的液态锂离子电池的湿接触不同，无机固态电解质与电极之间的界面接触限制了离子和电子的传输，从而影响了电荷的转移过程，进而影响了电池的倍率性能[71]。在充放电过程中，刚性的点对点接触，即使是接触点的微小应变也可能导致化学或机械失效[72]。这些失效包括电极与混合电解质之间形成的连续或不连续的裂纹，这可能增加界面阻抗，降低电化学性能，进而导致电池失效。此外，电极在循环过程中的体积变化会降低电极 / 电解质界面接触，并增加极化，导致电池失效[73]。

由于无机固态电解质和电池正极间的热力学不稳定性，两者会发生界面反应形成界面层，导致高的界面电阻。为了深入研究界面反应的可能原因，人们进行了许多探索。Haruyama J 等人[74]通过理论计算研究了硫化物电解质 / 正极界面的阳离子的扩散特性。以 $LiCoO_2/\beta$-Li_3PS_4 界面为例，计算结果表明钴元素和磷元素交换能为负值，这说明界面处元素的扩散是自发的，扩散发生后会形成界面层。对于氧化物电解质，通常需要高温烧结以保证电解质和正极之间的良好接触，但是高温下，电解质和正极之间会发生严重的化学反应和元素互扩散，导致生成难以控制的厚界面层。界面反应形成的界面层大多具有低的离子电导率，这将导致高的界面阻抗。此外，有的界面层还包含高电子电导成分，从而导致离子绝缘层的持续生长[75]。因此认为低离子电导与低电子电导混合相界面的生成是氧化物电解质和正极间产生高内阻并最终导致倍率和循环性能差的原因。此外，由于锂离子电池活性物质通常是高离子电导率和电子电导率的混合体，而固态电解质是单一的离子导体。当正极材料和固态电解质接触时，由于锂离子在两者之间存在较大的化学势差，锂离子会从电解质向正极侧迁移，形成空间电荷层。由于绝大多数正极材料在充放电过程中会伴随着反复的体积变化，从而造成固态电解质和正极材料颗粒间的接触缺失。界面接触的缺失也会造成界面阻抗的增加和电池容量的损失。Koerver 等人[76]对比了充放电前后正极和硫化物电解质界面处的表面形貌发现，充放电前活性物质与电解质之间接触紧密，经过 50 次充放电后，界面处出现明显缝隙。

相比于无机固态电解质，使用弹性的有机固态电解质可以降低界面电阻，同时确保循环稳定性，并在循环过程中与电极之间保持强有力的弹性点对点接触。但是，电极厚度、聚合物的分子量以及添加的锂盐量都会对电极和电解质之间的界面阻抗产生影响[77]。目前已经研究出一些物理方法来降低聚合物电解质的界面接触阻抗，例如制备电极时，聚合物电解质用作黏结剂、采用原位聚合技术制备聚合物电解质等，这些方法都一定程度上起到了减小界面阻抗的作用[78-79]。原位聚合技术可以通过原位的方法，在制备过程中构建良好的离子传输路径，实现对活性材料的充分利用，此方法在大规模生产中具备一定的技术可行性。另外，添加一层超薄的离子液体或离子凝胶可以帮助保持复合型电解质的聚合物相在锂金属和电解液界面上连续的离子通道[20]。但由于不能从根本上解决界面阻抗大的问题，电池的容量、循环和倍率性能远低于传统液态锂离子电池。

固态锂离子电池中锂金属负极/电解质界面反应比较复杂。从热力学角度出发，根据界面形成的特点，固态电解质和锂金属负极的界面主要分为3种情况[80]：

（1）热力学稳定的界面。

（2）热力学不稳定界面，一旦锂金属与固态电解质接触，就会发生副反应，形成具有高离子电导和电子电导的混合导电相界面。混合导电界面层会和锂金属继续反应，最终导致电池失效。

（3）锂金属和固态电解质之间热力学不稳定，但动力学上是稳定的。当界面产物电子电导率较低时，会形成亚稳态界面，这和传统电池中SEI膜的形成过程类似。

除了固态电解质和锂负极的界面反应之外，近年来，锂枝晶在固态电解质中的生长也逐渐引起了研究者们的重视。当电流密度和面容量过大时，锂金属会在固态电解质的内部和晶界处优先成核生长，并进一步渗透到电解质中，导致电池失效。

2. 离子电导率问题

固态电解质作为固态锂离子电池的核心组成部件，其离子电导率的高低极大程度上影响电池性能的好坏。而不同类型的固态电解质，其离子导电性也存在差异，主要分为无机固态电解质和聚合物电解质两大类，其中无机固态电解质又包含氧化物固态电解质与硫化物电解质等。下面分别阐述各类固态电解质离子电导率的制约因素以及常用的改性方法。

（1）NASICON型氧化物固态电解质。此类固态电解质可以用通式 $Li[A_2B_3O_{12}]$ 进行表示，其中A、B分别代表四价和五价骨架离子。常见的NASICON型结构固态电解质根据化学成分组成可分为 $LiZr_2(PO_4)_3$（LZP）、$LiTi_2(PO_4)_3$（LTP）和 $LiGe_2(PO_4)_3$（LGP）。此类电解质的离子电导率较高，通过离子取代调控离子传输通道，在LTP和LGP体系中，两者电导率均可达到 10^{-3} S/cm 量级。可通过Sc、Al、Y、Ga等对Ti或Ge进行部分取代，采用Si对P进行部分取代的方式进一步提升离子电导率。研究表明，Al^{3+} 的取代最为有效，但是内部存在的 Ge^{4+} 和 Ti^{4+} 在热力学上对锂不稳定，极易被锂还原，还需要通过组分优化、引入界面层等手段改善与负极界面的稳定性。

（2）石榴石结构氧化物固态电解质。石榴石结构的固态电解质也具有良好的离子传输性能，达到 10^{-3} S/cm，例如 $Li_7La_3Zr_2O_{12}$（LLZO）。LLZO存在立方相（c-LLZO）和四方相（t-LLZO）两种晶体结构。其中，c-LLZO在室温下是亚稳相，离子电导率更高，而t-LLZO在室温条件下较为稳定，故而离子电导率较c-LLZO低。设法在室温下稳定立方相（c-LLZO），获得较高的离子电导率是当前LLZO的研究重点。改善烧结方式与添加烧结助剂是进一步提升 LLZO 离子电导率的有效方法。相比较于 NASICON 型结构固态电解质，石榴石结构固态电解质 LLZO 具有较优的锂金属稳定性，但其内部存在的缺陷依然会致使枝晶生长，导致固态锂离子电池失效，因此，提高 LLZO 的致密度也是至关重要的。此外，由于 LLZO 与锂金属在界面的接触属于点对点的固 - 固接触，也会导致界面阻抗较大以及界面枝晶生长，因此，通过减小 LLZO 与锂金属界面能的差别，改善两者间的润湿性，优化界面接触，是实现 LLZO 应用的重要前提。

（3）钙钛矿结构氧化物固态电解质。钙钛矿结构固态电解质可以用通式 $Li_{3x}La_{2/3-x}TiO_3$（LLTO）进行表示。与石榴石结构固态电解质一样，钙钛矿结构固体电解质的离子电导率也较高。通常情况下可采用离子取代、复合和烧结气氛调控等方式来进一步提高 LLTO 的离子电导率。研究表明，采用 Pr、Nd 和 Y 等对 LLTO 中的 La 进行部分取代，或者采用 Al、Zr、Cr、Nb、Ta、W 等对 LLTO 中的 Ti 进行部分取代，可有效提高离子电导率。值得注意的是，对 La 位取代来说，取代离子的半径越大，锂离子传输通道瓶颈尺寸越大，越能提高离子电导率；相反，对 Ti 位取代来说，取代离子的半径越小，使 Ti—O 原子间距离缩短，Ti—O 键强度得到增强，越有利于提高离子电导率。与 LLTO 较高的晶粒电导率相比，LLTO 的晶界电导率一般要低 2～3 个数量级，是 LLTO 离子电导率提高的重点方向。通过复合 LiF 等增加锂离子浓度，或复合锂硼氧化物（Li_2O-B_2O_3）等低熔点助剂来改善烧结性能、提高致密度，均被证明可提高晶界电导率。此外，通过排除烧结气氛中的水和 CO_2，避免低电导 Li_2CO_3 的生成也有利于离子电导率的提高。与 NASICON 型结构固态电解质类似，LLTO 电解质由于存在易被还原的 Ti^{4+}，也存在对锂界面不稳定性的问题。目前，LLTO 的主要合成方法都需要较高的烧结温度，容易导致锂的挥发和晶界阻抗的提高。因此，降低烧结温度，并降低晶界阻抗是 LLTO 电解质研究的重点。

（4）硫化物电解质。相比较于氧化物固态电解质，硫化物电解质在室温下具有更高的离子电导率，范围为 10^{-4}～10^{-2} S/cm[81-84]。相比于其他固态电解质，硫化物电解质具有较高的电子电导率[85] 和良好的力学性能，有利于全固态锂离子电池中电极 / 电解质形成良好的固-固接触界面，从而优化全固态锂离子电池的循环稳定性[73]。因此，许多工作从硫化物固体电解质体系入手，致力于开发出具有高离子电导率、宽电化学窗口、具有良好化学稳定性和空气稳定性的理想固体电解质材料。在硫化物钠快离子导体方面，Fuchs T 等人[86] 报道了 $Na_{2.9}Sb_{0.9}W_{0.1}S_4$ 硫化物钠快离子导体，其室温离子电导率约为 4×10^{-2} S/cm，是目前电导率最高的硫化物固态电解质。虽然硫化物电解质具体较高的离子导电性，但是其合成条件较为苛刻，需要在隔绝空气的惰性气氛中进行合成，这也限制了其应用。

（5）聚合物电解质。溶解锂盐的固态聚合物电解质具有柔韧性好、质量轻、成本低以及易于加工等优势，但离子电导率通常低于无机固态电解质。早期制备的 PEO 基聚合物电解质的室温离子电导率仅有 $10^{-7} \sim 10^{-5}$ S/cm，这主要由于 PEO 是一种易于结晶的聚合物基体，在较低的温度下 PEO 基聚合物电解质内含有极少量的无定形区，锂离子难以在聚合物的分子长链上进行定向迁移，因此很难满足室温条件下的实际应用。对于 PEO 低离子电导率的改性方法包括聚合物共混、聚合物共聚、构造交联网状结构的聚合物、加入支撑体、有机/无机复合等方式[87]，但通过改性后的 PEO 室温条件下仍然很难达到 10^{-3} S/cm，甚至 10^{-4} S/cm。因此，使用 PEO 聚合物电解质制备的固态锂离子电池通常需要在 60℃ 左右的温度下才能正常工作，这严重限制了其应用。此外，PVDF 和 PVDF-HFP[88] 具有相对宽的电化学窗口、良好的热稳定性和较高的力学强度等优点，也是理想的聚合物电解质基体材料之一，但是此类聚合物电解质需要形成凝胶状，其离子电导率才能达到 $10^{-4} \sim 10^{-3}$ S/cm，凝胶状的聚合物电解质在循环过程中的机械强度受到极大的挑战，这也限制了其应用。

综上所述，无机固态电解质如陶瓷快离子导体具有优异的离子导电性，但由于其高熔点，通常需要较高的烧结温度（>1000℃）。高烧结温度要求增加了生产成本，限制了这些材料的实际应用[89-90]。相比之下，固态聚合物电解质具有灵活性并且容易合成；然而，在常温条件下它们的离子导电性较低，限制了它们在商业电池中的使用。此外，固态聚合物电解质与锂金属负极反应，锂枝晶生长刺穿电解质，导致短路，引发安全问题。因此，目前的一种解决方案是将两种或多种优势互补的电解质材料组合起来构建混合电解质。刚性-柔性耦合电解质可以确保电极润湿性、锂离子导电性和机械强度，满足固态锂离子电池需求。

3. 电化学稳定性

电化学稳定性是指固态电解质在施加电场或在电荷转移条件下，能够维持其结构和化学性质不变的能力。电解质的电化学稳定窗口或电压窗口范围，即还原和氧化电势限制，是决定其与高压正极和锂金属负极兼容性的关键因素。为了获得高能量密度的固态锂离子电池，固态电解质的还原电势必须小于锂金属的还原电势，而氧化电势必须高于正极中锂离子的脱出电位。对于锂电池而言，不兼容的电极-电解质界面，可能由于副反应的发生（例如在负极-电解质界面形成无机锂化合物）而消耗电解质，进而影响电化学稳定性。

可以通过研究 Li‖电解质‖Li 对称电池，测试 Li 镀/剥离过程中的电阻变化来检测界面的稳定性。为了实现界面稳定性，电解质应具有广泛的电位范围，能与更高的工作电压兼容，从而提升锂电池的能量密度[91]。此外，电解质的电化学稳定窗口通常通过半电池系统上的线性扫描伏安法（LSV）来测量，该系统由固态电解质、用作参比电极和对电极的锂金属、工作电极不锈钢（SS）组成。例如，Fu 等人提出的三维石榴石纤维网络结构的固态电解质，进行 Li‖电解质‖SS 电池的 LSV 测试结果显示了宽广的电位窗口（ESW），范围为 $0 \sim 6$ V（相对于 Li^+/Li）[92]。Self 等人进行 DFT 模拟来预估固态电解质 PAN、PEI、PVA、PEC、PCL、PTMC 和 PEO 等几种材料的电化学窗口。其中，PAN 表现出的电化学窗口最宽（约 8.11 V）[93]。而最常用的基于 PEO 的聚合物电解质的氧化电位低于 3.8 V。Duan 等人提出了一种两面电解质 PAN@LAGP，其中一面是 PAN，另一面是 LAGP（聚乙二醇丙烯酸二酯 PEGDA）[91]，获得了 0 ~ 5 V 的电位窗口。在这个设计中，具有抗氧化性的 PAN 与正极接触，而具有还原耐受性的 PEGDA 与锂金属负极接触，抑制枝晶渗透并确保界面紧凑。基于此想法，通过将 LATP 涂覆在 PAN 和 PEO 中设计了一种具有双重功能的改性陶瓷电解质。这种涂层电解质充分利用每个层，对于高电压正极表现出优越的润湿性，充分改进了基于 PEO 的聚合物电解质的低氧化电位问题[94]。

4. 制备工艺问题

制备固态锂离子电池的关键是制备具有离子导电特性和力学特性的电解质，并解决电解质与电池正负极之间的界面问题。在半固态锂离子电池路线中，氧化物和聚合物复合电解质已开始量产。卷对卷生产可提高聚合物复合电解质的量产能力，但其离子电导率较低；相比之下，氧化物复合电解质的离子电导率更高，但其质地较"脆"，阻碍了量产，综合两者的优势可以最大化半固态锂离子电池的量产进程。全固态路线中，硫化物显示出很大的潜力。然而，硫化物电解质的开发处于初期阶段。虽然其电导率最高，但其生产环境控制要求十分严格，导致目前无法规模化生产。结合市场上现有的技术发展，固 / 液混合型介于液态锂离子电池与全固态锂电池之间的半固态锂离子电池有可能快速实现规模化生产。除在特定领域应用外，也可逐步拓展到新能源汽车和规模化储能等领域。随着技术手段逐渐改进，可以逐步减少液体或凝胶类电解质的比例，最终朝全固态锂离子电池的发展方向迈进[95]。

本章小结

本章对固态电解质与固态锂离子电池做概述性介绍。主要包含发展历史、工作原理、分类特点、电池组成、技术问题等几个方面。总体上，可大致分为氧化物固态电解质、硫化物电解质、聚合物电解质；其中氧化物和硫化物属于无机固态锂离子电池种类，聚合物属于有机固态锂离子电池与半固态锂离子电池种类。此外，也有部分半固态锂离子电池用氧化物电解质。目前，固态锂离子电池技术仍然没有固定的技术路线，各种路线均表现出一定的优势与劣势，但均无法满足固态的使用需求，科研机构与各电池公司正在开展大量的研究，致力于改善固态锂离子电池技术与工艺，力求获得可商业化的固态锂离子电池。目前来看，结合了聚合物与氧化物各自优势的复合固态电解质的方案或许会是未来首先大规模量产并用于半固态锂离子电池与固态锂离子电池的一种技术路线。

 **参考文献**

[1] Singhal S. C, Kendall K, High-temperature solid oxide fuel cells: fundamentals, design and applications [M]. Elsevier, 2003.

[2] Owens B B. Solid state electrolytes: overview of materials and applications during the last third of the Twentieth Century [J]. Journal of power sources, 2000, 90(1): 2-8.

[3] Gray F M, Maccallum J R, Vincent C A. Poly (ethylene oxide)-$LiCF_3SO_3$-polystyrene electrolyte systems [J]. Solid State Ionics, 1986, 18: 282-286.

[4] Gorecki W, Andreani R, Berthier C, et al. NMR, DSC, and conductivity study of a poly (ethylene oxide) complex electrolyte: PEO $(LiClO_4)_x$ [J]. Solid state ionics, 1986, 18: 295-299.

[5] Beevers C A, RosS M A S. The crystal structure of "beta alumina" $Na_2O \cdot 11Al_2O_3$ [J]. Zeitschrift für Kristallographie-Crystalline Materials, 1937, 97(1-6): 59-66.

[6] Fenton D E. Complex of alkali metal ions with poly (ethylene oxide) [J]. polymer, 1973, 14: 589.

[7] Yang L L, Huq R, Farrington G C, et al. Preparation and properties of PEO complexes of divalent cation salts [J]. Solid State Ionics, 1986, 18: 291-294.

[8] Bones R J, Coetzer J, Galloway R C, et al. A sodium/iron (II) chloride cell with a beta alumina electrolyte [J]. Journal of the Electrochemical Society, 1987, 134(10): 2379.

[9] Dudney N J, Bates J B, Zuhr R A, et al. Sputtering of lithium compounds for preparation of electrolyte thin films [J]. solid state ionics, 1992, 53: 655-661.

[10] Fan L Z, He H, Nan C W. Tailoring inorganic-polymer composites for the mass production of solid-state batteries [J]. Nature Reviews Materials, 2021, 6(11): 1003-1019.

[11] Scrosati B, Butherus A D. Electrochemical Properties of $RbAg_4I_5$ Solid Electrolyte: II. Study of Silver Electrode Reversibility [J]. Journal of the Electrochemical Society, 1972, 119(2): 128.

[12] Coetzer J. A new high energy density battery system [J]. Journal of power sources, 1986, 18(4): 377-380.

[13] Bates J B, Dudney N J, Gruzalski G R, et al. Electrical properties of amorphous lithium electrolyte thin films [J]. Solid state ionics, 1992, 53: 647-654.

[14] Meyer J M. Innovation: Bollore runs for the 100% electric car; Innovation: Bollore roule pour la voiture 100% electrique [J]. Usine Nouvelle, 2005, 22-23.

[15] Castillo J, Qiao L, Santiago A, et al. Perspective of polymer-based solid-state Li-S batteries [J]. Energy Materials, 2022, 2(1): 200003.

[16] Yu X, Manthiram A. Electrochemical energy storage with mediator-ion solid electrolytes [J]. Joule, 2017, 1(3): 453-462.

[17] Parka M, Zhanga X, Chunga M, et al. A review of conduction phenomena in Li-ion batteries [J]. J. Power sources, 2010, 195(24): 7904-7929.

[18] Zheng Y, Yao Y, Ou J, et al. A review of composite solid-state electrolytes for lithium batteries:

fundamentals, key materials and advanced structures [J]. Chemical Society Reviews, 2020, 49(23): 8790-8839.

[19] Wu Y, Wang S, Li H, et al. Progress in thermal stability of all-solid-state-Li-ion-batteries [J]. InfoMat, 2021, 3(8): 827-853.

[20] Yu X, Manthiram A. A review of composite polymer-ceramic electrolytes for lithium batteries [J]. Energy Storage Materials, 2021, 34: 282-300.

[21] Bruce P G, West A R. Ionic conductivity of LISICON solid solutions, $Li_{2+2x}Zn_{1-x}GeO_4$ [J]. Journal of Solid State Chemistry, 1982, 44(3): 354-365.

[22] Sun Y Q, Luo X T, Zhu Y S, et al. Li_3PO_4 electrolyte of high conductivity for all-solid-state lithium battery prepared by plasma spray [J]. Journal of the European Ceramic Society, 2022, 42(10): 4239-4247.

[23] Anantharamulu N A, Koteswara Rao K, Rambabu G, et al. A wide-ranging review on Nasicon type materials [J]. Journal of materials science, 2011, 46: 2821-2837.

[24] Stramare S, Thangadurai V, Weppner W. Lithium lanthanum titanates: a review [J]. Chemistry of materials, 2003, 15(21): 3974-3990.

[25] O'callaghan M P, Powell A S, Titman J J, et al. Switching on fast lithium ion conductivity in garnets: the structure and transport properties of $Li_{3+x}Nd_3Te_{2-x}Sb_xO_{12}$ [J]. Chemistry of materials, 2008, 20(6): 2360-2369.

[26] Van Wüllen L, Echelmeyer T, Meyer H W, et al. The mechanism of Li-ion transport in the garnet $Li_5La_3Nb_2O_{12}$ [J]. Physical Chemistry Chemical Physics, 2007, 9(25): 3298-3303.

[27] Koch B, Vogel M. Lithium ionic jump motion in the fast solid ion conductor $Li_5La_3Nb_2O_{12}$ [J]. Solid State Nuclear Magnetic Resonance, 2008, 34(1-2): 37-43.

[28] Awaka J, Takashima A, Kataoka K, et al. Crystal structure of fast lithium-ion-conducting cubic $Li_7La_3Zr_2O_{12}$ [J]. Chemistry letters, 2011, 40(1): 60-62.

[29] Han J, Zhu J, Li Y, et al. Experimental visualization of lithium conduction pathways in garnet-type $Li_7La_3Zr_2O_{12}$ [J]. Chemical Communications, 2012, 48(79): 9840-9842.

[30] Xu M, Park M S, Lee J M, et al. Mechanisms of Li^+ transport in garnet-type cubic $Li_{3+x}La_3M_2O_{12}$ (M=Te, Nb, Zr) [J]. Physical Review B-Condensed Matter and Materials Physics, 2012, 85(5): 052301.

[31] Xue Z, He D, Xie X. Poly (ethylene oxide)-based electrolytes for lithium-ion batteries [J]. Journal of Materials Chemistry A, 2015, 3(38): 19218-19253.

[32] Andreev Y G, Bruce P G. Polymer electrolyte structure and its implications [J]. Electrochimica Acta, 2000, 45(8-9): 1417-1423.

[33] Staunton E, Andreev Y G, Bruce P G. Factors influencing the conductivity of crystalline polymer electrolytes [J]. Faraday Discussions, 2007, 134: 143-156.

[34] Bhattacharyya A J, Fleig J, Guo Y G, et al. Local conductivity effects in polymer electrolytes [J]. Advanced Materials (Weinheim), 2005, 17: 2630-2634.

[35] Vorrey S, Teeters D. Study of the ion conduction of polymer electrolytes confined in micro and nanopores

[J]. Electrochimica acta, 2003, 48(14-16): 2137-2141.

[36] Appetecchi G B, Croce F, Romagnoli P, et al. High-performance gel-type lithium electrolyte membranes [J]. Electrochemistry communications, 1999, 1(2): 83-86.

[37] Choi B K, Kim Y W, Shin H K. Ionic conduction in PEO-PAN blend polymer electrolytes [J]. Electrochimica Acta, 2000, 45(8-9): 1371-1374.

[38] Chu P P, He Z P. Lithium complex in polyacrylonitrile/EC/PC gel-type electrolyte [J]. Polymer, 2001, 42(10): 4743-4749.

[39] Appetecchi G B, Croce F, Scrosati B. Kinetics and stability of the lithium electrode in poly (methylmethacrylate)-based gel electrolytes [J]. Electrochimica Acta, 1995, 40(8): 991-997.

[40] Boudin F, Andrieu X, Jehoulet C, et al. Microporous PVdF gel for lithium-ion batteries [J]. Journal of Power Sources, 1999, 81: 804-807.

[41] Mustarelli P, Quartarone E, Capiglia C, et al. Cation dynamics in PVdF-based polymer electrolytes [J]. Solid State Ionics, 1999, 122(1-4): 285-289.

[42] 洪月琼, 洪海杉, 李连豹, 等. 固态电池研究及发展现状 [J]. 小型内燃机与车辆技术, 2023, 52 （03）: 80-85.

[43] Goodenough J B, Park K S. The Li-ion rechargeable battery: a perspective [J]. Journal of the American Chemical Society, 2013, 135(4): 1167-1176.

[44] 查文平, 李君阳, 阳敦杰, 等. 无机固体电解质 $Li_7La_3Zr_2O_{12}$ 的研究进展 [J]. 中国材料进展, 2017, 36（10）: 700-707.

[45] Catti M. Local structure of the $Li_{1/8}La_{5/8}TiO_3$ (LLTO) ionic conductor by theoretical simulations [C]. Journal of Physics: Conference Series. IOP Publishing, 2008, 117(1): 012008.

[46] Epp V, Ma Q, Hammer E M, et al. Very fast bulk Li ion diffusivity in crystalline $Li_{1.5}Al_{0.5}Ti_{1.5}(PO_4)_3$ as seen using NMR relaxometry [J]. Physical Chemistry Chemical Physics, 2015, 17(48): 32115-32121.

[47] Lin D, Liu W, Liu Y, et al. High ionic conductivity of composite solid polymer electrolyte via in situ synthesis of monodispersed SiO_2 nanospheres in poly (ethylene oxide) [J]. Nano letters, 2016, 16(1): 459-465.

[48] Liu W, Lin D, Sun J, et al. Improved lithium ionic conductivity in composite polymer electrolytes with oxide-ion conducting nanowires [J]. ACS nano, 2016, 10(12): 11407-11413.

[49] Wieczorek W, Florjanczyk Z, Stevens J R. Composite polyether based solid electrolytes [J]. Electrochimica Acta, 1995, 40(13-14): 2251-2258.

[50] Croce F, Persi L, Scrosati B, et al. Role of the ceramic fillers in enhancing the transport properties of composite polymer electrolytes [J]. Electrochimica Acta, 2001, 46(16): 2457-2461.

[51] 武佳雄, 王曦, 徐平红, 等. 车用固态锂电池研究进展及产业化应用 [J]. 电源技术, 2021, 45 （3）: 402-405.

[52] Andersson A S, Thomas J O. The source of first-cycle capacity loss in $LiFePO_4$ [J]. Journal of Power Sources, 2001, 97: 498-502.

[53] Chung S Y, Bloking J T, Chiang Y M. Electronically conductive phospho-olivines as lithium storage electrodes [J]. Nature materials, 2002, 1(2): 123-128.

[54] Shi S, Liu L, Ouyang C, et al. Enhancement of electronic conductivity of $LiFePO_4$ by Cr doping and its identification by first-principles calculations [J]. Physical Review B, 2003, 68(19): 195108.

[55] Eames C, Armstrong A R, Bruce P G, et al. Insights into changes in voltage and structure of Li_2FeSiO_4 polymorphs for lithium-ion batteries [J]. Chemistry of Materials, 2012, 24(11): 2155-2161.

[56] Nytén A, Stjerndahl M, Rensmo H, et al. Surface characterization and stability phenomena in Li_2FeSiO_4 studied by PES/XPS [J]. Journal of Materials Chemistry, 2006, 16(34): 3483-3488.

[57] Fujita Y, Iwase H, Shida K, et al. Synthesis of high-performance Li_2FeSiO_4/C composite powder by spray-freezing/freeze-drying a solution with two carbon sources [J]. Journal of Power Sources, 2017, 361: 115-121.

[58] Thayumanasundaram S, Rangasamy V S, Seo J W, et al. A combined approach: Polyol synthesis of nanocrystalline Li_2FeSiO_4, doping multi-walled carbon nanotubes, and ionic liquid electrolyte to enhance cathode performance in Li-ion batteries [J]. Electrochimica Acta, 2017, 258: 1044-1052.

[59] Jarvis K A, Deng Z, Allard L F, et al. Atomic structure of a lithium-rich layered oxide material for lithium-ion batteries: evidence of a solid solution [J]. Chemistry of materials, 2011, 23(16): 3614-3621.

[60] Han S, Qiu B, Wei Z, et al. Surface structural conversion and electrochemical enhancement by heat treatment of chemical pre-delithiation processed lithium-rich layered cathode material [J]. Journal of Power Sources, 2014, 268: 683-691.

[61] Wu Y, Manthiram A. Effect of surface modifications on the layered solid solution cathodes (1-z) $Li[Li_{1/3}Mn_{2/3}]O_2$-(z)$Li[Mn_{0.5-y}Ni_{0.5-y}Co_{2y}]O_2$ [J]. Solid State Ionics, 2009, 180(1): 50-56.

[62] Carlier D, Van Der Ven A, Delmas C, et al. First-principles investigation of phase stability in the O_2-$LiCoO_2$ system [J]. Chemistry of materials, 2003, 15(13): 2651-2660.

[63] Delmas C, Ménétrier M, Croguennec L, et al. An overview of the Li (Ni, M) O_2 systems: syntheses, structures and properties [J]. Electrochimica Acta, 1999, 45(1-2): 243-253.

[64] Wu B, Liu Q, Mu D, et al. Suppression of lithium dendrite growth by introducing a low reduction potential complex cation in the electrolyte [J]. RSC advances, 2016, 6(57): 51738-51746.

[65] Li W, Yao H, Yan K, et al. The synergetic effect of lithium polysulfide and lithium nitrate to prevent lithium dendrite growth [J]. Nature communications, 2015, 6(1): 7436.

[66] Zhao C Z, Zhang X Q, Cheng X B, et al. An anion-immobilized composite electrolyte for dendrite-free lithium metal anodes [J]. Proceedings of the National Academy of Sciences, 2017, 114(42): 11069-11074.

[67] Lee S Y. Mechanically compliant and lithium dendrite growth-suppressing composite polymer electrolytes for flexible and Printable lithium-ion batteries [C]. IUPAC, 2013, 1(16): 4949-4955.

[68] Hasegawa G, Kanamori K, Kiyomura T, et al. Hierarchically porous $Li_4Ti_5O_{12}$ anode materials for Li^- and Na^- ion batteries: effects of nanoarchitectural design and temperature dependence of the rate capability [J].

Advanced Energy Materials, 2015, 5(1): 1400730.

[69] Jhan Y R, Duh J G. Synthesis of entanglement structure in nanosized $Li_4Ti_5O_{12}$/multi-walled carbon nanotubes composite anode material for Li-ion batteries by ball-milling-assisted solid-state reaction [J]. Journal of Power Sources, 2012, 198: 294-297.

[70] 韩啸，张成锟，吴华龙，等. 锂离子电池的工作原理与关键材料 [J]. 金属功能材料，2021，28（2）：22.

[71] Yang Y N, Cui C H, Hou Z Q, et al. Interface reconstruction via lithium thermal reduction to realize a long life all-solid-state battery [J]. Energy Storage Materials, 2022, 52: 1-9.

[72] Pan J, Zhao P, Wang N, et al. Research progress in stable interfacial constructions between composite polymer electrolytes and electrodes [J]. Energy & environmental science, 2022, 15(7): 2753-2775.

[73] Chen X, He W, Ding L X, et al. Enhancing interfacial contact in all solid state batteries with a cathode-supported solid electrolyte membrane framework [J]. Energy & environmental science, 2019, 12(3): 938-944.

[74] Haruyama J, Sodeyama K, Tateyama Y. Cation Mixing Properties toward Co Diffusion at the $LiCoO_2$ Cathode/Sulfide Electrolyte Interface in a Solid-State Battery [J]. ACS applied materials & interfaces, 2017, 9(1): 286-292.

[75] Chu I H, Nguyen H, Hy S, et al. Insights into the Performance Limits of the $Li_7P_3S_{11}$ Superionic Conductor: A Combined First-Principles and Experimental Study [J]. ACS applied materials & interfaces, 2016, 8(12): 7843-7853.

[76] Koerver R, Aygün I, Leichtweikβ T, et al. Capacity fade in solid-state batteries: interphase formation and chemomechanical processes in nickel-rich layered oxide cathodes and lithium thiophosphate solid electrolytes [J]. Chemistry of Materials, 2017, 29(13): 5574-5582.

[77] Wu N, Chien P, Qian Y, et al. Enhanced Surface Interactions Enable Fast Li^+ Conduction in Oxide/Polymer Composite Electrolyte [J]. Angewandte Chemie (International ed.), 2019, 59(10): 4131-4137.

[78] Tian L W, Kim J W, Hong S B, et al. All-solid-state lithium batteries featuring hybrid electrolytes based on Li ion-conductive $Li_7La_3Zr_2O_{12}$ framework and full-concentration gradient Ni-rich NCM cathode[J]. Chemical engineering journal (Lausanne, Switzerland:1996), 2022, 450: 138043.

[79] Wang Z. Lithium Deposition and Stripping in Solid-State Battery via Coble Creep [M]. Massachusetts Institute of Technology. Published for the Institute for use at the St Louis Exposition, 2020, 578 (7794): 251-255.

[80] WenzeL S, Leichtweiss T, Krüger D, et al. Interphase formation on lithium solid electrolytes-An in situ approach to study interfacial reactions by photoelectron spectroscopy [J]. Solid state ionics, 2015, 278: 98-105.

[81] Seino Y, Nakagawa M, Senga M, et al. Analysis of the structure and degree of crystallisation of $70Li_2S$-$30P_2S_5$ glass ceramic [J]. Journal of materials chemistry. A, Materials for energy and sustainability, 2015, 3(6): 2756-2761.

[82] Hayashi A, Tatsumisago M. Invited paper: Recent development of bulk-type solid-state rechargeable lithium batteries with sulfide glass-ceramic electrolytes [J]. Electronic Materials Letters, 2012, 8 (2): 199-207.

[83] Kanno R, Maruyama M. Lithium ionic conductor thio-LISICON:The Li_2S GeS_2 P_2S_5 system [J]. Journal of the Electrochemical Society, 2001, 148(7): A742-A746.

[84] Wu J, Liu S, Han F, et al. Lithium/Sulfide All-Solid-State Batteries using Sulfide Electrolytes [J]. Advanced materials (Weinheim), 2021, 33(6): e2000751.

[85] Hayashi A, Muramatsu H, Ohtomo T, et al. Improvement of chemical stability of Li_3PS_4 glass electrolytes by adding M_xO_y (M=Fe, Zn, and Bi) nanoparticles [J]. Journal of materials chemistry. A, Materials for energy and sustainability, 2013, 1(21): 6320-6326.

[86] Fuchs T, Culver S P, Till P, et al. Defect-Mediated Conductivity Enhancements in $Na_{3-x}Pn_{1-x}W_xS_4$ (Pn=P, Sb) Using Aliovalent Substitutions [J]. ACS energy letters, 2020, 5(1): 146-151.

[87] Vu T T, Cheon H J, Shin S Y, et al. Hybrid electrolytes for solid-state lithium batteries: Challenges, progress, and prospects [J]. Energy storage materials, 2023, 61: 102876.

[88] Abreha M, Subrahmanyam A R, Siva Kumar J. Ionic conductivity and transport properties of poly(vinylidene fluoride-co-hexafluoropropylene)-based solid polymer electrolytes [J]. Chemical physics letters, 2016, 658: 240-247.

[89] Unemoto A, Matsuo M, Orimo S Ichi. Complex Hydrides for Electrochemical Energy Storage [J]. Advanced functional materials, 2014, 24(16): 2267-2279.

[90] Matsuo M, Nakamori Y, Orimo S I, et al. Lithium superionic conduction in lithium borohydride accompanied by structural transition [J]. Applied physics letters, 2007, 91(22).

[91] Duan H, Fan M, Chen W, et al. Extended Electrochemical Window of Solid Electrolytes via Heterogeneous Multilayered Structure for High-Voltage Lithium Metal Batteries [J]. Advanced materials (Weinheim), 2019, 31(12): 1-7.

[92] Fu K (Kelvin), Gong Y, Dai J, et al. Flexible, solid-state, ion-conducting membrane with 3D garnet nanofiber networks for lithium batteries[J]. Proceedings of the National Academy of Sciences, 2016, 113(26): 7094-7099.

[93] Self E C, Hood Z D, Brahmbhatt T, et al. Solvent-Mediated Synthesis of Amorphous Li_3PS_4/Polyethylene Oxide Composite Solid Electrolytes with High Li^+ Conductivity [J]. Chemistry of materials, 2020, 32(20): 8789-8797.

[94] Liang J Y, Zeng X X, Zhang X D, et al. Engineering Janus Interfaces of Ceramic Electrolyte via Distinct Functional Polymers for Stable High-Voltage Li-Metal Batteries [J]. Journal of the American Chemical Society, 2019, 141(23): 9165-9169.

[95] 李泓，许晓雄. 固态锂电池研发愿景和策略 [J]. 储能科学与技术，2016，5（5）：606-614.

第2章

氧化物电解质及固态锂离子电池

2.1 氧化物电解质

2.1.1 氧化物电解质概述

氧化物固态电解质具有高化学稳定性、高力学强度、高氧化还原电位、优异的电化学稳定性、原材料丰富、制造成本低等优点，成为一类被广泛研究的固态电解质分支。氧化物固态电解质主要包含超离子导体型（LISICON、NASICON）、钙钛矿型与石榴石型锂离子导体。钠超离子导体结构的固态电解质 $Na_{1+x}Zr_2Si_xP_{3-x}O_{12}$（$0 \leqslant x \leqslant 3$）是 Goodenough 等人[1] 于 1976 年首次报道的，并被称之为"NASICON 型"。在此之后，Aono H 等人[2] 于 1990 年以碳酸锂、氧化铝、氧化钛、氧化磷作为原材料通过高温固相烧结法在 850℃下合成了固态电解质 $Li_{1.3}Al_{0.3}Ti_{1.7}(PO_4)_3$(LATP)，经测试其离子电导率达到了 7×10^{-4} S/cm。在 NASICON 型固态电解质中，$Li_{1.3}Al_{0.3}Ti_{1.7}(PO_4)_3$(LATP) 和 $LiGe_2(PO_4)_3$(LGP) 受到了研究者的广泛关注，该结构用 Al、Fe、La、Y 等掺杂或取代 Ti 和 Ge 进而提高离子电导率，但由于烧结比较困难，很难获得高密度样品。LiPON 在 1992 年首次合成，离子电导率为 2×10^{-6} S/cm，能够兼容正负极，但其制造工艺比较特殊，只能通过溅射制备。1993 年，Inaguma Y 等人[3] 制备了钙钛矿型固体电解质 $Li_{0.34}La_{0.51}TiO_{2.94}$（LLTO），总离子电导率为 2×10^{-5} S/cm，体相离子电导率达到了 1×10^{-3} S/cm；但是，Ti^{4+} 和锂金属接触易被还原成 Ti^{3+} 导致其不稳定，这在一定程度上影响了其作为固态电解质的应用。2002 年，Morata-Orrantia A 等人[4] 将碳酸锂、氧化镧、氧化钛、氧化铝作为原材料，采用高温固相烧结法于 900℃下合成了固态电解质 $Li_{0.06}La_{0.66}Ti_{0.93}Al_{0.06}O_3$（LLTO），离子电导率达 1.68×10^{-6} S/cm，锂离子迁移激活能为 0.52eV。但是钙钛矿型电解质颗粒的晶界处的锂离子电导率远低于其本体相的电导率，导致其离子电导率较低，限制了该电解质的发展。石榴石型固态电解质 $Li_5La_3M_2O_{12}$（M=Nb, Ta）的离子电导率于 2003 年首次被 Thangadurai V 等人[5] 报道，室温离子电导率达到了 1×10^{-6} S/cm。2005 年，Thangadurai V 等人[6] 采用高温固相烧结法以碳酸锂、硝酸钡、氧化镧、氧化铌作为原材料于 900℃下合成了固态电解质 $Li_6BaLa_2Nb_2O_{12}$，其离子电导率达到了 1.6×10^{-6} S/cm，活化能为 0.55 eV。Murugan R 等人[7] 于 2007 年开发出石榴石型固态电解质 $Li_7La_3Zr_2O_{12}$(LLZO)，其具有高的离子电导率、低的晶界电阻以及宽的电化学窗口（0.05 ～ 5 V，相对于 Li/Li^+），是一种极具商业化前景的氧化物固态电解质，受到了科研工作者的重点关注。

离子导电性是固态电解质的关键特性之一，它与不同类型电解质中的离子传输机制密切相关。在氧化物固态电解质中，晶体结构的缺陷是锂离子导电的主要依据，而点缺陷则扮演着重要角色。弗兰克尔点缺陷（Frenkel point defects）和肖特基点缺陷（Schottky point defects）是最具代表性的两种点缺陷，如图 2-1 所示。

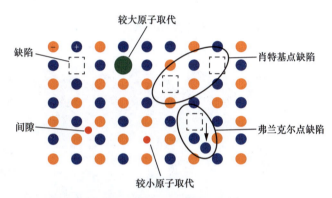

图 2-1　无机固态电解质中缺陷、迁移途径和迁移机制的示意图[8]

点缺陷的扩散机制又可以分为空位（缺陷）机制和非空位（非缺陷）机制，而非空位（非缺陷）机制又可以再细分为间隙机制和间隙 - 置换交换机制。其中，间隙机制又包括直接间隙机制和间接间隙扩散。直接间隙机制指的是间隙离子可以直接移动到相邻间隙位置。间接间隙扩散指的是在高锂离子浓度的电池中，间隙原子优先撞击机制原子，紧接着该机制原子迁移到另一原子相邻间隙位置。直接交换和环扩散又是间隙 - 置换交换机制的两种类型，其中直接交换的意思是两个原子同时移动并完成晶格位点的交换，环扩散指的是一组原子（3 个或更多）作为一个原子距离的环移动到新位置。

2.1.2　氧化物电解质的分类

氧化物电解质根据凝聚态结构可以分为晶态和非晶态，晶态无机固态电解质又可以分为石榴石型、钙钛矿型、快离子导体型，而非晶态有薄膜 LiPON 型和反钙钛矿型无机固态电解质。

1. 钙钛矿型（Perovskite）固态电解质

钙钛矿型（Perovskite）固态电解质具有高的离子电导率和良好的化学稳定性。钙钛矿的通式一般可写作 ABO_3，该晶体结构属于立方晶系，通常情况下 A 位由稀土离子或碱土离子占据，配位 6 个氧原子，B 位通常由过渡金属离子占据，配位 12 个氧原子，结构示意如图 2-2 所示。在其晶体结构中，A 和 B 位的离子都可以被半径相近的其他金属离子全部取代或部分取代而保持其晶体结构基本不变。当 La^{3+} 占据在 A 位、Ti^{4+} 占据在 B 位时，就形成了典型的钙钛矿型 $La_{2/3\square 1/3}TiO_3$ 固态电解质，通过分子式可以看出 La^{3+} 只占据了 A 位的 2/3。因此，$Li_{3x}La_{2/3-x}TiO_3$（LLTO）之所以具有高的离子电导率，是因为在 $Li_{3x}La_{2/3-x}TiO_3$ 固态电解质中可能存在 Li^+、La-Li 取代，氧空位和自由电子等多种结构缺陷，而正是因为缺陷的存在才有发生跃迁的可能，从而产生离子电导和电子电导。但是，含 Ti 固体电解质存在与锂金属不稳定的缺点，当与锂金属接触时 Ti^{4+} 可被还原到 Ti^{3+}。同时，LLTO 在 1.8 V 以下的电压下不稳定，与锂金属负极不兼容。这些因素限制了其作为固体电解质在全固态锂离子电池中的应用。

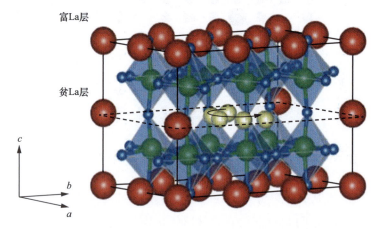

富La层

贫La层

图 2-2　钙钛矿结构 $Li_xLa_yTiO_3$ 的结构示意图 [9]

　　钙钛矿型固态电解质在室温下表现出相对较高的锂离子电导率（$10^{-3} \sim 10^{-4}$ S/cm）和低的电子电导率（10^{-8} S/cm）。镧钛酸锂 $Li_{0.34(1)}La_{0.51(1)}TiO_{2.94(2)}$（LLTO）体系固态电解质于 1993 年被 Inaguam Y 等人 [3] 首次报道，其具有相对较高体相离子电导率（1×10^{-3} S/cm，室温）和总离子电导率（$>2 \times 10^{-5}$ S/cm，室温），得到广泛关注。总的来说，LLTO 具有许多优点：离子迁移数大、在空气中具有优异的化学稳定性和热稳定性、在分解反应期间没有任何有毒气体释放的环境友好性。此外，如果与锂金属负极匹配，LLTO 固态电解质显示出宽电化学窗口（8 V，相对于 Li/Li^+），增加了对高压正极材料的适应性。此外，LLTO 表现出优异的热稳定性（$4 \sim 1600$ K），即使在极端条件下也能提供潜在的应用。载流子 Li^+ 在 LLTO 固态电解质中起到了产生电流的作用，而 Li^+ 的有效浓度又受到了 LLTO 中锂含量、氧离子空位和金属离子空位的浓度影响。为了满足电池的高能量密度，需优化 LLTO 中的空位浓度和晶胞参数使更多的载流子能够在更短路径上传输。就目前而言，改善烧结工艺和进行离子掺杂是提高 LLTO 中载流子有效浓度的常用手段。其中，在 Li 位、La 位或者 Ti 位进行元素掺杂可以改善 LLTO 空位浓度和晶胞参数进而更为有效地提高离子电导率。

2. 石榴石型固态电解质

石榴石型固态电解质作为一种新型固态电解质，具有较高的室温离子电导率、对锂金属的固有稳定性以及较低的电子传导性，在全固态锂离子电池中展现出强劲的应用潜力。其化学通式可写成 $Li_3Ln_3M_2O_{12}$，其中的 M 可以为 Te、W；Ln 位置被 La 和 Ta 占据。$Li_5La_3M_2O_{12}$（M=Ta、Zr）是石榴石型固态电解质的典型代表，La、M 和 O 构成了其晶格骨架，而 Li^+ 则分布在 $[MO6]^{2-}$ 的八面体间隙之内，相邻位置之间 Li^+ 的最短距离是快速离子传输的主要原因，因此，石榴石型固态电解质拥有高的离子电导率。

相比于钙钛矿型（Perovskite）固态电解质、NASICON 型固态电解质以及聚合物电解质，石榴石型 $Li_7La_3Zr_2O_{12}$(LLZO) 固态电解质具有更高的离子电导率 $10^{-4} \sim 10^{-3}$ S/cm、宽的电化学窗口和较好的金属锂相容性。图 2-3 所示为立方 LLZO 的晶体结构示意图，LLZO 的离子传输分为两部分：晶体内部的传输和晶界传输，锂离子在 LLZO 中传输需要克服一定的能垒，而该能垒由以下原因引起：晶粒内部不同位置的锂离子之间的能量差，以及由于空间电荷效应导致晶界处的高迁移势垒。锂离子的传输路径直接影响 LLZO 固态电解质的离子电导率，LLZO 中的离子传输与晶体缺陷密切相关。当锂空位比较多时，锂空位的浓度就会大于自由移动的锂离子浓度，活化晶格中的锂可以提高可迁移载流子的浓度，因此 LLZO 体系在室温下具有超快的离子传导性。与硫化物电解质相比，石榴石型 $Li_7La_3Zr_2O_{12}$(LLZO) 固态电解质的制备简易。但是，LLZO 本身固有的缺点也很明显，暴露在空气中会与水和 CO_2 发生反应，在表面生成一层 Li_2CO_3，进而致使 LLZO 的性能逐渐变差。此外，LLZO 会与正极材料反应生成界面相，也会和正极材料的界面发生原子扩散形成界面相，这些均可以导致 LLZO 与正极材料接触不佳。此外尽管 LLZO 的生产工艺简单，但也要经历长时间的高温烧结，并在烧结过程中进行锂补偿，总体来看依然耗时耗能。

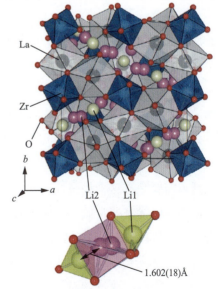

图 2-3　立方 LLZO 的晶体结构示意图 [10]

目前，合成 LLZO 的方法有很多，比较常见的有高温固相法、湿化学法、单晶生长法、喷雾热解法、静电纺丝技术、微波诱导法等。陈昌国等人 [12] 以碳酸锂、三氧化二镧、二氧化锆、三氧化二铝为原材料，通过高温固相法合成得到 Al 掺杂的 $Li_{7-3x}Al_xLa_3Zr_2O_{12}$ 固态电解质，当 x=0.2 时，掺杂 Al 的固态电解质相对密度为 91.2%，电导率达到了 2.1×10^{-4} S/cm。

Rettenwander D 等人[13]以碳酸锂、三氧化二镧、二氧化锆、三氧化二铁为原材料，通过高温固相法合成了 Fe 掺杂的 $Li_{6-3x}Fe_xLa_3Zr_2O_{12}$ 固态电解质，当 $x=0.2$ 时，经测试得到其离子电导率 $1.1×10^{-3}$ S/cm。Golmohammad M 等人[14]以硝酸锂、硝酸镧、硝酸锆、硝酸镓、硝酸钇为原料通过烧结溶胶 - 凝胶法制备了 Ga/Y 共掺杂的 $Li_{6.4}Ga_{0.2}La_3Zr_{2-x}Y_xO_{12}$（$x=0$，0.1，0.3，0.5），当 $x=0.3$ 时，其离子电导率达到了最大 $1.04×10^{-4}$ S/cm，这可能是因为 Ga/Y 对烧结的有效促进。DermenciK B 等人[15]通过高温固相法制备了 $Li_7La_{3-x}M_xZr_2O_{12}$（M=Sm、Dy、Er、Yb，$x=0.1 \sim 1.0$），其离子电导率最高可达到 $1.5×10^{-4}$ S/cm，活化能最低可以达到 0.18 eV。陈凯等人[16]以商业化的 Al 掺杂 $Li_{5.25}Al_{0.25}La_3Zr_2O_{12}$ 为模板通过可扩展冷冻带铸造技术制备得到了三维结构的 LLZO 固态电解质，并且将其与聚合物复合，有机 - 无机复合固态电解质的离子电导率达到了 $2×10^{-5}$ S/cm。Liangbing Hu 等人[17]首次以木材为模板，通过可扩展的自上而下的方法开发了具有多尺度对齐介观结构的高导电性石榴石框架，将离子导电性聚环氧乙烷（PEO）加入到石榴石（LLZO）纳米结构中，形成了一种柔性固态复合电解质，该材料的离子电导率达到了 $1.8×10^{-4}$ S/cm。

3. NASICON 型固态电解质

20 世纪 60 年代开始研究 NASICON 型化合物，1976 年开发出 $Na_{1+x}Zr_2Si_xP_{3-x}O_{12}$，命名为"NASICON 型"。此类材料的化学通式为 $AM_2(PO_4)_3$，其中 A 为 Li、Na 或者 K；M 通常是四价金属，如 Ge、Zr 或者 Ti。NASICON 型化合物的骨架由 $M_2(PO_4)_3$ 单元组成；这些单元的组装使得两个 MO_6 八面体与 3 个 PO_4 四面体具有共同的氧原子，最终形成三维骨架结构。在这个骨架内，Li^+ 通常占据着 M1 位点。而 M1 位点位于 6 个氧原子包围的两个 MO_6 八面体之间，并且每个 M1 位点又被 6 个空的 M2 位点包围；M2 位点是由具有相同能量的两个 M3 和 M'3 位点组成的"双位点"。Li^+ 导电的过程是 Li^+ 从 M1 位通过中间的 M2 位协同传输到最近的 M1 位。M1 和 M2 之间的能垒阻碍了 Li^+ 的跃迁。需要穿透这个势垒，导致 $AM_2(PO_4)_3$ 化合物的阳离子电导率非常低。在众多的 NASICON 型化合物中，$LiTi_2(PO_4)_3$ 体系受到了科研工作者的广泛研究，其离子电导率为 $4.4×10^{-8}$ S/cm，晶胞结构如图 2-4 所示。通过掺杂金属原子取代部分 Ti 形成 $Li_{1+x}M_xTi_{2-x}(PO_4)_3$（M=Al、Cr、Ga、Fe、Sc、In、

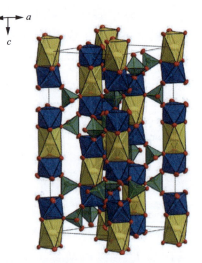

图 2-4　$LiTi_2(PO_4)_3$ 的晶胞结构示意图（Li^+、Ti^{4+} 和 P^{5+} 分别占据黄色八面体、蓝色八面体和绿色四面体）[11]

Lu、Y 或 La）可以进一步提高离子电导率，研究证明掺杂 Al 是最有效的一种方式，如 $Li_{1.4}Al_{0.4}Ti_{1.6}(PO_4)_3$ 的离子电导率达到了 5.63×10^{-4} S/cm。$Li_{1+x}Al_xGe_{2-x}(PO_4)_3$ 具有相对较宽的电化学稳定窗口，$Li_{1.5}Al_{0.5}Ge_{1.5}(PO_4)_3$ 的离子电导率也达到了 7.76×10^{-4} S/cm。$LiZr_2(PO_4)_3$ 的离子电导率也非常低，但可以通过 Hf 或者 Sn 的掺杂来提高离子电导率。

NASICON 钠超离子快导体之所以具备离子传导的能力，是因为两个 MO_6 八面体和 3 个 PO_4 四面体通过共享 O 原子相互连接在一起而组成基本骨架，在其骨架间隙位置占据的碱金属离子可以通过 MO_6 八面体和 PO_4 四面体形成的三维通道进行扩散传输。当 Li 占据 A 位置、Ti 或者 Ge 占据 M 位置时，就得到了目前研究较为广泛的 NASICON 固态电解质 $LiTi_2(PO_4)_3$ 和 $LiGe_2(PO_4)_3$。若是占据 M 位的 Ti 和 Ge 被 Al、Ga、Fe 部分取代，即形成 $Li_{1+x}Al_xTi_{2-x}(PO_4)_3$ 和 $Li_{1+x}Al_xGe_{2-x}(PO_4)_3$，则可以对固态电解质的锂离子传输通道进行有效扩展，进一步提高其离子电导率，这是因为从前驱体玻璃中析出热力学稳定的结晶相可以弥补其孔隙率及致密度等微观结构引起的缺陷而有利于降低晶界阻力。$Li_{1+x}Al_xTi_{2-x}(PO_4)_3$ 一般通过熔融淬火法、机械激活法、溶胶凝胶法、湿化学法等制备而得。$Li_{1+x}Al_xGe_{2-x}(PO_4)_3$ 一般通过气溶胶沉积法、溶胶凝胶法、射频磁控溅射和脉冲激光沉积等制备而得。Seokhee Lee 等人[18]以碳酸锂、三氧化二铝、二氧化钛、磷酸氢二铵和五氧化二钽为原料通过球磨和高温煅烧得到了 Ta 掺杂的 $Li_{1+x}Al_xTi_{2-x}(PO_4)_3$，研究发现当 Ta 的掺杂量在 0.03 mol 时，$Li_{1+x}Al_xTi_{2-x}(PO_4)_3$ 的离子电导率可以达到 1.91×10^{-4} S/cm。池波等人[19]通过流延法制备固态锂离子导电陶瓷薄膜 $Li_{1.4}Al_{0.4}Ge_{1.6}(PO_4)_3$，其总的离子电导率在 25℃ 下达到了 3.38×10^{-4} S/cm。Mousavi T 等人[20]通过磁控溅射在氩气和氮气的混合物中制备了氮掺杂的 $Li_{1+x}Al_xGe_{2-x}(PO_4)_3$ 薄膜，研究发现当氮气的含量在 23% 时，其离子电导率最高可以达到 2.3×10^{-4} S/cm。

4. LiPON 型固态电解质

Bates J B 等人[21]在 1992 年首次报道了 LiPON 的制备，在 N_2 氛围下，通过溅射把 N 原子引入 $LiPO_4$ 靶材。LiPON 的离子电导率达到了 2×10^{-6} S/cm，此外还具备宽的电化学窗口（5.5 V）、高的机械强度、良好的化学稳定性和热稳定性、成本低廉以及与电极易匹配等优点。虽然 LiPON 的离子电导率相对较低，但是其离子传输距离短，使得 LiPON 可以作为薄膜电池的固态电解质。随着时代与科技的进步，制备 LiPON 固态电解质的方法也在不断升级，但生产规模和质量方面仍需要改进。另外，LiPON 固态电解质对空气中的水和 CO_2 敏感，很难在空气保存。典型氧化物电解质的关键特征参数对比见表 2-1。

表 2-1　典型氧化物电解质的关键特征参数对比

体系	LLTO	LLZO	LATP	LiPON
离子电导率（S/cm）	10^{-3}	10^{-4}	10^{-4}	10^{-6}
电化学窗口（V）	8	5	5	5.5
优点	氧化电压高	稳定性好	空气稳定性好	稳定性好

2.1.3　氧化物电解质制备与改性

1. 氧化物电解质制备方法

（1）固相法。固相法是指通过固相反应直接生成固态电解质，是最常见的氧化物固态电解质的制备方法。固体前驱体通过接触、反应、成核和晶体生长等其他反应最终生成复合氧化物。固相法的具体过程一般是先按照特定比例对固体前驱体进行球磨，将固体前驱体研磨成细小的颗粒使其得到充分混合，接着再冷压前驱体粉末，然后在不同的温度下进行退火或者烧结。Huang M 等人[22] 以氢氧化锂、三氧化二镧、二氧化锆等原料，通过高温固相法合成了 $Li_{7-x}La_3Zr_2O_{12-0.5x}$，研究发现当烧结温度在 1230℃时，其离子电导率达到了 3.6×10^{-4} S/cm。Hu Z 等人[23] 以氢氧化锂、氢氧化镧、二氧化锆和三氧化二铝为原料通过在 700 ～ 1000℃下烧结 12h 制备得到了 Al 掺杂的 LLZO，当烧结温度在 900℃、Al 的掺杂量在 0.3 mol 时，其离子电导率在室温下达到了 2.11×10^{-4} S/cm。Abreu-Sepúlveda M 等人[24] 通过固相法制备了 $La_{2/3-x}Li_{3x}Ti_{0.9}Cr_{0.1}O_3$ 固态电解质，研究发现该电解质有着良好的机械性能，且室温离子电导率达到了 1.2×10^{-4} S/cm。厉英等人[25] 以碳酸锂、三氧化二镧和二氧化钛为原料通过高温固相法合成了 $Li_{0.25}La_{0.583}TiO_3$，研究发现其体相离子电导率达到了 1.99×10^{-3} S/cm，总的离子电导率为 4.53×10^{-4} S/cm。Wang SF 等人[26] 以碳酸锂、三氧化二铝、二氧化钛、磷酸二氢铵、三氧化二铟和硼酸为原材料，通过固相法制备了 $Li_{1.3}Al_{0.22}B_{0.08}Ti_{1.7}(PO_4)_3$ 和 $Li_{1.3}Al_{0.21}B_{0.08}In_{0.01}Ti_{1.7}(PO_4)_3$，经测试得到两者的离子电导率分别为 8.35×10^{-4} S/cm 和 1.08×10^{-3} S/cm。固态法因其成本低、工艺简单而被广泛应用，也是最成熟的烧结工艺。其缺点是粉末反应性低和能耗高。此外，长期高温烧结导致锂挥发严重、晶体结构不稳定、烧结性能差，因此在烧结过程中需要进行锂补偿。随着科学技术的发展，众多的科研团队正在开发新的烧结工艺，以实现高效制备高性能石榴石电解质。Xue J 等人[27] 以氢氧化锂、三氧化二镧、二氧化锆和五氧化钽为原料，通过放电等离子烧结和高温加热处理的两步法制备了 Ta 掺杂的 LLZO，与只经过放电等离子烧结后的样品对比发现，两步法合成的 Ta 掺杂的 LLZO 具有较高的致密性、较少的空隙、更均匀和更大的颗粒尺寸，其离子电导率可达到 4.6×10^{-3} S/cm。Zhang J 等人[28] 通过冷烧结制备了 Al 掺杂的 LLZO，并研究了 LiOH 作为液相掺杂剂对材料组成、微观结构和离子电导率的影响。结果表明，液相

LiOH 的引入增加了颗粒之间的润湿性，减小了界面面积，并增加了退火后的晶粒尺寸。此外，LiOH 的存在阻碍了 Li 离子在高温下的挥发，促进了立方 LLZO 的形成。相应的离子电导率也达到了 1.78×10^{-4} S/cm。其他方法如激光烧结、热压烧结等在此不再一一介绍。

（2）溶胶凝胶法。溶胶凝胶法是用金属无机盐或金属醇盐为前驱体，在液相将这些原料混合均匀，并进行化学反应，如水解、缩合等，在溶液中形成稳定的透明溶胶体系，溶胶在陈化阶段，胶粒间缓慢聚合，形成三维空间网络结构的凝胶，凝胶网络间充满了失去流动性的溶剂，形成凝胶，再经过干燥、烧结等步骤合成出固态电解质材料。简而言之，溶胶 - 凝胶法就是将含高化学活性组分的化合物经过溶液、溶胶、凝胶固化，再经烧结得到固态电解质的方法。溶胶凝胶法的优点是纯度高、均匀性好、易于控制尺寸和微观结构以及制备温度低。另外，前驱体的选择、反应催化剂的优化以及使用溶剂溶解前驱体都是溶胶 - 凝胶法中非常重要的问题。Yi E 等人[29] 以硝酸锂、磷酸铝、磷酸铵、异丙醇钛为原料通过溶胶凝胶法合成了 $Li_{1.3}Al_{0.3}Ti_{1.7}(PO_4)_3$（LATP），其具有高相对密度和离子电导率（$4.2 \times 10^{-4}$ S/cm）。Zhu Y 等人[30] 以硝酸锂、硝酸铝、磷酸二氢铵和四乙氧基锗为原料通过溶胶凝胶法制备了 $Li_{1.5}Al_{0.5}Ge_{1.5}(PO_4)_3$ (LAGP)，其体相、晶界和总离子电导率分别为 3.22×10^{-4} S/cm、1.69×10^{-3} S/cm、2.7×10^{-3} S/cm。Bhatnagar B C 等人[31] 以正丙醇锆、氢氧化钠、二氧化硅和磷酸二氢铵为原料通过溶胶凝胶法制备了 $Na_2Zr_2SiP_2O_{12}$、$Na_{3.05}Zr_2Si_{2.05}P_{0.95}O_{12}$ 和 $Na_{1.1}Zr_2Si_{2.89}P_{0.11}O_{12}$ 3 种固态电解质。Wang H 等人[32] 以硝酸钙、硝酸锂和钛酸四丁酯为原料通过溶胶凝胶法制备了 $Li_xCa_{1-x}TiO_3$（$x=0 \sim 0.5$），研究发现，当 $x=0.1$ 时离子电导率最大为 4.53×10^{-4} S/cm。Kotobuki M 等人[33] 以乙酸锂、乙酸镧和四丁醇锆为原料通过溶胶凝胶法制备了 $Li_7La_3Zr_2O_{12}$ (LLZO)，研究发现其离子电导率达到了 1.5×10^{-4} S/cm。

（3）共沉淀法。共沉淀法是指在溶液中含有两种或多种金属离子，它们以均相存在于溶液中，加入沉淀剂，并经沉淀反应后，得到各种成分均一的固体产品。沉淀剂一般可选择氨水，这是因为氨水在水中可以解离出氢氧根离子并与金属阳离子结合，从而生成不溶或者微溶于水的沉淀。共沉淀法的原材料一般是无机物，成本上要比金属有机物低，同时工艺也较简单；但是共沉淀法使用氨水作沉淀剂，在一定程度上又会增加环境污染。石斌等人[34] 以正丙醇钛、醋酸锂和磷酸二氢铵为原料，氨水作沉淀剂，通过共沉淀剂法和高温煅烧制备得到了 $Li_{1.3}Al_{0.3}Ti_{1.7}(PO_4)_3$（LATP）固态电解质，其晶粒离子电导率达到了 1.97×10^{-3} S/cm，室温总离子电导率达到了 2.55×10^{-4} S/cm；经过测试分析，得到了 LATP 的活化能为 0.38 eV。Kotobuki M 等人[35] 以草酸锂、硝酸铝溶、四甲氧基锗、磷酸二氢铵为原料，通过共沉淀法和高温煅烧得到了 $Li_{1.5}Al_{0.5}Ge_{1.5}(PO_4)_3$（LAGP），经测试分析得知，其离子电导率最高达到了 7.8×10^{-5} S/cm。刘汉西等人[36] 以碳酸锂、硝酸镧、硝酸锆、碳酸氢铵为原料，通过共沉淀法和高温煅烧合成了 $Li_7La_3Zr_2O_{12}$（LLZO），经测试分析发现，其总的离子电导率在 30℃达到了 2×10^{-4} S/cm，活化能为 0.25 eV。Koishi M 等人[37] 以硝酸锂、硝酸镧、硝酸钇和硝酸锆等为原料，碳酸氢铵作为沉淀剂再经过高温烧结，制备了 $Li_{7.06}La_3Y_{0.06}Zr_{1.94}O_{12}$ 固态电解质，经测试分析得知，其总的离子电导率最高达到了 4.9×10^{-4} S/cm，电化学窗口也是超过了 8.5V。Bohnke O 等人[38] 以硝酸镧、四氯化钛、氨水和碳酸锂为原料，通过共沉淀法和高温煅烧制备得到了 $Li_{0.5}La_{0.5}TiO_3$（LLTO），研究表明在大约 1300℃的温度下烧结后获得的 LLTO，无论是体相电导率还是晶界电导率，都显示出相同的电导率值。Mei A 等人[39] 以硝酸锂、硝酸镧、钛酸四丁酯为原料，氨水和碳酸氢铵为沉淀剂，再通过高温煅烧制备得到了 $Li_{0.5}La_{0.5}TiO_3$（LLTO），再与正硅酸乙酯进行复合得到了 LLTO/SiO_2 固态电解质，其离子电导率达到了 10^{-4} S/cm。

（4）磁控溅射法。磁控溅射法通常用于制备薄膜氧化物固态电解质。例如 Chen R 等人[40] 在 N_2 气氛中使用 LLTO 作为靶材通过射频（RF）磁控溅射制备了一系列钛酸锂镧（LLTO）薄膜电解质，室温下离子电导率达到了 9.4×10^{-6} S/cm。Chen H 等人[41] 采用射频磁控溅射法在 25～400℃的不同温度下，在 ITO 玻璃基板上制备了 Li-Al-Ti-P-O 固态电解质薄膜，离子电导率最大达到了 2.46×10^{-5} S/cm。Le Van-Jodin L 等人[42] 在含磁场和无磁场条件下的氮气环境下通过射频溅射分别制备出 LiPON-st 和 LiPON-hc 薄膜，其中 LiPON-hc 离子电导率高达 6.7×10^{-6} S/cm。

（5）其他方法。除了上述方法之外，还有一些不常见的制备方法。例如 Hirayama M 等人[43] 通过脉冲激光沉积技术在 750℃以下的工作温度下成功地在 Al_2O_3（0001）和 Nb:$SrTiO_3$（001）衬底上成功合成了 $Li_{0.17}La_{0.61}TiO_3$（LLTO）的外延薄膜，其总的离子电导率也达到了 3.76×10^{-4} S/cm。Abhilash K P 等人[44] 通过旋涂法制备了离子电导率为 3.52×10^{-7} S/cm 的 $Li_{0.5}La_{0.5}TiO_3$（LLTO）固态电解质。Geng HX 等人[45] 采用微波烧结法制备了 $Li_{0.5}La_{0.5}TiO_3$(LLTO) 固态电解质，并研究了晶格结构、微观结构和传输性能，且与通过常规烧结方法制备的 LLTO 陶瓷进行了比较。虽然烧结方法都产生了纯钙钛矿 LLTO 相，但它们生成了不同的微晶。微波技术制备的 LLTO 呈立方钙钛矿型微晶，而常规方法制备的 LLTO 呈四方晶。此外，微波烧结导致形成粒度更好的 LLTO，但离子电导率低于传统烧结制备的 LLTO。Ramos E 等人[46] 报告了一种基于 CO_2 激光扫描的超快烧结方法制备的 $Li_{6.4}La_3Zr_{1.4}Ta_{0.6}O_{12}$（LLZTO）薄膜，该方法具有众多优点，如通过超快烧结可以减轻锂损失，独特的各向异性收缩行为大大降低了薄膜厚度，该薄膜的离子电导率达到了 2.6×10^{-4} S/cm。Huang Z 等人[47] 通过控制晶粒尺寸并使用 Al_2O_3 作为优化晶界的烧结添加剂，热压烧结制备的 $Li_{6.4}La_3Zr_{1.4}Ta_{0.6}O_{12}$（LLZTO）固态电解质的离子电导率达到了 1.01×10^{-3} S/cm，活化能可达 0.29eV。Paolella A 等人[48] 通过热压烧结的技术制备了 $Li_{1.5}Al_{0.5}Ge_{1.5}(PO_4)_3$ (LAGP) 固态电解质，其离子电导率达到了 1×10^{-3} S/cm。Hayamizu K 等人[49]通过浮区熔融法生长了 LLZO-Ta（$Li_{6.5}La_3Zr_{1.5}Ta_{0.5}O_{12}$）单晶样品。Botros M 等人[50]首次使用雾化喷雾热解技术（NSP）和场辅助烧结技术相结合的方式制备了铝掺杂的 $Li_{7-3x}La_3Zr_2Al_xO_{12}$（$x=0.15$、0.17、0.20）固态电解质，尽管据报道这种结构修饰与立方修饰相比具有更低的锂离子迁移率，但是研究发现该样品在室温下的总电导率为 3.3×10^{-4} S/cm，即可以与纯相立方 LLZO 相提并论。Wang T 等人[51]使用硅烷偶联剂对 $Li_{6.4}La_3Zr_{1.4}Ta_{0.6}O_{12}$（LLZTO）表面进行改性并与聚丙烯腈（PAN）复合，通过静电纺丝技术形成 3D 纳米纤维骨架，该方法制备的复合电解质的离子电导率可以达到 1.58×10^{-4} S/cm。山东大 Cheng J 等人[52]以冷压烧结技术制备了 LAGP@PEO（聚环氧乙烷）复合固态电解质，其离子电导率达到了 4.4×10^{-5} S/cm。

2. 氧化物电解质改性研究

尽管氧化物固态电解质在室温下表现出良好的离子电导率，但它仍然不如常用液态电解液［如 $LiPF_6$ 溶解在液态碳酸乙烯酯 / 碳酸二乙酯（EC/DEC）电解质］。此外，氧化物固态电解质的整体离子电导率仍然受到晶界处高电阻的影响。目前，已经报道了许多有关通过各种方法来提高氧化物固态电解质的离子电导率和降低其电子电导率的工作，本部分将对此进行分析和讨论。

（1）改善烧结方式。提高烧结温度是提高固态电解质的离子电导率的一种方式，这是因为高温烧结后较大的晶粒尺寸可减少晶界区。如 Inaguma Y 等人[53]通过在 1400 ～ 1460℃烧结 5 ～ 9h 得到了 $La_{0.57}Li_{0.29}TiO_3$（LLTO），其总的离子电导率在 300K 时达到了（3 ～ 5）$\times 10^{-3}$ S/cm。放电等离子烧结、微波烧结、热压烧结、超快超高温烧结等新型的烧结方式也可以提高固态电解质的离子电导率。Zhang J 等人[54]通过固相法制备了 Al 掺杂的 $Li_7La_3Zr_2O_{12}$（Al-LLZO）固态电解质片，随后又通过放电等离子烧结的技术对 Al-LLZO 进行再次处理，其离子电导率达到了 2.6×10^{-3} S/cm。Xue J 等人[55]以氢氧化锂、三氧化二镧、二氧化锆和五氧化二钽为原料通过放电等离子烧结和在空气中热处理两步法制备了 Ta 掺杂的 $Li_7La_3Zr_2O_{12}$（Ta-LLZO）固态电解质样品。这种方法不仅使样品具备高致密性，而且可以增加晶粒尺寸，其总的离子电导率在 150℃达到了 4.6×10^{-3} S/cm，活化能为 0.38 eV。Tong H 等人[56]通过放电等离子烧结技术制备了 $Li_{1.5}Al_{0.5}Ge_{1.5}(PO_4)_3$（LAGP）固态电解质，研究发现，随着烧结温度的提高，烧结后的 LAGP 样品的相对密度和离子电导率均呈现出先升高后降低的现象，在 700℃时达到最大值，分别为 97% 和 2.12×10^{-3} S/cm。Huang Z 等人[57]通过固相法和热压烧结的方式制备了 $Li_{6.4}La_3Zr_{1.4}Ta_{0.6}O_{12}$（LLZTO）固态电解质，当烧结时间减少到只有 1h 时，其离子电导率达到了 1.01×10^{-3} S/cm。Zhu Y 等人[58]通过热压处理以提高溶胶 - 凝胶法制备的 $Li_{1.5}Al_{0.5}Ge_{1.5}(PO_4)_3$（LAGP）固态电解质的烧结性。在热压过程中，由于与碳铸型的接触，观察到由 Li 损失和 LAGP 减少引起的非晶化。为了补偿锂的损失，热压之前先向 LAGP 粉末添加 15% 的 $LiNO_3$，LAGP 粒料的孔隙率从 12% 降低到 4%。热压 LAGP 颗粒的晶界电导率是常规常压烧结 LAGP 颗粒的 5 倍，其晶粒电导率、晶界电导率和总电导率分别为 3.22×10^{-3} S/cm、1.69×10^{-3} S/cm、2.7×10^{-4} S/cm，活化能为 0.31 eV。

（2）添加烧结助剂。氧化物固态电解质如 LLZO、LAGP 等在长时间的烧结过程中会造成锂的挥发、二次相的生成以及内部空洞等，这些均会降低固态电解质的离子电导率。为了解决这一现象，研究人员发现在烧结过程中添加烧结助剂可以有效降低烧结温度、减少锂挥发和降低孔隙率。从而提高离子电导率。常用的烧结助剂有 MgO、Al_2O_3、Y_2O_3、LiF、Li_3PO_4 等。Chowdari B V R 等人[59]使用 MgO 和 Li_2O 作为烧结助剂制备的 LAGP，孔隙率和材料致密度都得以提升，其离子电导率在 100℃ 时达到了 1.03×10^{-3} S/cm。周宏明等人[60]使用碳酸锂、三氧化二镧和二氧化锆作原料，并以 Al_2O_3 和 Y_2O_3 为烧结助剂，制备了 $Li_7La_3Zr_2O_{12}$ 固态电解质，其离子电导率最高达到了 4.23×10^{-4} S/cm。

（3）晶格点位的取代或掺杂。

1）LLTO 中的 Li 位或者 La 位掺杂。在 LLTO 结构中，Li^+ 或者 La^{3+} 并没有完全占满 A 位，这就使得小尺寸的 Li^+ 离子可以经过 A 位置上大的空位进行传输，因此 Li^+ 离子在 LLTO 的传输瓶颈受到了 A 位置的影响。而为了提高 LLTO 固态电解质的离子电导率，可以用半径较大的碱土金属离子代替部分 Li^+ 或者 La^{3+}，提高 LLTO 的晶胞体积，进而为 Li^+ 的传输提供大的通道。Kawakami Y 等人[61]以碳酸锂、碳酸锶、三氧化二镧、五氧化二铌为原料通过高温固相烧结法制备了 Sr 取代部分 La 的 LLTO，即 $(Li_{0.25}La_{0.25})_{1-x}Sr_{0.5x}NbO_3$，在该结构中，随着 Sr 的浓度增加，在 $x=0.125$ 时，其离子电导率达到了 6.3×10^{-5} S/cm。Wang Y 等人[62]以 2- 甲氧基乙醇镧、异丙醇钛、异丙醇锂、异丙醇锶为原料合成了 $Li_{0.35}La_{0.5}Sr0.05TiO_3$ (LLSTO)，当 Sr 的掺杂量达到了 5%，其电导率达到了 8.38×10^{-5} S/cm。Zhang S 等人[63]以硝酸锂、三氧化二镧、硝酸锶等为主要原料，通过固相法制备了 Sr 掺杂的 LLTO 固态电解质，即 $Li_{0.33+x}La_{0.55-2x/3}Sr_xTiO_3$；测试结果结果表明，当 $x=0.03$ 时，$Li_{0.33+x}La_{0.55-2x/3}Sr_xTiO_3$ 的离子电导率在 303K 可高达 1.95×10^{-3} S/cm，这是因为 Sr 掺杂后，可将掺杂后的 LLTO 稳定在立方相，提高了晶格参数的同时扩大了锂离子的传输瓶颈。Son J T 等人[64]以硝酸锂、硝酸镧、异丙醇钛、硝酸钇、乙二醇和柠檬酸为原料合成了钇掺杂的 $Li_{0.33}La_{0.46}Y_{0.1}TiO_3$，钇的加入降低了晶格应力，使得其体相电导率高达 9.51×10^{-5} S/cm。

目前，对 A 位进行掺杂以提高 LLTO 的离子电导率已被证实，但是仍需要研究调控掺杂剂和合成工艺条件。

2）LLTO 中的 Ti 位掺杂。相比于对 LLTO 中的 A 位进行掺杂，对 B 位进行可掺杂的元素则更多。如果用尺寸较大的离子取代 B 位进行掺杂，则可以增加 LLTO 的体积，扩大 Li^+ 的传输路径，从而可以提高 LLTO 的离子电导率。Hu Z 等人[65]以碳酸锂、二氧化钛、二氧化铈、三氧化二镧为原料制备了 Ge 掺杂的 LLTO（Ge-LLTO，$Li_{0.33+2x}La_{0.56}Ti_{1-x}Ge_xO_3$，$x=0.05$、0.08、0.1）经过研究发现，当 x 为 0.05 时，$Li_{0.43}La_{0.56}Ti_{0.95}Ge_{0.05}O_3$ 的锂离子电导率最高，达 1.2×10^{-5} S/cm，这可能归因于相比 Ti^{4+}，更大离子半径 Ge^{3+} 的掺杂不仅扩大了 LLTO 中 Li^+ 的传输通道，还提高了 LLTO 的致密性和结构完整性。Ling M 等人[66]分别通过固相法和溶胶 - 凝胶法制备了 Zr^{4+} 掺杂的 LLTO，即 $Li_{0.5}La_{0.5}Ti_{1-x}Zr_xO_3$。$Zr^{4+}$ 的部分取代不仅扩大了 LLTO 的颗粒尺寸，还增加了团聚体的总表面积。因此，Zr^{4+} 取代不仅影响晶粒（体）电导率，更重要的是提高了晶界电导率和总电导率。通过溶胶 - 凝胶法制备得到的 $Li_{0.5}La_{0.5}Ti_{0.96}Zr_{0.04}O_3$ 的总电导率最高达 5.84×10^{-5} S/cm。

对于钙钛矿型固态电解质来说，A 位的有序性、空位的浓度和晶格参数，都会影响 LLTO 的离子电导率。Pr、Nd、Sm、Gd 和 Yb 部分或全部取代 A 位的 La 可以有效提高 LLTO 的离子电导率。但是，Nd^+ 完全取代 La^+ 并不能增强 LLTO 固态电解质的离子电导率，但 Nd^{3+} 半径小于 La^+ 半径，因此 Nd^{3+} 部分掺杂 La^+ 可以略微提高 LLTO 固态电解质的离子电导率。据报道，Nd^{3+} 离子部分取代可以提供增加 A 位的无序相，进而使得 LLTO 固态电解质的离子电导率略微提高，达到 1.26×10^{-3} S/cm。为了实现更高的离子电导率，A 位的离子需要被更大离子半径的掺杂离子取代，产生更大的晶格参数，进而提高 LLTO 固态电解质的离子电导率。Sr 作为一种二价碱金属离子，其离子半径大于 La^{3+} 和 Li^+，若是掺杂 LLTO，可以产生更多的 A 位空位和更大的晶格参数，从而提高 LLTO 的离子电导率。已有研究报道，当 A 位的空位占到 8%，Sr 掺杂的 LLTO 的离子电导率将可以达到 2.54×10^{-3} S/cm。大量的 +2、+3、+4、+5 价和 +6 价的过渡金属离子和主族金属离子可以部分取代占据 B 位点的 Ti^{3+}。就 B 位取代而言，减小原子间距离比增加晶格参数在提高锂离子电导率方面更占优势。也有研究报道，氟取代氧也可以改善 LLTO 固态电解质的离子电导率，如 Okumura T 研究[67]发现 F 掺杂 $Li_{0.33}La_{0.55-y}TiO_{3-3y}F_{3y}$（$y=0.017$）的离子电导率在 303 K 下达到了 2.3×10^{-3} S/cm。四方相和立方相是原始 LLZO 的两种晶型，其中富锂的立方相的 LLZO 具有较高的离子电导率，但室温下难以稳定存在。大量的研究表明对 LLZO 进行掺杂改性可以获得在室温下稳定存在的立方相 LLZO。目前，可以在 Li 位、Zr 位和 La 位对 LLZO 进行掺杂改性以提高其离子电导率。在 Li 位掺杂更高价的金属离子如 Al^{3+}、Fe^{3+}、Ga^{3+} 可以在一定程度上增加 Li^+ 空位浓度，扩大晶体骨架和拓展 Li^+ 的迁移路径，进而对提高离子电导率有所帮助，如王先友[68]制备的 $Li_{5.25}Ga_{0.25}La_3Zr_2O_{12}$（Ga-LLZTO）的离子电导率达到了 1.48×10^{-3} S/cm。La 位点掺杂（Ca^{2+}、Sr^{2+}、Y^{3+}）对 LLZO 的整体结构有很大影响，并影响

Li 的扩散通道。高价阳离子的引入增加了 Li 离子的空位，而低价阳离子的引入则增加了 LLZO 中 Li 的浓度。如将少量 Sr 引入 La 位点有利于膜致密化和锂离子迁移，Li X 等人[69] 制备的 $Li_{6.6+x}La_{3-x}Sr_xZr_{1.6}Sb_{0.4}O_{12}$ 的离子电导率达到了 8.83×10^{-4} S/cm；而 Zr 位掺杂（Mg^{2+}、W^{4+}、Ni^{2+}）则可以稳定 LLZO 的立方相结构，引入高价态阳离子可以增加 Li^+ 空位。而针对 LAGP 固态电解质，若是用具有较大离子半径或是相似的同价、异价离子部分取代 Al、Ge、P 等元素，不仅可以提高晶粒尺寸，增大离子传输通道的尺寸，还可以降低能量传输势垒，最终增强离子电导率。此外，可通过增加可迁移锂离子浓度改善锂离子迁移率。Nikondimos Y 等人[70] 报道将 Mg 引入 LAGP 中以形成 $Li_{1.6}Al_{0.4}Mg_{0.1}Ge_{1.5}(PO_4)_3$（LAMGP），由于 Mg 的离子半径较大，LAGP 掺杂 Mg 具有提高 Li^+ 浓度和扩大材料尺寸等优点，掺杂之后的样品致密化得到提高，有较低的晶界电阻，离子电导率提升至 6.435×10^{-3} S/cm。

（4）氧化物 / 聚合物复合电解质提高性能。相比于高分子聚合物，氧化物固态电解质拥有较高的离子电导率，但是质地较硬且脆。而高分子聚合物易加工且具备良好的延展性，与氧化物固态电解质的复合可以实现优势互补，复合固态电解质不仅拥有更高的离子电导率，而且和电极之间也有着良好的兼容性。Goswami M 等人[71] 以聚偏氟乙烯 - 六氟丙烯（PVDF-HFP）、$Li_{1.5}Al_{0.5}Ge_{1.5}P_{2.9}Si_{0.1}O_{12}$（LAGP）、双三氟甲磺酰亚胺锂（LiTFSI）和 1- 乙基 -3- 甲基咪唑二（三氟甲磺酰）亚胺盐（EMITFSI）为原料合成了离子电导率高达（4.49 ± 0.31）$\times 10^{-4}$ S/cm 的复合固态电解质。Li Y 等人[72] 通过将电纺聚丙烯腈（PAN）引入流延膜中来构建不对称复合固体电解质。抗氧化 PAN 显示出对锂盐阴离子的强吸附，可提供长距离的 Li^+ 传输路径和扩展的电化学窗口以及对底部氧化聚环氧乙烷（PEO）基层的保护。同时，底部 PEO/ 石榴石 $Li_{6.4}La_3Zr_{1.4}Ta_{0.6}O_{12}$（LLZTO）基体获得了良好的离子电导率（$6 \times 10^{-4}$ S/cm）和对锂金属负极的稳定性，并成功地保护了抗氧化 PAN 以防止其与负极发生严重的副反应。为了提高复合电解质的离子电导率，Gu Y 等人[73] 以双（三氟甲基磺酰基）酰亚胺锂（LiTFSI）、聚偏二氟乙烯 - 六氟丙烯（PVDF-HFP）和 $Li_7La_3Zr_{1.4}Ta_{0.6}O_{12}$（LLZTO）粉末为原料，制备了 LLZTO 含量不同的氧化物 - 聚合物复合固态电解质。研究发现，LLZTO 为 15%（wt）的固体电解质具有更高的离子电导率和机械强度，并具有更宽的电化学窗口（5.5 V）。

（5）氧化固态电解质界面改性。氧化物固态电解质作为陶瓷材料，具有典型的刚性特点，无法做到像液态电解质一样与正负极充分接触。因此，氧化物固态电解质与正负极之间的润湿性就会较差，形成界面微观间隙，同时减小了接触面积，导致界面阻抗增大，严重的会降低电池的性能。目前，改善固态电解质与正负极的界面接触，可以从以下着手：设计三维多孔固态电解质；在固态电解质与正负极之间添加缓冲层，进行界面修饰。

1）三维固态电解质。相比于普通的氧化物固态电解质，三维多孔固态电解质具有更大的比表面积，易于与聚合物电解质进行复合。Zhai H 等人[74]通过冷冻干燥法合成了具有三维多孔结构的 LATP 固态电解质，随后灌入 PEO，得到了 PEO 和 LATP 的复合电解质，室温下的电导率为 0.52×10^{-4} S/cm。Han L 等人[75]利用改性后的木棉纤维做造孔剂，制备得到了多孔 LLZO 固态电解质，其离子电导率可以达到 0.67×10^{-4} S/cm。

2）添加缓冲层。在氧化物固态电解质与正负极之间添加缓冲层，可以对界面进行有效修饰，从而达到改善界面接触、降低界面接触电阻的作用。理论上缓冲层可以是无机物如 Al_2O_3、Al、Si 等，但这样会影响氧化物固态锂离子电池的延展性和可压缩性，进而影响寿命。聚合物具备良好的柔软特性和延展性，与氧化物固态电解质复合后，可以有效改善固态电解质与正负极的界面接触性。

聚环氧乙烷（PEO）具备低成本、易制备、柔软特性以及良好的界面相容性等优点，被广泛用于和氧化物固态电解质进行复合。Chen L 等人[76]通过热压技术制备了一种由"聚合物中的陶瓷"到"陶瓷中的聚合物"复合电解质。该复合电解质是由聚环氧乙烷（PEO）与 LLZTO 组成，并用了 LiTFSI 作为锂盐，其离子电导率在 55℃高达 10^{-4} S/cm，这是因为聚环氧乙烷本身柔软的特性可以增大固态电解质与正负极之间的接触面积，改善了两者之间的界面相容性。Zhu P 等人[77]合作设计并制备了填充有一维（1D）陶瓷 $Li_{0.33}La_{0.557}TiO_3$（LLTO）纳米纤维的聚环氧乙烷（PEO）基复合固体聚合物电解质，室温下离子电导率高达 2.4×10^{-4} S/cm，相对于 Li/Li$^+$ 而言具有高达 5.0 V 的宽电化学稳定性窗口。在 PEO 聚合物与氧化物固态电解质的复合电解质中添加适量的锂盐，如氟化硼锂（$LiBF_4$）、双（三氟甲磺酰基）亚胺锂（LiTFSI）和氟化锂（LiF）等，有助于提高复合电解质的离子电导率。Huang H 等人[78]报道了一系列由 $Li_{1.4}Al_{0.4}Ge_{1.6}(PO_4)_3$（LAGP）、聚环氧乙烷（PEO）和锂盐组成的复合电解质膜，在这项研究中，使用了两种代表性的锂盐，即氟化硼锂（$LiBF_4$）和双（三氟甲磺酰基）亚胺锂（LiTFSI）。研究发现，与 $LiBF_4$ 相比，LiTFSI 在 PEO 的结晶度、熔融转变和机械强度方面作用更为显著，而这些方面的差异可归因于聚合物基质与锂盐中阴离子之间的相互作用。Zhu L 等人[79]静电纺丝和煅烧制备了具有高离子电导率的 $Li_{0.33}La_{0.557}TiO_3$（LLTO）纳米线，随后又与聚环氧乙烷（PEO）、聚碳酸丙烯酯（PPC）、双（氟磺酰基）酰亚胺锂（LiTFSI）组成了聚合物复合电解质。研究发现，在室温和 60℃下，含有 8%（wt）LLTO 纳米线的聚合物复合电解质的最大离子电导率分别为 5.66×10^{-5} S/cm 和 4.72×10^{-4} S/cm。

构建全固态锂金属电池需要具有增强离子电导率、优异柔韧性和高强度的复合电解质。PVDF 主链中含有较强电负性的 F 原子，可以降低锂盐中的锂离子与其他基团的相互作用，有助于提高锂离子迁移；此外，PVDF 在电化学、化学、热稳定性和柔韧性方面也具有优势，PVDF 很有希望应用在聚合物修饰层。Li B 等人[80]报道了一种 $Li_{0.35}La_{0.55}TiO_3$（LLTO）纳米线填充的聚偏二氟乙烯（PVDF）复合电解质。在这种设计中，PVDF 用于构建超薄膜，LLTO 纳米线充当静脉以产生 10MPa 的高机械强度。特殊的设计创造了 PVDF/LLTO 复合电解质的蜂窝表面，保证了复合电解质极好的柔韧性和与锂负极的良好界面接触。为了降低固态电解质与正负极之间的界面接触电阻，Siyal S H 等人[81]制备了由氧化物固态电解质 $Li_{1.3}Al_{0.3}Ti_{1.7}(PO_4)_3$（LATP）、$Li_{0.33}La_{0.557}TiO_3$（LLTO），聚偏二氟乙烯（PVDF）电解质和锂盐（$LiClO_4$）组成的双半固态复合电解质膜，不仅改善了离子电导率而且增强了稳定性。Chen F 等人[82]制备了掺有 $Li_7La_3Zr_2O_{12}$（LLZO）填料和高强度多孔骨架的聚偏氟乙烯（PVDF）基复合电解质膜。LLZO 的引入通过降低 PVDF 基质的结晶度提高了 PVDF 在室温下的离子电导率，多孔骨架极大地改善了复合电解质的机械性能并可以抑制锂枝晶的生长。制备的 PVDF-LLZO 复合电解质膜的室温离子电导率达到了 1.75×10^{-4} S/cm，抗拉强度达到了 95 MPa，大大提高了对锂枝晶的抑制能力。Cai P 等人[83]通过简便的溶液浇铸法制备得到一种由轻质纤维素网支撑的超薄固态电解质 $Li_{1.5}Al_{0.5}Ge_{1.5}(PO_4)_3$，其中少量 PVDF 作为黏结剂。其中，通过原位聚合法在轻质纤维素两侧引入含有氟代碳酸乙烯酯（FEC）的凝胶电解质，解决了电极与电解质的接触不良、不相容等界面问题。

PVDF-HFP 聚合物不仅有着较强的可塑性，而且还具有优异的电化学稳定性和低的电子导电性，和正负极之间也能够保持良好的界面相容性。为了改善氧化物固态电解质与正负极的界面接触，Zhu L 等人[84]设计了三组分固态聚（偏二氟乙烯 - 共 - 六氟丙烯）（PVDF-HFP）/ 聚（碳酸亚丙酯）（PPC）/$Li_{0.33}La_{0.557}TiO_3$（LLTO）纳米棒复合电解质。抗氧化的 PVDF-HFP 可以稳定锂金属电池的正极，拓宽电化学窗口。PPC 的受控降解可以在一定程度上润湿和稳定电解质与锂金属负极之间的界面。LLTO 纳米棒的引入不仅降低了复合固体电解质的结晶度，而且为锂离子的传输提供了额外的路径，提高了电解质膜的离子电导率（2.18×10^{-4} S/cm）。为了降低正负极与电解质界面的电阻，以及抑制在整个充放电过程中锂枝晶的生长，Tran H K 等人[85]通过溶液流延技术制备了具有高离子电导率和高锂离子迁移数的柔性复合电解质膜（PVDF-HFP/PPC/Al-LLZO/LiTFSI/SN）。该复合电解质由聚（偏二氟乙烯 - 共 - 六氟丙烯）（PVDF-HFP）/ 聚（碳酸亚丙酯）（PPC）共混物和 Al 掺杂的 $Li_7La_3Zr_2O_{12}$（Al-LLZO）填料组成，其中 Al-LLZO 夹在 PVDF-HFP/PPC 和添加了丁二腈增塑剂的 LiTFSI 的中间，形成类似三明治的结构，其离子电导率达到了 4.04×10^{-4} S/cm。Sanaee Z 等人[86]开发了一种由 PVDF-HFP 聚合物基体和 LiF 陶瓷颗粒组成的新型保护层。该层在 $Li_{1.3}Al_{0.3}Ti_{1.7}(PO_4)_3$（LATP）和电极之间提供了一个合适的界面，防止了 LATP 被金属锂还原，并抑制了锂枝晶的生长。

聚丙烯腈（PAN）作为一种常用的聚合物电解质材料，其具有优异的电化学稳定性、优异的机械性能、高的离子迁移数以及与负极有着较好的相容性。基于此，Liang Y 等人[87]通过将 LATP 颗粒分散在溶液中，制备了 LATP/PAN 复合纤维基膜，研究发现随着 LATP 含量的增加，静电纺丝制备的 LATP/PAN 复合纤维基膜具有更高的锂离子电导率、更好的电化学稳定性和更低的与锂电极的界面电阻。

2.2　氧化物固态锂离子电池

2.2.1　氧化物固态锂离子电池概述

氧化物固态锂离子电池具备较高的离子导电性，受到众多电池企业的青睐，目前主要分为全固态和半固态两种技术路线。与传统液态锂离子电池相比，氧化物全固态锂离子电池不再使用液态电解质，其中氧化物固态电解质以薄膜的形式存在正负极中间，起到隔膜的作用。氧化物全固态锂离子电池的技术、工艺、成本等诸多问题还待解决，尚处于实验室研究阶段。与之不同的是，氧化物半固态锂离子电池的规模化生产已经逐步提上日程。目前在研的氧化物半固态锂离子电池使用的是聚合物和氧化物固态电解质的复合电解质体系，液态电解质的用量通常为 4% ～ 10%（wt）。在氧化物半固态锂离子电池中，常使用的是高镍正极材料，目前逐渐转移到高镍高电压和富锂锰基等正极材料。在负极侧，为了追求高能量密度的电池，逐步从石墨转向预锂化的硅基负极和锂金属。锂盐包括 LiPF₆ 和 LiTFSI，能量密度最高可达 350Wh/kg 以上。氧化物半固态锂离子电池的封装方式可以采用卷绕和叠片，做成方形或者软包形式。

目前，从综合性能来说，国内众多电池厂商对氧化物固态电解质主要聚焦在 LATP、LLZO 和 LLTO。其中，LATP 具有宽的电化学窗口、良好的空气稳定性和低的烧结温度，生产成本低廉，具有较高的性价比。而 LLZO 则是拥有高的离子电导率，与金属锂具有较好的浸润性，整体来说电化学性能较好。相比于 LATP 和 LLZO，LLTO 具备高晶体电导率，但是晶界电导率较低，进而导致了其总体电导率低，使得其竞争力不如 LATP 和 LLZO。就正极材料而言，短期内依然会沿用高镍三元体系，而从长远来看，厂商正在转向超高镍三元、富锂锰基和高压尖晶石。负极的改进对于氧化物固态锂离子电池能量密度的提高至关重要。从当前来看，负极仍然是以石墨为主，从中短期来看，负极正在从石墨向硅基材料迭代，从长期来看，锂金属负极则是氧化物固态锂离子电池能量密度达到 500 Wh/kg 目标的首选。从某锂离子电池公司公告来看，其氧化物固态电解质主要路线为 LLZO 和 LATP，搭配锂金属负极和三元正极，能量密度可达 400 Wh/kg。另外一家公司在 2020 年以前采用的锂陶瓷（Lthium-Ceramic）固态电解质，钴酸锂为正极，石墨作负极，随后开始逐渐采用高镍三元作正极和硅氧为负极的体系。

2.2.2 氧化物固态锂离子电池制备与改性

1. 氧化物固态锂离子电池制备

传统锂离子电池的制备方法可分为如下过程：电极制备（湿法为主）→卷绕→封装→注液→化成→分选→组装，制备流程如图 2-5 所示。

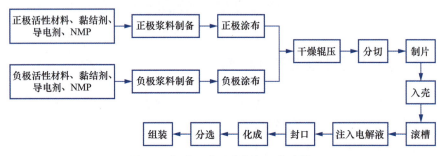

图 2-5　锂离子电池的制备工艺流程

氧化物半固态锂离子电池的制备方法可以参考传统锂离子电池的工艺，不需要额外设计、采购生产装备和材料，这使得半固态锂离子电池能够迅速走向市场。但需要注意的是，两者的制备方法有一定区别，如固态电解质膜引入、原位固化工艺、负极一体化工艺等。

目前，氧化物全固态锂离子电池还是以软包为主，相比于锂离子电池的传统制造方法，其制备方法可以部分兼容叠片工艺和卷绕工艺；此外，氧化物全固态锂离子电池在生产过程中省略了注液这一工艺，并且也可能不需要化成这一步骤。而氧化物全固态锂离子电池的研究仍处于基础阶段，通常利用模具进行电池性能验证，把电解质粉末压制成致密的圆片，再与正极和负极进行贴合并用一定的压力使得电解质圆片与正极、负极紧密接触。氧化物全固态锂离子电池若想走向市场，还需要开发相应的规模化集成工艺。

以德国 RWTH PEM 公司的制备工艺为例介绍氧化物固态锂离子电池的制备。如图 2-6 所示，通过球磨的方式分别制备电池正极和氧化物固态电解质材料；通过高频溅射的方式将氧化物固态电解质材料溅射到正极材料表面；随后再把复合后的正极 - 氧化物固态电解质材料进行高温烧结；再把负极以电子束蒸发法分布到氧化物固态电解质材料。

软包是氧化物固态锂离子电池常用的封装方式，其中采用温等静压方式使正极、负极和固态电解质通过堆叠方式完成电池的组装是制造固态锂离子电池的重要工序。综合工艺成熟度、成本和效率多方面，叠片是最适用于全固态锂离子电池制备的工艺。叠片工艺可以根据裁片与叠片的先后顺序划分为两类：分段叠片和一体化叠片。如图 2-7（a）所示，分段叠片使用的是传统锂离子电池的叠片工艺，将正极、氧化物固态电解质以及负极按照指定尺寸裁剪后再按顺序依次进行叠片后进行封装。如图 2-7（b）所示，一体化叠片是先把正极、氧化物固态电解质以及负极压延成 3 层结构，然后再根据实际的尺寸需要将 3 层结构裁剪成多个"正极 - 氧化物固态电解质 - 负极"单元，再把这些单元堆叠在一起后完成封装即可。不管是哪种方式的叠片工艺，氧化物固态锂离子电池必然存在着固 - 固界面接触问题，针对这一问题可以采用压制方式使氧化物固态电解质层与正负极进行紧密接触，其中温等静压方式是一种优选的方法，可以从各个方向完成对样品的均匀加压 [88-90]。

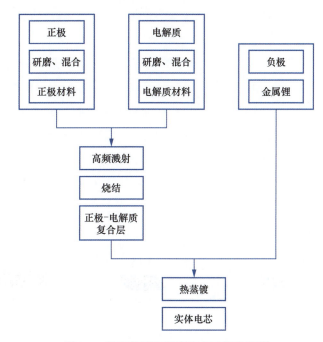

图 2-6　氧化物固态锂离子电池制备流程

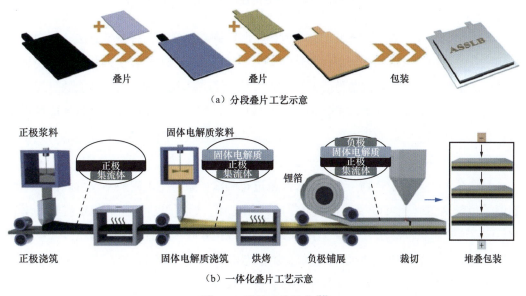

（a）分段叠片工艺示意

（b）一体化叠片工艺示意

图 2-7　叠片工艺示意 [90]

2. 氧化物固态锂离子电池改性

氧化物固态锂离子电池的固态电解质与正负极之间的固 - 固接触问题是电池制备过程中需要重点考虑的问题，为了解决这一难题，可以使用氧化物固态电解质与聚合物电解质的复合、氧化物固态电解质对隔膜进行涂覆以及包覆正负极等方法，搭配深度预锂化技术，提高电池性能。另外，原位固态化技术也可以解决固 - 固接触问题，卫蓝新能源的固态锂离子电池便是基于原位固态化技术制造而成。下面分别介绍氧化物固态锂离子电池中正极和负极的制备改性。

（1）正极的制备改性。氧化物固态电解质与正极的接触会产生以下界面问题：两者的固 - 固接触有限，接触面积会影响到界面阻抗，接触不好也会影响到界面传荷能力；电池循环过程中正极材料产生应变，会进一步恶化两者之间的界面接触；正极材料氧化还原对应的电势与氧化物固态电解质电化学窗口不匹配，界面相的生成会引起正极材料的锂损失、界面不可逆变化以及电解质表面离子传导失活。针对界面问题，氧化物电解质片正极的制备改性方法有以下 4 种：丝网印刷 - 共烧结法、聚合物 - 正极复合浆料刮涂法、溅射沉积 - 退火法、构造三维正极结构，如图 2-8 所示。

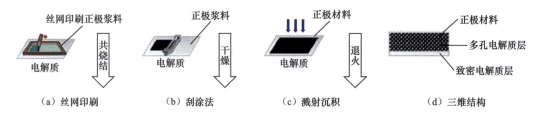

（a）丝网印刷　　　（b）刮涂法　　　（c）溅射沉积　　　（d）三维结构

图 2-8　氧化物固态电解质基固态锂离子电池正极制备方法 [88]

丝网印刷 - 共烧结法，顾名思义，包含丝网印刷和共烧结两种制备方法。其中，丝网印刷可以获得相对薄的正极层，共烧结是为了除掉黏结剂中的有机成分，或是使无机黏结剂对正极界面进行熔融修饰，从而筑造紧密界面。丝网印刷 - 共烧结法的过程可以概述为以下 3 个方面：球磨或搅拌正极活性材料、黏结剂、导电剂和溶剂以形成黏性浆料；在氧化物固态电解质表面以丝网印刷的方式涂覆黏性浆料；通过共烧结的方式得到氧化物固态电解质与正极紧密接触的正极层。

刮涂法主要是对聚合物 - 正极复合浆料进行刮涂，聚合物电解质不仅可以构筑三维的离子传输通道，还可以缓冲正极材料的体积变化，始终维持界面的稳定接触。聚合物 - 正极复合浆料刮涂法可分为 3 个步骤：球磨或搅拌正极活性材料、有机聚合物电解质、导电剂、溶剂形成黏性浆料；在氧化物固态电解质表面以刮涂的方式涂覆黏性浆料；干燥获得氧化物固态电解质与正极紧密接触的正极层。

溅射沉积可分为如下步骤：配制靶材，预处理并固定氧化物电解质片，调节气体流量压强，设置溅射功率并溅射。溅射完成后还需要在一定的温度下对样品进行退火处理以达到改善界面接触、促进材料重结晶以及释放残余应力的目的。

构造三维结构是获得高负载量正极的重要方式，制备过程可分为如下步骤：烧结多孔 - 致密双层氧化物固态电解质；向氧化物固态电解质的多孔部分灌入正极浆料，并进行干燥；铝箔覆盖正极上侧，并使用铝塑膜抽气封装，把正极浆料以冷等静压的方式压缩到多孔电解质，保证电极电解质的充分接触。

（2）负极的制备改性方法。固态锂离子电池的负极制备改性可以有效解决界面生成锂枝晶、界面副反应以及接触不良等问题。目前针对氧化物固态锂离子电池负极侧的修饰有三种方法：物理 / 化学沉积修饰层、聚合物涂层、基体 - 表面修饰层共烧结。修饰方法如图 2-9 所示。

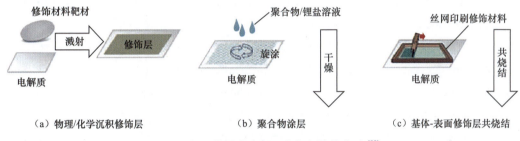

（a）物理/化学沉积修饰层　　　　（b）聚合物涂层　　　　（c）基体-表面修饰层共烧结

图 2-9　氧化物固态电解质负极侧修饰方法[88]

溅射沉积负极修饰层的过程与沉积正极材料的方法类似，但是需根据实际需求更换靶材和气氛，如可以将金属锗沉积在 LAGP 表面以获得 Li-Ge 合金修饰层。

相比于使用溅射法获得无机修饰层，柔性的聚合物电解质可以缓冲电极材料在循环过程中的体积变化，从而保持良好的离子通道和结构的稳定性。聚合物负极修饰层可以分为如下步骤：预处理氧化物电解质片；制备聚合物电解质浆料，并通过刮涂、滴涂或者旋涂等方式把浆料涂在氧化物固态电解质表面；干燥复合后的电解质。

基体 - 表面修饰层共烧结可以分为以下步骤：将修饰层材料、黏结剂和溶剂制成浆料；把浆料通过丝网印刷、旋涂或者刮涂的方式涂覆在氧化物固态电解质表面；对修饰后的氧化物固态电解质进行烧结。

本章小结

随着近年来固态锂离子电池的快速发展，学术界和工业界都在努力提高氧化物固态电解质的性能。然而，与商业液体电解质相比，在大规模应用之前，还有许多挑战需要解决，包括改善锂离子在体相内的传输、降低固体电解质和电极界面处的晶界电阻，以及在长循环过程中提高固态电解质结构和界面的稳定性。总的来说，未来对固态电解质的研究应侧重于多组分纳米级界面的设计和表面涂层厚度的最小化。此外，通过先进的表征技术了解锂离子在固态电解质本体和界面中的传输是固态电解质未来发展的基础，可以为高容量固态锂离子电池的设计提供新的视角。

参考文献

[1] Goodenough J B, Hong Y P, Kafalas J A. Fast Na$^+$-ion transport in skeleton structures [J]. Materials Research Bulletin, 1976, 11(2): 203-220.

[2] Aono H, Sugimoto E, Sadaoka Y, et al. Ionic conductivity of solid electrolytes based on lithium titanium phosphate [J]. Journal of the electrochemical society, 1990, 137(4): 1023.

[3] Inaguma Y, Liquan C, Itoh M, et al. High ionic conductivity in lithium lanthanum titanate [J]. Solid State Communications, 1993, 86(10): 689-693.

[4] Morata-Orrantia A, García-Martín S, Morán E, et al. A New La$_{2/3}$Li$_x$Ti$_{1-x}$Al$_x$O$_3$ Solid Solution: Structure, Microstructure, and Li$^+$ Conductivity [J]. Chemistry of materials, 2002, 14(7): 2871-2875.

[5] Thangadurai V, Kaack H, Weppner W J F. Novel fast lithium ion conduction in garnet-type Li$_5$La$_3$M$_2$O$_{12}$ (M=Nb, Ta) [J]. Journal of the American Ceramic Society, 2003, 86(3): 436-440.

[6] Thangadurai V, Weppner W. Li$_6$ALa$_2$Nb$_2$O$_{12}$ (A=Ca, Sr, Ba): A New Class of Fast Lithium Ion Conductors with Garnet-Like Structure [J]. Journal of the American Ceramic Society, 2005, 88(2): 411-418.

[7] Murugan R, Thangadurai V, Weppner W. Fast lithium ion conduction in garnet-type Li$_7$La$_3$Zr$_2$O$_{12}$ [J]. Angewandte Chemie International Edition, 2007, 46(41): 7778-7781.

[8] Zhang B, Tan R, Yang L, et al. Mechanisms and properties of ion-transport in inorganic solid electrolytes [J]. Energy Storage Materials, 2018, 10: 139-159.

[9] Mitsuishi K, Ohnishi T, Tanaka Y, et al. Nazca Lines by La ordering in La$_{2/3x}$Li$_{3x}$TiO$_3$ ion-conductive perovskite [J]. Applied Physics Letters, 2012, 101(7): 689.

[10] Awaka J, Takashima A, Kataoka K, et al. Crystal structure of fast lithium-ion-conducting cubic Li$_7$La$_3$Zr$_2$O$_{12}$ [J]. Chemistry letters, 2011, 40(1): 60-62.

[11] Giarola M, Sanson A, Tietz F, et al. Structure and vibrational dynamics of NASICON-type LiTi$_2$(PO$_4$)$_3$ [J]. The Journal of Physical Chemistry C, 2017, 121(7): 3696-3706.

[12] Xue W, Yang Y, Yang Q, et al. The effect of sintering process on lithium ionic conductivity of Li$_{6.4}$Al$_{0.2}$La$_3$Zr$_2$O$_{12}$ garnet produced by solid-state synthesis [J]. RSC advances, 2018, 8(24): 13083-13088.

[13] Rettenwander D, Wagner R, Reyer A, et al. Interface instability of Fe-stabilized Li$_7$La$_3$Zr$_2$O$_{12}$ versus Li metal [J]. The Journal of Physical Chemistry C, 2018, 122(7): 3780-3785.

[14] Alizadeh S M, Moghim I, Golmohammad M. Synthesis and characterization of highly conductive Ga/Y co-doped LLZO by facile combustion sol-gel method [J]. Solid State Ionics, 2023, 397: 116260.

[15] Abdulai M, Dermenci K B, Turan S. Lanthanide doping of $Li_7La_{3-x}M_xZr_2O_{12}$ (M=Sm, Dy, Er, Yb; x=0.1 ～ 1.0) and dopant size effect on the electrochemical properties [J]. Ceramics International, 2021, 47(12): 17034-17040.

[16] Shen H, Yi E, Heywood S, et al. Scalable freeze-tape-casting fabrication and pore structure analysis of 3D LLZO solid-state electrolytes [J]. ACS applied materials & interfaces, 2019, 12(3): 3494-3501.

[17] Dai J, Fu K, Gong Y, et al. Flexible solid-state electrolyte with aligned nanostructures derived from wood [J]. ACS Materials Letters, 2019, 1(3): 354-361.

[18] Lee J, Lee Y W, Shin S, et al. Interface characteristics of $Li_{1+x}Al_xTi_{2-x}(PO_4)_3$ solid electrolyte with Ta-doping for All-Solid-State Batteries [J]. Inorganic Chemistry Communications, 2023: 110895.

[19] Zhang M, Huang Z, Cheng J, et al. Solid state lithium ionic conducting thin film $Li_{1.4}Al_{0.4}Ge_{1.6}(PO_4)_3$ prepared by tape casting [J]. Journal of alloys and compounds, 2014, 590: 146-152.

[20] Mousavi T, Slattery I, Jagger B, et al. Development of sputtered nitrogen-doped $Li_{1+x}Al_xGe_{2-x}(PO_4)_3$ thin films for solid state batteries [J]. Solid State Ionics, 2021, 364: 115613.

[21] Bates J B, Dudney N J, Gruzalski G R, et al. Fabrication and characterization of amorphous lithium electrolyte thin films and rechargeable thin-film batteries [J]. Journal of Power Sources, 1993, 43(1-3): 103-110.

[22] Huang M, Liu T, Deng Y, Geng H, Nan C W, et al. Effect of sintering temperature on structure and ionic conductivity of $Li_{7-x}La_3Zr_2O_{12-0.5x}$($x$=0.5 ～ 0.7) ceramics. Solid State Ionics [J], 2011, 204(3): 41-45.

[23] Hu Z, Liu H, Ruan H, et al. High Li-ion conductivity of Al-doped $Li_7La_3Zr_2O_{12}$ synthesized by solid-state reaction [J]. Ceramics International, 2016, 42(10): 12155-12160.

[24] Abreu-Sepúlveda M, Williams D E, Huq A, et al. Synthesis and characterization of substituted garnet and perovskite-based lithium-ion conducting solid electrolytes [J]. Ionics, 2016, 22: 316-325.

[25] Lu J, Li Y, Ding Y. Li-ion conductivity and electrochemical stability of A-site deficient perovskite-structured $Li_{3x-y}La_{1-x}Al_{1-y}Ti_yO_3$ electrolytes [J]. Materials Research Bulletin, 2021, 133: 111019.

[26] Wang S F, Shieh D, Ko Y A, et al. Structural and electrical studies of B^{3+}-and-In^{3+}-ion co-doped $Li_{1.3}Al_{0.3}Ti_{1.7}(PO_4)_3$ solid electrolytes [J]. Solid State Ionics, 2023, 393: 116174.

[27] Xue J, Zhang K, Chen D, et al. Spark plasma sintering plus heat-treatment of Ta-doped $Li_7La_3Zr_2O_{12}$ solid electrolyte and its ionic conductivity [J]. Materials Research Express, 2020, 7(2): 025518.

[28] Zhang J, Wang L, Liu A, et al. Effect of LiOH solution additives on ionic conductivity of $Li_{5.25}Al_{0.25}La_3Zr_2O_{12}$ electrolytes prepared by cold sintering [J]. Journal of Materials Science: Materials in Electronics, 2022, 33(24): 19186-19194.

[29] Yi E, Yoon K, Jung H A, et al. Fabrication and electrochemical properties of $Li_{1.3}Al_{0.3}Ti_{1.7}(PO_4)_3$ solid electrolytes by sol-gel method [J]. Applied Surface Science, 2019, 473: 622-626.

[30] Zhu Y, Wu T, Sun J, et al. Highly conductive lithium aluminum germanium phosphate solid electrolyte prepared by sol-gel method and hot-pressing [J]. Solid State Ionics, 2020, 350: 115320.

[31] Yadav P, Bhatnagar M C. Structural studies of NASICON material of different compositions by sol-gel

method [J]. Ceramics International, 2012, 38(2): 1731-1735.

[32] Wang H, Cheng J, Zhai L, et al. Preparation of $Li_xCa_{1-x}TiO_3$ solid electrolytes by the sol-gel method [J]. Solid State Communications, 2007, 142(12): 710-712.

[33] Kotobuki M, Koishi M. Preparation of $Li_7La_3Zr_2O_{12}$ solid electrolyte via a sol-gel method [J]. Ceramics International, 2014, 40(3): 5043-5047.

[34] 杨程响，石斌，王振，等. 共沉淀法制备固体电解质 $Li_{1.3}Al_{0.3}Ti_{1.7}(PO_4)_3$ [J]. 电池，2020，50（6）：4.

[35] Kotobuki M, Koishi M. Preparation of $Li_{1.5}Al_{0.5}Ge_{1.5}(PO_4)_3$ solid electrolytes via the co-precipitation method [J]. Journal of Asian Ceramic Societies, 2019, 7(4): 551-557.

[36] Shao C, Liu H, Yu Z, et al. Structure and ionic conductivity of cubic $Li_7La_3Zr_2O_{12}$ solid electrolyte prepared by chemical co-precipitation method [J]. Solid State Ionics, 2016, 287: 13-16.

[37] Koishi M, Kotobuki M. Preparation of Y-doped $Li_7La_3Zr_2O_{12}$ by co-precipitation method [J]. Ionics, 2022, 28(5): 2064-2072.

[38] Belous A, Yanchevskiy O, V'yunov O, et al. Peculiarities of $Li_{0.5}La_{0.5}TiO_3$ formation during the synthesis by solid-state reaction or precipitation from solutions [J]. Chemistry of materials, 2004, 16(3): 406-417.

[39] Mei A, Wang X L, Feng Y C, et al. Enhanced ionic transport in lithium lanthanum titanium oxide solid state electrolyte by introducing silica [J]. Solid State Ionics, 2008, 179(39): 2254-2259.

[40] Chen R J, Liang W, Zhang H Q, et al. Preparation and performance of novel LLTO thin film electrolytes for thin film lithium batteries [J]. Chinese Science Bulletin, 2012, 57: 4199-4204.

[41] Chen H, Tao H, Zhao X, et al. Fabrication and ionic conductivity of amorphous Li-Al-Ti-P-O thin film [J]. Journal of non-crystalline solids, 2011, 357(15-17): 3266-3271.

[42] Le Van-Jodin L, Claudel A, Secouard C, et al. Role of the chemical composition and structure on the electrical properties of a solid state electrolyte: Case of a highly conductive LiPON [J]. Electrochimica Acta, 2018, 259: 742-751.

[43] Kim S, Hirayama M, Cho W, et al. Low temperature synthesis and ionic conductivity of the epitaxial $Li_{0.17}La_{0.61}TiO_3$ film electrolyte [J]. CrystEngComm, 2014, 16(6): 1044-1049.

[44] Abhilash K P, Sivaraj P, Selvin P C, et al. Investigation on spin coated LLTO thin film nano-electrolytes for rechargeable lithium ion batteries [J]. Ceramics International, 2015, 41(10): 13823-13829.

[45] Geng H X, Mei A, Dong C, et al. Investigation of structure and electrical properties of $Li_{0.5}La_{0.5}TiO_3$ ceramics via microwave sintering [J]. Journal of Alloys and Compounds, 2009, 481(1-2): 554-558.

[46] Ramos E, Browar A, Roehling J, et al. CO_2 laser sintering of garnet-type solid-state electrolytes [J]. ACS Energy Letters, 2022, 7(10): 3392-3400.

[47] Huang Z, Chen L, Huang B, et al. Enhanced performance of $Li_{6.4}La_3Zr_{1.4}Ta_{0.6}O_{12}$ solid electrolyte by the regulation of grain and grain boundary phases [J]. ACS Applied Materials & Interfaces, 2020, 12(50): 56118-56125.

[48] Paolella A, Liu X, Daali A, et al. Enabling high‐performance NASICON-based solid-state lithium metal batteries towards practical conditions [J]. Advanced Functional Materials, 2021, 31(30): 2102765.

[49] Hayamizu K, Terada Y, Kataoka K, et al. Toward understanding the anomalous Li diffusion in inorganic solid electrolytes by studying a single-crystal garnet of LLZO-Ta by pulsed-gradient spin-echo nuclear magnetic resonance spectroscopy [J]. The Journal of Chemical Physics, 2019, 150(19).

[50] Botros M, Djenadic R, Clemens O, et al. Field assisted sintering of fine-grained $Li_{6-3x}La_3Zr_2Al_xO_{12}$ solid electrolyte and the influence of the microstructure on the electrochemical performance [J]. Journal of Power Sources, 2016, 309: 108-115.

[51] Wang T, Liu X, e L, et al. 3D nanofiber framework based on polyacrylonitrile and siloxane-modified $Li_{6.4}La_3Zr_{1.4}Ta_{0.6}O_{12}$ reinforced poly (ethylene oxide)-based composite solid electrolyte for lithium batteries [J]. Journal of Alloys and Compounds, 2023, 945: 168877.

[52] Cheng J, Hou G, Sun Q, et al. Cold-pressing PEO/LAGP composite electrolyte for integrated all-solid-state lithium metal battery [J]. Solid State Ionics, 2020, 345: 115156.

[53] Inaguma Y, Nakashima M. A rechargeable lithium-air battery using a lithium ion-conducting lanthanum lithium titanate ceramics as an electrolyte separator [J]. Journal of power sources, 2013, 228: 250-255.

[54] Zhu Y, Zhang J, Li W, et al. Enhanced Li^+ conductivity of $Li_7La_3Zr_2O_{12}$ by increasing lattice entropy and atomic redistribution via Spark Plasma Sintering [J]. Journal of Alloys and Compounds, 2023, 967: 171666.

[55] Xue J, Zhang K, Chen D, et al. Spark plasma sintering plus heat-treatment of Ta-doped $Li_7La_3Zr_2O_{12}$ solid electrolyte and its ionic conductivity [J]. Materials Research Express, 2020, 7(2): 025518.

[56] Tong H, Liu J, Liu J, et al. Microstructure and ionic conductivity of $Li_{1.5}Al_{0.5}Ge_{1.5}(PO_4)_3$ solid electrolyte prepared by spark plasma sintering [J]. Ceramics International, 2020, 46(6): 7634-7641.

[57] Huang Z, Chen L, Huang B, et al. Enhanced performance of $Li_{6.4}La_3Zr_{1.4}Ta_{0.6}O_{12}$ solid electrolyte by the regulation of grain and grain boundary phases [J]. ACS Applied Materials & Interfaces, 2020, 12(50): 56118-56125.

[58] Zhu Y, Wu T, Sun J, et al. Highly conductive lithium aluminum germanium phosphate solid electrolyte prepared by sol-gel method and hot-pressing [J]. Solid State Ionics, 2020, 350: 115320.

[59] Leo C J, Rao G V S, Chowdari B V R. Effect of MgO addition on the ionic conductivity of $LiGe_2(PO_4)_3$ ceramics [J]. Solid State Ionics, 2003, 159(3-4): 356-367.

[60] 李荐, 蒋逸雄, 周宏明. 烧结助剂 Al_2O_3 与 Y_2O_3 对固态锂离子电解质 LLZO 的锂离子电导率的影响 [J]. 粉末冶金材料科学与工程, 2018, 23 (2): 7.

[61] Kawakami Y, Fukuda M, Ikuta H, et al. Ionic conduction of lithium for perovskite type compounds, $(Li_{0.05}La_{0.317})_{1-x}Sr_{0.5x}NbO_3$, $(Li_{0.1}La_{0.3})_{1-x}Sr_{0.5x}NbO_3$ and $(Li_{0.25}La_{0.25})_{1-x}M_{0.5x}NbO_3$ (M=Ca and Sr) [J]. Solid State Ionics, 1998, 110(3-4): 186-192.

[62] Zhang Y, Meng Z, Wang Y. Sr doped amorphous LLTO as solid electrolyte material [J]. Journal of The Electrochemical Society, 2020, 167(8): 080516.

[63] Zhang S, Zhao H, Guo J, et al. Characterization of Sr-doped lithium lanthanum titanate with improved transport properties [J]. Solid State Ionics, 2019, 336: 39-46.

[64] Lee S J, Bae J J, Son J T. Structural and Electrical Effects of Y-doped $Li_{0.33}La_{0.55-x}Y_xTiO_3$ Solid Electrolytes on All-Solid-State Lithium Ion Batteries [J]. Journal of the Korean Physical Society, 2019, 74: 73-77.

[65] Hu Z, Sheng J, Chen J, et al. Enhanced Li ion conductivity in Ge-doped $Li_{0.33}La_{0.56}TiO_3$ perovskite solid electrolytes for all-solid-state Li-ion batteries [J]. New Journal of Chemistry, 2018, 42(11): 9074-9079.

[66] Ling M, Zhu X, Jiang Y, et al. Comparative study of solid-state reaction and sol-gel process for synthesis of Zr-doped $Li_{0.5}La_{0.5}TiO_3$ solid electrolytes [J]. Ionics, 2016, 22: 2151-2156.

[67] Okumura T, Yokoo K, Fukutsuka T, et al. Improvement of Li-ion conductivity in A-site disordering lithium-lanthanum-titanate perovskite oxides by adding LiF in synthesis [J]. Journal of Power Sources, 2009, 189(1): 535-538.

[68] Tao X, Yang L, Liu J, et al. Preparation and performances of gallium-doped LLZO electrolyte with high ionic conductivity by rapid ultra-high-temperature sintering [J]. Journal of Alloys and Compounds, 2023, 937: 168380.

[69] Li X, Li R, Chu S, et al. Rational design of strontium antimony co-doped $Li_7La_3Zr_2O_{12}$ electrolyte membrane for solid-state lithium batteries [J]. Journal of Alloys and Compounds, 2019, 794: 346-357.

[70] Nikodimos Y, Abrha L H, Weldeyohannes H H, et al. A new high-Li^+-conductivity Mg-doped $Li_{1.5}Al_{0.5}Ge_{1.5}(PO_4)_3$ solid electrolyte with enhanced electrochemical performance for solid-state lithium metal batteries [J]. Journal of Materials Chemistry A, 2020, 8(48): 26054-26065.

[71] Das A, Goswami M, Illath K, et al. Synthesis and characterization of LAGP-glass-ceramics-based composite solid polymer electrolyte for solid-state Li-ion battery application [J]. Journal of Non-Crystalline Solids, 2021, 558: 120654.

[72] Li Y, Yang L, Dong R, et al. A high strength asymmetric polymer-inorganic composite solid electrolyte for solid-state Li-ion batteries [J]. Electrochimica Acta, 2022, 404: 139701.

[73] Gu Y, Liu F, Liu G. Preparation of new composite electrolytes for solid-state lithium rechargeable batteries by compounding LiTFSI, PVDF-HFP and LLZTO [J]. International Journal of Electrochemical Science, 2020, 15(12): 11985-11996.

[74] Zhai H, Xu P, Ning M, et al. A flexible solid composite electrolyte with vertically aligned and connected ion-conducting nanoparticles for lithium batteries [J]. Nano Letters, 2017, 17(5): 3182-3187.

[75] Han L, Yang X, Wang H, et al. Fabrication of porous LLZO solid electrolyte based on modified kapok fiber [J]. Journal of Materials Science: Materials in Electronics, 2023, 34(11): 956.

[76] Chen L, Li Y, Li S P, et al. PEO/garnet composite electrolytes for solid-state lithium batteries: From "ceramic-in-polymer" to "polymer-in-ceramic" [J]. Nano Energy, 2018, 46: 175-184.

[77] Zhu P, Yan C, Dirican M, et al. $Li_{0.33}La_{0.557}TiO_3$ ceramic nanofiber-enhanced polyethylene oxide-based composite polymer electrolytes for all-solid-state lithium batteries [J]. Journal of Materials Chemistry A, 2018, 6(10): 4279-4285.

[78] Lee J, Rottmayer M, Huang H. Impacts of Lithium Salts on the Thermal and Mechanical Characteristics in the Lithiated PEO/LAGP Composite Electrolytes [J]. Journal of Composites Science, 2022, 6(1): 12.

[79] Zhu L, Zhu P, Yao S, et al. High-performance solid PEO/PPC/LLTO-nanowires polymer composite electrolyte for solid-state lithium battery [J]. International Journal of Energy Research, 2019, 43(9): 4854-4866.

[80] Li B, Su Q, Yu L, et al. Biomimetic PVDF/LLTO composite polymer electrolyte enables excellent interface contact and enhanced ionic conductivity [J]. Applied Surface Science, 2021, 541: 148434.

[81] Siyal S H, Shah S S A, Najam T, et al. Significant reduction in interface resistance and super-enhanced performance of lithium-metal battery by in situ construction of poly (vinylidene fluoride)-based solid-state membrane with dual ceramic fillers [J]. ACS Applied Energy Materials, 2021, 4(8): 8604-8614.

[82] Chen F, Yang H, et al. Improved ionic conductivity and Li dendrite suppression of PVDF-based solid electrolyte membrane by LLZO incorporation and mechanical reinforcement [J]. Ionics, 2021, 27: 1101-1111.

[83] Cai D, Zhang S, Su M, et al. Cellulose mesh supported ultrathin ceramic-based composite electrolyte for high-performance Li metal batteries [J]. Journal of Membrane Science, 2022, 661: 120907.

[84] Zhu L, Zheng W, et al. Multi-component solid PVDF-HFP/PPC/LLTO-nanorods composite electrolyte enabling advanced solid-state lithium metal batteries [J]. Electrochimica Acta, 2022, 435: 141384.

[85] Tran H K, Truong B T, Zhang B R, et al. Sandwich-Structured Composite Polymer Electrolyte Based on PVDF-HFP/PPC/Al-Doped LLZO for High-Voltage Solid-State Lithium Batteries [J]. ACS Applied Energy Materials, 2023, 6(3): 1474-1487.

[86] Ghafari M, Sanaee Z, Babaei A, et al. Realization of high-performance room temperature solid state Li-metal batteries using a LiF/PVDF-HFP composite membrane for protecting an LATP ceramic electrolyte [J]. Journal of Materials Chemistry A, 2023, 11(14): 7604-7616.

[87] Liang Y, Lin Z, Qiu Y, et al. Fabrication and characterization of LATP/PAN composite fiber-based lithium-ion battery separators [J]. Electrochimica Acta, 2011, 56(18): 6474-6480.

[88] 崔言明，张秩华，黄园桥，等. 全固态锂电池的电极制备与组装方法 [J]. 储能科学与技术，2021，10（3）：836-847.

[89] 翟喜民，孙笑寒，姜涛，等. 全固态电池生产工艺分析 [J]. 汽车文摘，2022（002）：31-35.

[90] Yang X, Adair K R, Gao X, et al. Recent advances and perspectives on thin electrolytes for high-energy-density solid-state lithium batteries [J]. Energy & Environmental Science, 2020.

第3章

硫化物电解质及固态锂离子电池

3.1 硫化物电解质

3.1.1 硫化物电解质概述

硫化物电解质具有合成温度低、材料延展性能好、界面接触良好、高室温离子电导率（>10^{-3} S/cm）等诸多优点，被认为是最具有潜力的固态锂离子电池技术方向之一。

高的室温离子电导率是硫化物电解质的最显著特征，1981 年法国蒙彼利埃大学理工学院 Mercier R 等人[1]报道了室温电导率达到 10^{-3} S/cm 的玻璃态 Li_2S-P_2S_4-LiI 体系，其中 Li_2S/P_2S_5 为 2。2001 年日本神户大学 Kanno R 等人[2]报道的硫代快离子导体体系 $Li_{4-x}Ge_{1-x}P_xS$（x=0.75）材料的室温离子电导率则达到了 2.2×10^{-3} S/cm。2011 年日本东京工业大学 Kamaya N 等人[3]报道硫化物电解质 $Li_{10}GeP_2S_{12}$ (LGPS)，其电化学窗口高达 5V 以上，室温下锂离子电导率达到与传统液态电解液相当的 1.2×10^{-2} S/cm。2014 年，日本出光兴产公司的 Seino Y 等人[4]报道的玻璃陶瓷态的 $Li_7P_3S_{11}$ 固态电解质的室温离子电导率为 1.7×10^{-2} S/cm。2016 年 Kanno 教授与丰田公司的 Kato Y 等人[5]合作，进一步开发并报道的 $Li_{9.54}Si_{1.74}P_{1.44}S_{11.7}Cl_{0.3}$ 硫化物电解质在室温离子电导率进一步刷新到 2.5×10^{-2} S/cm。得益于高的离子电导率，以此固态电解质组装的全固态锂离子电池在大倍率条件下循环具备良好的稳定性。2019 年，东京大学、东京工业大学、丰田公司等[6]的研究者利用自熔法合成了单晶 LGPS 材料，通过研究发现，室温条件下材料 [001] 方向的离子电导率可以达到 2.7×10^{-2} S/cm。2023 年东京工业大学 Li Y 等人[7]人利用高熵材料的特性，设计了一系列 $Li_{9.54}[Si_{1-\delta}M_\delta]_{1.74}P_{1.44}S_{11.1}Br_{0.3}O_{0.6}$(M=Ge，Sn；$0 \leq \delta \leq 1$) 组成的固体电解质，在 25 ℃ 时，单相 LSiGePSBrO 的体相离子电导率为 32 mS/cm，LSiPSBrO 中高度无序阴离子种类的增加可能导致更低的活化能垒，从而有利于离子的快速迁移。将 LSiGePSBrO 作为阳极液体的全固态锂离子电池，采用厚型阴极（厚度为 800 μm），在 25℃ 和 −10℃ 下分别显示出 22.7 mAh/cm^2 和 16.3 mAh/cm^2 的放电容量，相应地活性物质利用效率分别为 97% 和 73%。典型硫化物电解质报道时间及室温离子电导率如图 3-1 所示。

硫化物电解质离子电导率媲美液态电解液的原因一方面归因于 S^{2-} 半径大、电场作用强，易使阳离子电子云发生变形，有利于构建更广阔、更高效的锂离子转运通路。另一方面，S 的电负性较小，与相邻骨架离子之间的相互作用力小，有利于提高游离锂离子的浓度。理解硫化物电解质的锂离子传输机制及其规律是提高固态电解质的离子电导率的基础。

硫化物电解质有体心立方堆积（BCC）、面心立方堆积（FCC）、六方紧密堆积（HCP）[8-9] 3 种典型的晶体结构。3 种硫化物电解质典型结构及离子迁移路径如图 3-2 所示。

对于体系立方堆积结构的硫化物电解质，典型的如 $Li_7P_3S_{11}$ 和 $Li_{10}GeP_2S_{12}$，锂离子的迁移途径是沿着连接两个共面四面体位点（T-T），这一迁移路径的势垒仅 0.15 eV。

2023, LSiGePSBrO, 3.2×10^{-2} S/cm

2019, $Li_{10}GeP_2S_{12}$, 2.7×10^{-2} S/cm

2016, $Li_{9.54}Si_{1.74}P_{1.44}S_{11.7}Cl_{0.3}$, 2.5×10^{-2} S/cm

2014, $Li_7P_3S_{11}$, 1.7×10^{-2} S/cm

2011, $Li_{10}GeP_2S_{12}$, 1.2×10^{-2} S/cm

2001, $Li_{3.25}Ge_{0.25}P_{0.75}S$, 2.2×10^{-3} S/cm

1981, $Li_2S-P_2S_5-LiI$, 10^{-3} S/cm

图 3-1　典型硫化物电解质报道时间及室温离子电导率

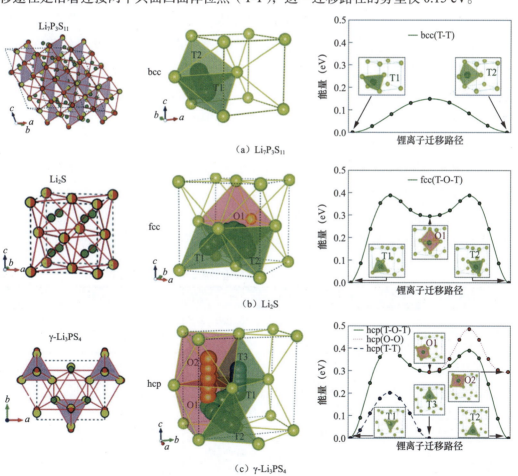

（a）$Li_7P_3S_{11}$

（b）Li_2S

（c）$\gamma-Li_3PS_4$

图 3-2　3 种硫化物电解质典型结构及离子迁移路径 [9]

面心立方堆积结构硫化物电解质的锂离子迁移途径则复杂一些，锂离子从四面体位点迁移到相邻的四面体位点需要经过八面体位点过渡才可到达（T-O-T），而这一迁移势垒为 0.39 eV。

六方紧密堆积硫化物电解质 *a-b* 面的锂离子迁移路径和面心立方堆积硫化物电解质的锂离子迁移路径相近（T-O-T），对应迁移势垒为 0.40 eV；而六方紧密堆积硫化物电解质 *c* 轴方向锂离子的迁移则有两种方式，一种是沿着相邻的连接两个共面四面体位点（T-T），这一迁移路径势垒为 0.20 eV，另一种是锂离子也可以通过连接两个共面八面体位点进行迁移（O-O），对应这一迁移的势垒为 0.19 eV，当然由于八面体的不稳定性，这一迁移路径需要额外的活化能，于是，六方紧密堆积硫化物电解质锂离子的迁移路径主要是 T-T 和 T-O-T。从以上结果来看，体心立方堆积的锂离子迁移具有最低的势垒，因此，具有这一结构的硫化物电解质也具有更高的锂离子电导率。

3.1.2 硫化物电解质的分类

硫化物电解质是由氧化物固态电解质衍生出来的，氧化物机体中氧元素被硫元素取代，形成了硫化物电解质。由于硫元素的电负性比氧元素要小，对锂离子的束缚要小，有利于得到更多自由移动的锂离子[10]。同时，硫元素的半径比氧元素要大，当硫元素取代氧元素的位置时，可以扩展电解质晶型结构，能够形成较大的离子传输通道，利于锂离子的传输[11]。所以，硫化物电解质具有较好的电导率，室温下为 $10^{-3} \sim 10^{-4}$ S/cm[12]。

1. 硫化物电解质按组成分类

硫化物电解质按组成可以分为二元体系、三元体系及多元体系。三元及多元硫化物体系通常是在二元硫化物体系的基础上研究开发。

常见的二元硫化物电解质有 $Li_2S\text{-}P_2S_5$[13-14]、$Li_2S\text{-}SiS_2$[15-16]、$Li_2S\text{-}GeS_2$[17-18]、$Li_2S\text{-}SnS_2$[19]。表 3-1 总结了具有代表性的二元硫化物电解质的室温离子电导率。

表 3-1 具有代表性的二元硫化物电解质的室温离子电导率 S/cm

组分	晶体类型	制备方法	电导率	参考文献
$2Li_2S\text{-}1GeS_2$	玻璃	液相法	7.5×10^{-5}	[20]
$63Li_2S\text{-}27P_2S_4\text{-}10LiBr$	玻璃陶瓷	高能球磨法	6.5×10^{-3}	[21]
$75Li_2S\text{-}24P_2S_4\text{-}1P2O_5$	玻璃陶瓷	高能球磨法	8×10^{-4}	[22]
$70Li2S\text{-}27P_2S_4\text{-}3P_2O_5$	玻璃陶瓷	高能球磨法	3×10^{-3}	[23]
$70Li_2S\text{-}29P_2S_4\text{-}1Li_3PO_4$	玻璃陶瓷	高能球磨法	1.87×10^{-3}	[24]
$Li_7P_3S_{11}$	玻璃陶瓷	固相法	1.7×10^{-2}	[4]
$Li_7P_3S_{11}$	玻璃陶瓷	高能球磨法	4.2×10^{-3}	[25]
$Li_7P_3S_{11}$	晶体	SPS 烧结	1.16×10^{-2}	[26]

续表

组分	晶体类型	制备方法	电导率	参考文献
$Li_7Ni_{0.2}P_{3.1}S_{11}$	晶体	高能球磨法	2.22×10^{-3}	[27]
$2Li_2S-1SnS_2$	晶体	高能球磨法	7.5×10^{-5}	[19]

在所有的二元硫化物电解质中，$Li_2S-P_2S_5$ 体系是最基础的二元体系，对 $Li_2S-P_2S_5$ 系统的最早尝试可以追溯到 1981 年 [1]，其结构组成简单，并且具有优越的离子电导率，是目前被研究最多的体系。同时，$Li_2S-P_2S_5$ 硫化物电解质电化学稳定性好，电化学窗口宽，与目前的负极材料石墨兼容性好，在全固态锂离子电池中有很好的应用前景。其中，75%Li_2S-25%P_2S_5（Li_3PS_4）具有良好的对锂稳定性和空气稳定性，被认为是 Li_2S-P_2S_5 系统中最稳定的组分。

三元硫化物电解质主要包括两类，一类是 thio-LISICON 结构的 $Li_2S-P_2S_4-MS_2$（M= Ge、Si、Sn、Al 等），另一类是硫银锗矿结构的 $Li_2S-P_2S_4-LiX$（X=F、Cl、Br 和 I）。表 3-2 总结了具有代表性的三元硫化物电解质的室温离子电导率。

表 3-2　具有代表性的三元硫化物电解质的室温离子电导率　　　　　**S/cm**

组分	晶体类型	制备方法	电导率	参考文献
$(0.75Li_2S \cdot 0.25P_2S_5) \cdot 33LiBH_4$	玻璃	高能球磨法	1.6×10^{-3}	[28]
$86.9Li_3PS_4 \cdot 13.1LiAlS_2$	玻璃陶瓷	高能球磨法	6.0×10^{-4}	[29]
$95Li_3PS_4 \cdot 5Li_4GeS_4$	玻璃陶瓷	高能球磨法	4.0×10^{-4}	[30]
$Li_{3.25}Ge_{0.25}P_{0.75}S_4$	晶体	固相法	2.2×10^{-3}	[2]
$Li_{10}GeP_2S_{12}$	晶体	固相法	1.2×10^{-2}	[3]
$Li1_{0.35}Ge_{1.35}P_{1.65}S_{12}$	晶体	固相法	1.42×10^{-2}	[31]
$Li_{11}AlP_2S_{12}$	晶体	固相法	8.02×10^{-4}	[32]
$Li_{10}SiP_2S_{11.3}O_{0.7}$	晶体	固相法	3.1×10^{-3}	[33]
$Li_{10}GeP_2S_{11.7}O_{0.3}$	晶体	固相法	1.03×10^{-2}	[34]
$Li_{9.4}Ba_{0.3}GeP_2S_{12}$	晶体	固相法	7.04×10^{-4}	[35]

2. 硫化物电解质按结晶形态分类

硫化物电解质按结晶形态可分为玻璃硫化物电解质、玻璃陶瓷硫化物电解质及陶瓷晶体硫化物电解质。

玻璃态硫化物电解质不存在晶界阻抗，晶体结构具有各向同性，离子传输更容易些，离子电导率较高。而且组分可以在较宽范围内连续变化，主要通过高能球磨法或固相法制备而成。玻璃态硫化物电解质热稳定性好、安全性高、电化学稳定性好，在高低温固态锂离子电池的应用中优势明显，是极具应用潜力的固体电解质材料。

玻璃陶瓷硫化物电解质也称为微晶玻璃，其由结晶体和玻璃体共同组成。玻璃陶瓷硫化物电解质主要是通过对玻璃态硫化物电解质进行高温析晶处理获得，通过调控结晶温度可以控制结晶相的组成，其实这类材料是晶相与非晶相的有机结合。某些玻璃态硫化物电解质部分晶化后形成的玻璃陶瓷电解质具有更高的离子电导率，并且能够对锂高度稳定，具有较好的电化学稳定性。

与非晶相硫化物电解质相比，陶瓷晶体硫化物电解质材料具有良好的锂离子传输通道，其室温离子电导率较高，综合性能较为优异。陶瓷晶体硫化物电解质比较常见的类型有 Thio-LISICON 型、硫银锗矿型（Argyrodite）及 $Li_{10}GeP_2S_{12}$ (LGPS) 型，如图 3-3 所示。表 3-3 总结了典型的硫化物电解质的室温离子电导率。

图 3-3　硫化物电解质分类

表 3-3　典型的硫化物电解质的室温离子电导率 S/cm

组分	晶体类型	电导率	参考文献
$75Li_2S \cdot 25P_2S_5$	玻璃	2.0×10^{-4}	[36]
$80Li_2S \cdot 20P_2S_5$	玻璃	2.0×10^{-4}	[37]
$75Li_2S \cdot 21P_2S_5 \cdot 4P_2O_5$	玻璃	$>1.0 \times 10^{-4}$	[38]
$33(0.7B_2S_3 \cdot 0.3P_2O_5) \cdot 67 Li_2S$	玻璃	1.4×10^{-4}	[39]
$80Li_2S \cdot 20P_2S_5$	玻璃陶瓷	9.0×10^{-4}	[37]
$Li_7P_3S_{11}$	玻璃陶瓷	1.7×10^{-2}	[4]
$\beta\text{-}Li_3PS_4$	晶体	1.6×10^{-4}	[40]

（1）玻璃态硫化物电解质。玻璃态硫化物电解质通过机械球磨或高温熔融后快速冷却的方法获得，在 X 射线衍射（XRD）表征下没有明显的峰。

玻璃态电解质的离子电导率在室温下可达到 10^{-4} S/cm 左右。从玻璃态电解质结晶得到的玻璃陶瓷电解质具有更高的导电性，其离子电导率为 10^{-3} S/cm 左右，有的高达 10^{-2} S/cm。这是因为玻璃态电解质具有软化降低的晶界阻抗，同时，部分晶体的析出也有利于锂离子传导。玻璃态硫化物电解质不存在晶界阻抗，晶体结构具有各向同性，离子传输更容易些，离子电导率较高。而且组分可以在较宽范围内连续变化，主要通过高能球磨法或固相法制备而成。玻璃态硫化物电解质热稳定性好、安全性高、电化学稳定性好，应用在高低温固态锂离子电池中优势明显，是极具应用潜力的固态电解质材料。表 3-4 总结了不同玻璃态硫化物电解质的室温离子电导率。

玻璃体硫化物的主体是 Li_2S，再复合 P_2S_5、SiS_2、GeS_2、SnS_2 和 B_2S_3 等修饰体。目前，研究最多的是 $Li_2S\text{-}P_2S_5$ 体系，一方面，其四面体结构可以提供丰富的锂离子迁移通道；另一方面，Li_2S 与 SiS_2 结合后，四面体链状结构重新排布，增加了锂离子数，因此，该体系的锂离子电导率可达 $10^{-5} \sim 10^{-4}$ S/cm[46]。

表 3-4　不同玻璃态硫化物电解质的室温离子电导率　　　　S/cm

组分	晶体类型	电导率	参考文献
$70Li_2S \cdot 30P_2S_5$	玻璃	5.4×10^{-5}	[41]
$75Li_2S \cdot 25P_2S_5$	玻璃	2.0×10^{-4}	[36]
$80Li_2S \cdot 20P_2S_5$	玻璃	2.0×10^{-4}	[37]
$80(0.7Li_2S \cdot 0.3P_2S_5) \cdot 20LiI$	玻璃	5.6×10^{-4}	[42]
$95(0.8Li_2S \cdot 0.2P_2S_5) \cdot 5LiI$	玻璃	2.7×10^{-3}	[43]
$56Li_2S \cdot 24P_2S_5 \cdot 20Li_2O$	玻璃	$>1.0 \times 10^{-4}$	[44]
$75Li_2S \cdot 21P_2S_5 \cdot 4P_2O_5$	玻璃	$>1.0 \times 10^{-4}$	[38]
$67.5Li_2S \cdot 7.5Li_2O \cdot 25P_2S_5$	玻璃	1.1×10^{-4}	[45]
$33(0.7B_2S_3 \cdot 0.3P_2S_5) \cdot 67Li_2S$	玻璃	1.4×10^{-4}	[39]
$67(0.75Li_2S \cdot 0.25P_2S_5) \cdot 33LiBH_4$	玻璃	1.6×10^{-3}	[28]

这类材料主要包括 Li_2S-P_2S_5 和 Li_2S-SiS_2 两种体系，Tatsumisago M 等人[36]通过机械球磨法合成了玻璃态电解质 $60Li_2S$-$40SiS_2$，研究发现球磨时间对其锂离子电导率影响非常大，当球磨时间为 7h，测试温度为 1000℃时，其离子电导率从 10^{-8} S/cm 增加到 10^{-4} S/cm，与原来相比提高了四个数量级，其主要原理为球磨过程使得两种材料原来的化学键逐渐断裂，然后相互结合形成新的化学键，降低了锂离子迁移的能量势垒，从而提高了电解质的离子电导率。此外，可以利用元素掺杂、组分调控等技术手段提升该材料的综合性能。Hirai K 等人[47]在 Li_2S-SiS_2 体系中引入 Li_2SO_4 和 Li_4SiO_4 化合物，采用固相法制备玻璃态硫化物电解质，其室温离子电导率高达 10^{-3} S/cm。阴离子掺杂也可以提高玻璃态硫化物电解质的离子电导率，加卤化锂可以提高锂离子浓度，从而提高电解质的离子电导率，例如 Li_2S-B_2S_3-LiI 电解质体系的离子电导率为 1.7×10^{-3} S/cm，比 Li_2S-B_2S_3 体系提高了一个数量级[48]。

目前，常见的硫化物锂离子导体中，锂离子电导率最高的玻璃态固态电解质材料是 Li_2S-SiS_2，其锂离子电导率的数量级在 $10^{-4} \sim 10^{-3}$ S/cm 之间。由于该材料具有较高的转变温度、较低的晶化温度、稳定的电化学性能等优势，现在已经成为研究者关注的热点之一。

（2）玻璃陶瓷态硫化物电解质。玻璃陶瓷态硫化物电解质通常为球磨后经过一步低温烧结后获得，属于玻璃态和晶态混合的亚稳相，在 XRD 表征下有少量的峰。研究表明，玻璃态固态电解质主要由正硫代磷酸盐（PS_4^{3-}）、焦硫代磷酸盐（$P_2S_7^{4-}$）、次硫代磷酸盐（$P_2S_6^{4-}$）、偏硫代磷酸盐（PS_3^{-}），4 类微小晶体构成（见图 3-4）[49]。

玻璃陶瓷态硫化物电解质也称为微晶玻璃，其由结晶体和玻璃体共同组成。玻璃陶瓷态硫化物电解质主要是通过对玻璃态硫化物电解质进行高温析晶处理获得，通过调控结晶温度可以控制结晶相的组成，其实这类材料是晶相与非晶相的有机结合。表 3-5 总结了不同玻璃陶瓷态硫化物电解质的室温离子电导率。

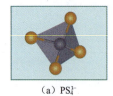 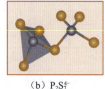 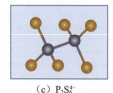 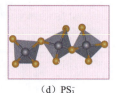

(a) PS_4^{3-} (b) $P_2S_7^{4-}$ (c) $P_2S_6^{4-}$ (d) PS_3^-

图 3-4　玻璃态和玻璃陶瓷态硫化物电解质中的微小晶体[49]

表 3-5　不同玻璃陶瓷态硫化物电解质的室温离子电导率   S/cm

组分	晶体类型	电导率	参考文献
$70Li_2S \cdot 30P_2S_5$	玻璃陶瓷	3.2×10^{-3}	[41]
$80Li_2S \cdot 20P_2S_5$	玻璃陶瓷	9.0×10^{-4}	[37]
$80Li_2S \cdot 20P_2S_5$	玻璃陶瓷	6.4×10^{-4}	[36]
$Li_7P_3S_{11-z}$	玻璃陶瓷	5.4×10^{-4}	[50]
$Li_7P_3S_{11}$	玻璃陶瓷	1.7×10^{-2}	[4]
$Li_{3.25}P_{0.95}S_4$	玻璃陶瓷	1.3×10^{-3}	[51]

对熔融淬冷后的玻璃态材料进行析晶热处理即可获得高离子电导率的玻璃陶瓷电解质材料，Mizuno F 等人[41]将熔融淬冷得到的 $70Li_2S$-$30P_2S_5$ 玻璃相材料在 280 ～ 300℃之间进一步进行热处理，得到的玻璃陶瓷电解质材料含有 $Li_7P_3S_{11}$ 晶相，其室温离子电导率高达 3.2×10^{-3} S/cm。

Hassoun J 等人[52]通过高能球磨法制备了 $Li_{10}GeP_2S_{12}$ 电解质，其室温电导率达到 1×10^{-3} S/cm。Wu Z J 等人[53]采用高能球磨和退火法制备 SeS_2，掺杂 Li_2S-P_2S_5（LPS）。其中，$70Li_2S \cdot 29P_2S_5 \cdot 1SeS_2$ 电解质在 20℃的锂离子电导率高达 4.28×10^{-3} S/cm，活化能为 4.7 kJ/mol。此外，基于该电解质组装的固态锂离子电池在低温下表现出了良好的倍率性能和循环稳定性。

Lu P H 等人[54]采用机械球磨法和热处理法制备了（$100-x$）（$70Li_2S$-$30P_2S_5$）-xLi_2ZrO_3（$x=0, 1, 2, 5$）的新型玻璃陶瓷态硫化物电解质。99（$70Li_2S$-$30P_2S_5$）-$1Li_2ZrO_3$ 电解质在室温下离子电导率为 2.85×10^{-3} S/cm，远高于 $70Li_2S$-$30P_2S_5$ 电解质。此外，P_2O_5、Li_2O、LiI、MoS_2 等物质也可掺杂硫化物玻璃态固态电解质。

另外，对原料进行高能球磨及热处理也可以获得高离子电导率物相，Minami K 等人[55]通过高能球磨及热处理方法合成了 $70Li_2S$-($30-x$)$P_2S_5 \cdot xP_2S_3$ 和 $70Li_2S$-($30-x$)$P_2S_4 \cdot xP_2O_5$ 玻璃陶瓷电解质，其中加入的 P_2S_3 和 P_2O_5 的含量分别为 1%（摩尔百分比，mol）

和 3%（mol），离子电导率分别为 5.4×10^{-3} S/cm 和 4.6×10^{-3} S/cm，同时电解质的电化学稳定性也有所提高，X 射线衍射分析结果表明生成了 $Li_7P_3S_{11}$ 高电导率结晶相。

Kim J 等人[56] 采用两步热处理方法对玻璃相 $78Li_2S \cdot 22P_2S_5$ 电解质进行析晶热处理，在 160℃ 和 230℃ 温度下，分别对玻璃相基体进行热处理，其中低温段对应着微晶相的成核过程，高温段对应于晶粒生长过程，最终合成了富含 Thio-LISICONII 高电导率物相的玻璃陶瓷硫化物电解质，其室温离子电导率高达 8.5×10^{-4} S/cm。

另外，Trevey J 等人[57] 在 55℃ 的温度条件下对 Li_2S-P_2S_5 二元材料进行高能球磨，直接合成了离子电导率超过 10^{-3} S/cm 的玻璃陶瓷硫化物电解质，但是玻璃陶瓷相的形成未必会提升电解质的离子电导率，如图 3-5 所示，Li_2S-SiS_2 材料体系经过热处理后生成了 Li_4SiS_4 玻璃陶瓷相，其离子电导率却降低了约三个数量级。

玻璃陶瓷态硫化物电解质研究最多的是 xLi_2S_2-$(100-x)P_2S_5$ 体系。Li_2S-P_2S_5 基玻璃部分晶化后形成的微晶玻璃电解质具有更高的离子电导率，室温下可达到 10^{-3} S/cm，并且能够对锂高度稳定，电化学窗口大约为 10 V。

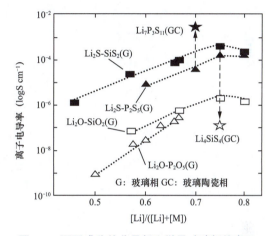

图 3-5　不同成分的非晶相和微晶玻璃相的离子电导率[57]

（3）陶瓷晶态硫化物电解质。陶瓷晶态硫化物电解质一般通过高温烧结制成，有部分研究采用高能球磨、研磨后烧结及液相法制备得到，有明确的晶体结构与 XRD 峰。晶态硫化物电解质按晶体结构主要分为 thio-LISICON 型、Li-argyrodite 型和 LGPS 型。这 3 种类型的电解质都有具体的晶体结构和锂离子传输通道，其结构组成和离子迁移机理都较为明确[3, 20, 58]。

与非晶相硫化物电解质相比，陶瓷晶态硫化物电解质材料具有良好的锂离子传输通道，其室温离子电导率较高，综合性能较为优异。相比于无定形，晶体材料可以提供锂离子传输通道，有助于锂离子的运输。表 3-6 总结了不同陶瓷晶态硫化物电解质的离子电导率。

表 3-6　不同陶瓷晶态硫化物电解质的离子电导率　　S/cm

组分	晶体类型	电导率	参考文献
γ-Li_3PS_4	晶态	3.0×10^{-7}	[59]
β-Li_3PS_4	晶态	1.6×10^{-4}	[40]
$Li_{3.25}Ge_{0.25}P_{0.75}S_4$	晶态	2.2×10^{-3}	[2]
$Li_{10}GeP_2S_{12}$	晶态	1.2×10^{-2}	[3]

组分	晶体类型	电导率	参考文献
$Li_{10}SnP_2S_{12}$	晶态	4.0×10^{-3}	[60]
$Li_{11}Si_2PS_{12}$	晶态	$>1.2 \times 10^{-2}$	[61]
$Li_7P_2S_8I$	晶态	6.3×10^{-4}	[62]

1）Thio-LISICON 型硫化物电解质。1999 年，Kanno R 等人[20]提出用 S 替代氧化物 LISICON 中的 O，得到了 Thio-LISICON 型硫化物电解质，其结构与 LISICON 相似，均为 γ-$LiPO_4$ 结构，化学通式可以表示为 $Li_{4-x}A_{1-y}B_yS_4$，其中 A 可以是 Si、Ge 等元素，B 可以是 ZnAl、P 等元素。Murayama M 等人[63]在 Li_2S-GeS_2、Li_2S-GeS_2-ZnS 及 Li_2S-GeS_2-Ga_2S_3 电解质体系中发现了 Thio-LISICON，并对比了不同 Thio-LISICON 组成的离子电导率。结果发现通过异价元素取代可以有效地提高 Thio-LISICON 的离子电导率。室温条件下，Li_4GeS_4 的离子电导率仅为 2×10^{-7} S/cm，采用 Ga^{3+} 取代 Ge^{4+} 获得的 $Li_{4.275}Ge_{0.61}Ga_{0.25}S_4$ 电解质室温离子电导率可达 6.5×10^{-5} S/cm。此外，Kanno 等人[2]进一步采用 P^{5+} 取代 Ge^{4+} 获得了 Thio-LISICON 型的 $Li_{4-x}Ge_{1-x}P_xS_4$（$0<x<1.0$）。其 XRD 图谱如图 3-6 所示，根据不同 Thio-LISICON 组成的 $Li_{4-x}Ge_{1-x}P_xS_4$ 电解质物相区域可以分为 3 个部分：即为区域 I（$0<x\leq0.6$），区域 II（$0.6<x<0.8$），区域 III（$0.8\leq x<1.0$）。其中区域 II 对应的 Thio-LISICON 相具有单斜超晶格结构，从而展现出较高的室温离子电导率（$>10^{-3}$ S/cm）。

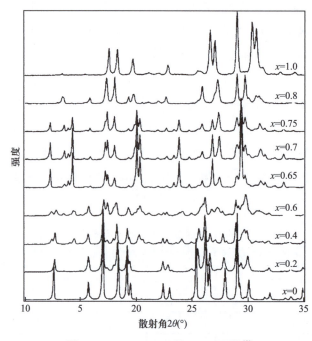

图 3-6 $Li_{4-x}Ge_{1-x}P_xS_4$ 的 XRD 图谱 [2]

2）硫银锗矿型（Li-Argyrodite）硫化物电解质。硫银锗矿型（Li-Argyrodite）硫化物电解质主要包括 Li_7PS_6 体系、Li_6PS_5X（X=C1、Br、I）体系以及 $Li_7Ge_3PS_{12}$ 体系，其中 Li_6PS_5X 化物电解质具有较高的离子电导率和较宽的电化学窗口，制备工艺简单，因此引起研究者的广泛关注，Adams S 等人[64]通过中子衍射仪研究了硫银锗矿型电解质材料在不同热处理温度下的晶相变化，结果显示，在 80 ～ 150℃之间形成了低离子电导率的 Li_7PS_6 晶相，进一步通过调控热处理温度，最终在适当的温度条件下获得了高离子电导率的 Li_6PS_5Cl 结晶相。其室温离子电导率为 1.1×10^{-3} S/cm。由此可以看出热处理工艺的调控对于获得高离子电导率的物相至关重要。Li_6PS_5X 电解质材料的制备方法较为简单，一般是通过混料球磨然后高温热处理获得。采用溶液法也可以制备硫银锗矿型电解质材料，Zhou L D 等人[65]使用四氢呋喃和无水乙醇作为溶剂，采用溶液法制备的 Li_6PS_5X（X=CI，Br）电解质也具有高的离子电导率和可忽略的电子传导率，其性质与固态合成法制备的类似物几乎相同。

3）$Li_{10}GeP_2S_{12}$(LGPS) 型物电解质。与上述两种晶型相比，$Li_{10}GeP_2S_{12}$ 型电解质材料离子电导率较高。

Kamaya N 等人[3]在 2011 年首次制备出 $Li_{10}GeP_2S_{12}$（LGPS），在室温下离子电导率高达 1.2×10^{-2} S/cm，达到了液态电解质水平。如图 3-7 所示，结构框架由（$Ge_{0.5}P_{0.5}$）S_4 四面体、PS_4 四面体、LiS_4 四面体和 LiS_6 八面体组成。其中，（$Ge_{0.5}P_{0.5}$）S_4 四面体和 LiS_6 八面体沿 C 轴共边连接形成一维（1D）链，一维链通过 PS_4 四面体共角连接，形成三维（3D）结构。LiS_6 四面体的 16 h 和 8 f 面共边连接形成了能量壁垒较低的锂离子传输通道。

Hori S 等人[66]通过对 Li_2S-P_2S_5 体系进行 GeS_2 掺杂，获得了一种 $Li_{3.25}Ge_{0.25}P_{0.75}S_4$ 晶态电解质材料，其室温电导率高达 2.2×10^{-3} S/cm。另外，还合成了一系列掺杂 Si 的 $Li_{4-x}Si_{1-x}P_xS_4$ 固溶体材料，其中 x 分别为 0.0、0.2、0.4、0.6、0.8 和 1.0，当 x 为 0.6 时，获得的电解质离子电导率高达 6.4×10^{-4} S/cm[67]。

采用阳离子掺杂取代可以进一步提高 LGPS 晶型电解质的离子电导率。通过加大元素 Ge 的量制备 $Li_{10+x}Ge_{1+x}P_{2-x}S_{12}$，当 0<x<0.5 时，电解质结构稳定，其中 x 为 0.35 时，电解质获得了最高的离子电导率，达到了 1.42×10^{-2} S/cm，其晶型与 LGPS 基本一致。表明掺杂取代不仅提高了电解质的离子电导率而且其锂离子传导机制并没有发生变化，与 LGPS 相比，电解质掺杂取代后离子电导率增加幅度较小，说明了 LGPS 本身具有较高的锂无序性。

考虑 Ge 的价格昂贵，规模化应用难度大，Bron P 等人[60]用 Sn 取代 Ge，制备了 $Li_{10}SnP_2S_{12}$ 电解质，其离子电导率有所降低（4×10^{-4} S/cm），原料成本仅为 $Li_{10}GeP_2S_{12}$ 的 1/3。

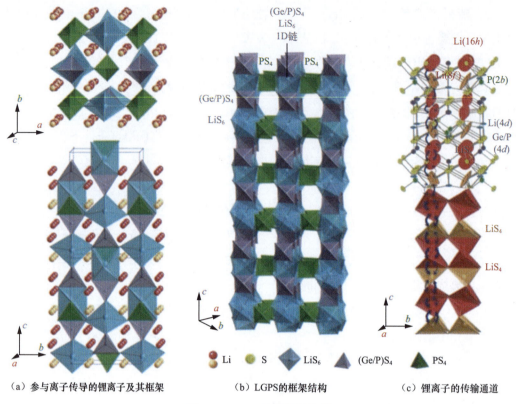

（a）参与离子传导的锂离子及其框架　　　（b）LGPS的框架结构　　　（c）锂离子的传输通道

图 3-7　LGPS 的晶体结构 [3]

2016 年，Kato Y 等人 [5] 开发了 $Li_{9.54}Si_{1.74}P_{1.44}S_{11.7}Cl_{0.3}$ 和 $Li_{9.6}P_3S_{12}$ 两种新型的硫化物电解质材料，展示了优异的离子电导率和电化学稳定性。两者都具有 $Li_{10}GeP_2S_{12}$ 型晶体结构，$Li_{9.54}Si_{1.74}P_{1.44}S_{11.7}Cl_{0.3}$（LSiPSCl）27 ℃时离子电导率高达 25 mS/cm，是 $Li_{10}GeP_2S_{12}$ 电解质的 2 倍，可与液态电解液相媲美，成为目前离子电导率最高的锂离子固体电解质之一。

Zhang 等人 [68] 制备了 $Li_{10}SnP_2S_{12}$ 固态电解质，室温下离子电导率高达 3.2×10^{-3} S/cm。

3.1.3　硫化物电解质制备与改性

1. 硫化物电解质的制备

硫化物的制备方法主要有三种：分别是固相法、机械球磨法和液相法。

第一种制备方法是固相法，将起始原料按一定的化学计量比混合均匀得到初料，初料经过高温处理使材料熔融，熔融材料骤冷后得到玻璃态硫化物电解质，通过结晶玻璃态硫化物电解质可以进一步得到玻璃陶瓷态硫化物电解质。这种方法的优点是制备得到的固态电解质颗粒粉末较细，压制得到的固态电解质的致密度较高，缺点是操作的难度较大，且在淬冷降温的过程中易生成杂相，影响固态电解质的离子电导率。这种方法制备得到的固态电解质有非常高的离子电导率，可达 17×10^{-3} S/cm[4]，首先，将 Li_2S 和 P_2S_5 的混合物密封在石英管中，在 700℃下加热 2 h。然后，熔融试样在冰水中迅速淬火。最后，在 94 MPa、280℃或 300℃条件下进行热压烧结，得到了致密化的玻璃陶瓷电解质，通过热处理可以降低晶界电阻，使其具有比有机液体电解质更高的 Li+ 迁移率。利用固相反应法还可以制得具有高离子电导率的三元硫化物电解质。将一定化学计量比的 Li_2S、GeS_2 和 P_2S_5 加入真空石英管中，550℃下反应一定时长后缓慢冷却，得到具有高离子电导率的 $Li_{10}GeP_2S_{12}$ 电解质。$Li_{9.54}Si_{1.74}P_{1.44}S_{11.7}Cl_{0.3}$ 的制备过程与 $Li_{10}GeP_2S_{12}$ 电解质相同，只是改变了反应温度、原料的种类和化学计量比。

熔融法也广泛应用于硫银锗矿型固体电解质的合成。Deiseroth H J 等人[69] 和 Kraft MA 等人[58] 均采用直接加热前驱混合物，熔融法制备 Li_6PS_5X，制备过程很简单，但是加热时间太长，有的电解质材料加热时长甚至长达两周。Zhang D L 等人[70] 研究了烧结温度和时间对 Li_6PS_5Cl 结构、电导率的影响。结果发现，在 550℃下加热 10min 就可以得到离子电导率为 3.15×10^{-3} S/cm 的 Li_6PS_5Cl，通过长时间退火和高压压片制备的 Li_6PS_5Cl，其电导率可提高到 5×10^{-3} S/cm。因为本身高温淬冷后固态电解质颗粒较小，压制得到的固态电解质界面孔隙较少，此外通过高温回火进一步降低晶界阻抗，因此熔融法制备得到的固态电解质具有非常高的离子电导率。

第二种制备方法是机械球磨法，特别是高能球磨被广泛用于制备硫化物电解质。高能球磨处理混合后的起始原料，球磨一定时间后得到玻璃态硫化物电解质，析晶后可以得到玻璃陶瓷态硫化物电解质。在高能球磨过程中，电解质前驱体颗粒在高速冲击产生的足够高的能量下，发生碰撞、扩散和反应[71]。该方法的缺点是设备要求较高、制备样品耗时长，优点是在球磨过程中可充分均匀混合，制备得到的固态电解质离子电导率高。更重要的是，通过高能球磨很容易实现较低温度下非晶电解质的制备。

与固相法相比，高能球磨法能制备的非晶样品种类更多。利用该技术可合成一系列二、三元电解质，如 $70Li_2S$-$30P_2S_5$（8.6×10^{-3} S/cm）[72]，$77.5Li_2S$-$22.5P_2S_5$（1×10^{-3} S/cm）[57]，$75Li_2S$-$25P_2S_5$（0.5×10^{-3} S/cm）[22] 和三元 Li_2S-M_xS_y-P_2S_5 电解质[30]。Adams 等人[64] 首次报道了采用机械球磨结合退火的方法合成硫银锗矿 Li_6PS_5X（X=Cl, Br, I），其前驱体材料退火烧结时长远低于先前报道的时长。随后，他们进行了一系列的工作来优化合成路线，在 X=Cl 或 Br 时合成出具有 7×10^{-4} S/cm 的高离子电导率的电解质。Boulineau 等人[73] 将球磨时间优化为 10 h，得到具有 1.33×10^{-3} S/cm 的离子电导率和宽电化学窗口的 Li_6PS_5Cl。

另外，Yu C 等人[74] 研究了球磨时间和后续退火烧结过程对电解质晶体结构的影响，结果表明，退火烧结过程可以增强电解质颗粒结晶度和晶粒间的接触，从而提高离子电导率。制备得到离子电导率达到 1.1×10^{-3} S/cm 的 Li_6PS_5Cl 电解质。球磨加工的主要缺点是加工过程烦琐、耗时。此外，高速球磨过程中引入的杂质可能会影响电解质的纯度。事实上，球磨法和固相法很难完全区分，球磨法得到的电解质有时会通过进一步退火烧结提高电解质的结晶度和离子电导率，而固相法有时会引入球磨法混合得到前驱体材料。球磨法与固相法结合，可以有效地缩短反应时间，提高电解质材料的离子电导率。

第三种制备方法是液相法，将一定化学计量比的起始原料加入有机溶剂中，将混合物在一定温度下搅拌，通过离心或旋蒸法从中分离出反应后的溶质，在一定温度下干燥，得到玻璃态硫化物电解质材料，进一步结晶得到玻璃陶瓷态硫化物电解质。

Liu Z C 等人[40] 在 2013 年使用液相法合成 $Li_2S-P_2S_5$ 二元体系电解质，以四氢呋喃为反应介质合成 $\beta-Li_3PS_4$。自此之后，湿法合成硫化物电解质开始被广泛采用。使用稳定的低沸点有机液溶剂作为反应介质，有机溶剂可以通过加热蒸发抽滤等方法较为容易地除去。

遗憾的是，目前常用的有机溶剂如无水乙腈[75]、四氢呋喃[40]、乙酸乙酯[76]、N-甲基甲酰胺[77]、1，2-二甲氧基乙烷[78] 等都具有较强的毒性，环保性差。此外，液相法合成的电解质的电导率通常比高能机械球磨法的电导率低。据推测，较低的离子电导率可能是由于溶剂中的杂质及残留的非晶相在晶体颗粒间的界面上析出导致的[79]。与二元电解质的情况相似，使用液相法合成硫银锗矿相固体电解质，通过分散在液体介质合成电解质来改善电解质颗粒的均匀性。

Tatsumisago 课题组[80] 首先采用液相法制备了硫银锗矿相固体电解质。探讨了溶剂、合成时间、干燥温度等制备条件对电解质离子电导率的影响，得到离子电导率为 1.9×10^{-4} S/cm 的 Li_6PS_5Br。随着合成工艺的发展，液相法制备的 Li_6PS_5Br 电解质离子电导率进一步提高到 10^{-3} S/cm[81]。Chois 等人[82] 以乙酸乙酯为溶剂，在 550℃时利用液相法制备了硫银锗矿型 Li_6PS_5Cl 固体电解质，电导率为 1.1×10^{-3} S/cm。Zhou 等人[65] 以四氢呋喃 / 乙醇混合物为溶剂络合物，通过液相法合成了 Li_6PS_5X（X=Cl, Br），与使用二甲氧基乙烷和乙腈为溶剂相比，反应时间更短，得到离子电导率为 3.9×10^{-3} S/cm 的 Li_6PS_5Cl。Yubuchi 等人[81] 采用类似方法，以四氢呋喃为溶剂，得到离子电导率为 3.1×10^{-3} S/cm 的 Li_6PS_5Br。

与固相法和机械球磨法相比，液相法更适用于规模化生产，可以通过改变反应条件来控制电解质的形貌和颗粒大小。此方法的优点是原料可在溶剂中充分接触反应，实验要求较低，且适用于制备薄膜电解质，缺点是制备得到的固态电解质的离子电导率通常较低。相比于球磨法，采用溶液法制备的固态电解质的离子电导率会低一个数量级，主要是在制备过程中部分杂相和无定型相会在固态电解质晶界处生成，导致较高的电解质能垒和较低的离子电导率。表 3-7 总结了三种方法分别制备材料的离子电导率。

表 3-7　三种方法分别制备材料的离子电导率　　　　　　　　　　　　　　　　**S/cm**

组分	晶体类型	制备方法	电导率	参考文献
$2Li_2S-1GeS_2$	玻璃	液相法	7.5×10^{-5}	[20]
$63Li_2S-27P_2S_4-10LiBr$	玻璃陶瓷	高能球磨法	6.5×10^{-3}	[21]
$70Li_2S-29P_2S_4-1Li_3PO_4$	玻璃陶瓷	高能球磨法	1.87×10^{-3}	[24]
$Li_7Ni_{0.2}P_{3.1}S_{11}$	晶体	高能球磨法	2.22×10^{-3}	[27]
$2Li_2S-1SnS_2$	晶体	高能球磨法	7.5×10^{-5}	[19]
$86.9Li_3PS_2 \cdot 13.1LiAlS_2$	玻璃陶瓷	高能球磨法	6.0×10^{-4}	[29]
$95Li_3PS_4 \cdot 5Li_4GeS_4$	玻璃陶瓷	高能球磨法	4.0×10^{-4}	[30]
$Li_{11}AlP_2S_{12}$	晶体	固相法	8.02×10^{-4}	[32]
$Li_{10}SiP_2S_{11.3}O_{0.7}$	晶体	固相法	3.1×10^{-3}	[33]
$Li_{10}GeP_2S_{11.7}O_{0.3}$	晶体	固相法	1.03×10^{-2}	[34]
$Li_{9.4}Ba_{0.3}GeP_2S_{12}$	晶体	固相法	7.04×10^{-4}	[35]

2. 硫化物电解质的改性

由于硫原子具有较大的原子半径、较小的电负性以及较低的锂离子结合能，硫化物与氧化物、聚合物等离子导体相比一般有更高的锂离子电导率，部分硫化物电导率甚至达到或超过了传统液态电解液。例如，$Li_{10}GeP_2S_{12}$（LGPS）离子电导率为 1.2×10^{-2} S/cm，$Li_{9.54}Si_{1.74}P_{1.44}S_{11.7}Cl_{0.3}$（LSPSC）达到 2.5×10^{-2} S/cm。高的离子电导率可以减少电芯的内阻，改善动力，提高充放电倍率。

硫化物相比于氧化物具有较低的密度。例如 Li_6PS_5Cl 为 1.64 g/cm^3，$Li_7P_3S_{11}$ 的密度为 1.97 g/cm^3，LGPS 为 2 g/cm^3，而氧化物 $Li_7La_3Zr_2O_{12}$（LLZO）为 5.07 g/cm^3，$Li_{1+x}Al_xTi_{2-x}(PO_4)_3$（LATP）为 2.93 g/cm^3。实际应用过程中，为了确保阴极和阳极能够被电解质层充分隔开，也受限于工艺能力，固态电解质层是存在极限厚度的。在相同的厚度条件下，硫化物相对更低的密度能有效地减少重量，从而带来更高的重量能量密度。

硫化物相比于氧化物电解质具有较低的硬度，挤压过程中更加容易变形，因此，其致密度更容易提升，其与阴阳极活性材料的接触相对会有所改善，从加工性能的角度上讲也更加便捷。

虽然硫化物电解质有着上述提到的优点，但其进一步发展并整合到全电芯中仍然面临着许多问题。硫化物的电化学窗口相对较窄。例如 LGPS 为 1.71 ~ 2.14 V，Li_6PS_5Cl 为 1.71 ~ 2.01 V，$70Li_2S-30P_2S_5$ 为 2.28 ~ 2.31 V。这意味着，硫化物在阴极侧容易被氧化，在阳极侧容易被还原，电化学层面上并不稳定。另外，当硫化物与传统的氧化物正极（如 $LiCoO_2$、NCM 等）搭配时，会出现空间电荷层。这主要是因为正极和电解质中的 Li 离子化学势存在较大的差异，因此 Li 离子倾向于从硫化物向正极扩散，从而在界面的硫化物侧形成贫锂区，影响界面的离子电导率，提高界面的阻抗。更重要的是，当硫化物发生副反应的时候，如果其副反应产物是电子和离子的混合导体，那么界面的电子与离子转移将无法得到抑制，也就无法有效地形成钝化层，最终导致副反应的持续进行与恶化。

为了实现硫化物基全固态锂离子电池的大规模生产和实际应用，还仍需解决许多问题，例如：提高硫化物电解质的离子电导率、在空气中的化学稳定性、电化学稳定性以及硫化物电解质与电极的兼容性等方面。

（1）提高硫化物电解质的离子电导率。

1）阳离子取代。固体电解质材料中的 Li^+ 扩散主要通过离子迁移通道进行。在这些通道中，Li^+ 从一个位点扩散到相邻的空位，完成一次 Li^+ 传导。整个扩散过程受晶体结构的影响较大，特别是离子迁移通道的尺寸大小。另外，锂离子浓度越高，其扩散速率越快，离子电导率越高。基于此，各种提高硫化物电解质室温电导率的策略被设计提出，其中晶体结构中多价阳离子取代是一种有效的策略。为了保证电解质主体价态平衡，在引入低价阳离子后，有时会补偿引入更多的锂离子，使迁移离子的浓度增加，从而获得更高的电导率。

Ge Q 等人[27] 制备了 2 mol% Ni_2P 掺杂的 $Li_7P_3S_{11}$ 电解质，离子电导率升至 2.22×10^{-3} S/cm，是原始电导率的 1.6 倍。Xu 等人[83] 以化学计量比为 7:2.9:0.1 的 Li_2S、P_2S_5 和 MoS_2 为原料，通过高能球磨法制备了 $Li_7P_{2.9}S_{10.85}Mo_{0.01}$。制得的 $Li_7P_{2.9}S_{10.85}Mo_{0.01}$ 电解质具有较高的室温电导率，为 4.8×10^{-3} S/cm。Wu Z J 等人[53] 采用球磨法制备了 $70Li_2S$-$(30-x)P_2S_{4-x}SeS_2$（x=0，0.3，0.5，1，3，5）系列玻璃陶瓷电解质。其中 $70Li_2S$-$29P_2S_4$-$1SeS_2$ 在 20 ℃ 时电导率最高，为 4.28×10^{-3} S/cm。Yamauchi A 等人[28] 证明 $(100-x)$ $(0.75Li_2S \cdot 0.25P_2S_5)$-$xLiBH_4$ 玻璃电解质中加入 $LiBH_4$ 不仅有助于提高电导率，而且使其电化学稳定窗口增至 5 V（相对于 Li/Li^+）。Kraft 等人[84] 系统地探讨了异价离子替代对 $Li_{6+x}P_{1-x}Ge_xS_5I$ 的影响。随着 Ge 含量的增加，会增加 S 元素和 I 元素位点的无序性，明显降低离子迁移的能量势垒，退火烧结后的电解质离子电导率高达（18.4±2.7）×10^{-3} S/cm。

2）阴离子取代。据报道，掺杂适量的氧化物可以同时提高电解质离子电导率和对锂金属负极的稳定性。Tao Y C 等人[22] 发现，掺杂 1%（mol）P_2O_5 的 $75Li_2S$-$25P_2S_5$ 电解质电导率可达 8×10^{-4} S/cm，比未掺杂电解质的电导率高出 56 %。此外，$1P_2O_4$-$75Li_2S$-$24P_2S_5$ 与金属锂具有良好的电化学稳定性。Huang 等人[24] 也得出了类似的结论，Li_3PO_4 掺杂的 $Li_7P_3S_{11}$ 电解质的电导率（1.87×10^{-3} S/cm）高于未掺杂的 $Li_7P_3S_{11}$ 电解质（1.07×10^{-3} S/cm）。对于三元硫化物电解质，Kim K H 等人[33] 用 O 代替部分 S 制备了新的 $Li_{10}SiP_2S_{12-x}O_x$ 固体电解质。当 x=0.7 时，O 取代样品的最大离子电导率可达 3.1×10^{-3} S/cm。

卤化物的加入对提高 $Li_2S-P_2S_5$ 电解质的离子电导率也有明显效果。Ujiie S 等人[21]比较了不同卤化物的掺杂效果,结果表明,引入溴化锂能有效地提高 $Li_7P_3S_{11}$ 微晶玻璃的电导率,使其达到 6.5×10^{-3} S/cm。采用机械球磨法制备 $(100-x)(0.7Li_2S \cdot 0.3P_2S_5)-xLiI$ 玻璃和玻璃陶瓷电解质,其组成范围为 $0 \leqslant x$(%)$\leqslant 20$(mol),其中玻璃相电解质的电导率随 LiI 含量的增加而增加,$x=20$ 时电导率最高,为 5.6×10^{-4} S/cm。更重要的是,根据循环伏安测试结果,$80(0.7Li_2S \cdot 0.3P_2S_5)-20LiI$ 玻璃相电解质的电化学窗口宽至10 V(相对于 Li/Li^+)。而在玻璃陶瓷相固体电解质中,随着 LiI 含量的增加,其电导率急剧下降。

对于硫银锗矿相 Li_6PS_5X 电解质,电解质结构中卤化物阴离子的种类和含量对其离子电导率产生很大影响。卤化物阴离子会对电解质晶体结构和离子传输活化势垒产生影响,从而影响电解质的离子电导率。在硫银锗矿相 $Li_6PS_5X(X=Cl, Br, I)$ 电解质体系中,Li_6PS_5Cl 具有最高的离子电导率[65, 73]。据 Adeli 等人[85]报道,在 $Li_{5-x}PS_4{}_-{}_xCl_{1+x}$ 电解质体系中 Cl^-/S^{2-} 比值的增加对晶格中的 Li^+ 扩散率有显著影响。退火烧结后,$Li_{5.5}PS_{4.5}Cl_{1.5}$ 具有高达(12.0 ± 0.2)$\times 10^{-3}$ S/cm 的室温电导率。在相同的制备条件下,其电导率几乎是 Li_6PS_5Cl 的 4 倍。Cl^- 取代 S^{2-} 导致锂离子与周围骨架阴离子之间的相互作用减弱,增强了锂离子的扩散性,同时,晶体结构中 Cl 元素与 S 元素无序性和锂离子空位数量增加,进一步提高锂离子传输速率。

3)多元素掺杂。除了单元素掺杂外,多元素掺杂取代,尤其是不同种类具有协同作用的双阳离子掺杂,已被证明是提高电解质电化学性能的有效方法[86, 87]。Yang K 等人[88]研究了多元素掺杂对离子通道宽度和电解质活化能的影响,采用固相法合成了 SnSe共掺杂的 $Li_{10}GeP_2S_{12}$ 电解质。与单掺杂方式相比,Sn-Se 双掺杂 $5Li_2S-P_2S_4-0.6GeS_2-0.4SnSe_2(Li_{10}Ge_{0.6}Sn_{0.4}P_2S_{11.2}Se_{0.8})$ 在室温下离子电导率可达 2.75×10^{-3} S/cm,活化能为16 kJ/mol,活化能为当时报道的锂离子导体活化能的最低值。Kanno 等人[34]利用双元素取代的策略制备了一种新的硫化物电解质 $Li_{10+\delta}[Sn_ySi_{1-y}]_{1+\delta}P_{2-\delta}S_{12}$。他们发现改变 Sn/Si 比值和($Sn^{4+}$ 和 Si^{4+})$/P^{5+}$ 比值可以调节锂离子传导通道的尺寸,有利于优化电导率。优化后的离子电导率为 1.1×10^{-2} S/cm,接近原 $Li_{10}GeP_2S_{12}$ 电解质的电导率,且电解质不含 Ge,较低的成本更适合实际应用。

4)电解质致密化。固体电解质在退火烧结传质和晶粒生长过程中不可避免地会产生微裂纹和微孔,具有较低电导率的杂质会倾向于集中生长在这些裂纹和微孔区域,堵塞原本连续的 Li^+ 迁移路径。此外,缺陷处容易发生电荷积累,促进锂枝晶的形成,会进一步提高 Li^+ 离子的迁移能垒。因此,通过致密化来消除电解质中的裂纹和孔洞是提高电解质离子电导率的另一个有效方案。据 Chu I H 等人[26]报道,采用放电等离子烧结法制备的 $Li_7P_3S_{11}$ 在 27℃下的离子电导率为 1.16×10^{-2} S/cm,高于常规方法制备

的 $Li_7P_3S_{11}$。另外，对于玻璃陶瓷电解质而言，非晶相电解质材料可以填充裂纹和气孔，从而降低 Li^+ 迁移能垒。通过优化热处理参数填充电解质中的裂纹和微孔，$Li_7P_3S_{11}$ 玻璃陶瓷电解质的电导率可以达到 4.2×10^{-3} S/cm，明显高于晶体相 $Li_7P_3S_{11}$ 的离子电导率。

（2）提高空气稳定性。含水气氛中的化学不稳定性是硫化物电解质最严重的问题之一。在潮湿的空气下，空气中的水对硫化物的水解会产生有害的 H_2S 气体，这将加速硫化物的降解，产生安全问题，并增加加工成本。

Muramatsu H 等人[89] 对 $Li_2S-P_2S_5$ 玻璃态及陶瓷玻璃态硫化物电解质的空气稳定性及其暴露在空气中的结构变化进行了报道，并证实了硫代磷酸盐硫化物的结构被证实对其空气稳定性有影响，并且在所有 $Li_2S-P_2S_5$ 二元体系中，$75Li_2S \cdot 25P_2S_5$ 玻璃和由 PS_4^{3-} 离子组成的玻璃陶瓷体系在环境气氛中产生的 H_2S 最少，其结构变化可以忽略不计。图 3-8 所示为不同 Li_2S 含量的 $Li_2S-P_2S_5$ 玻璃生成的 H_2S 量。

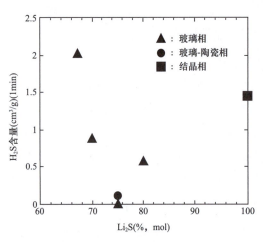

图 3-8 不同 Li_2S 含量的 $Li_2S-P_2S_5$ 玻璃生成的 H_2S 量[89]

Kim J S 等人[90] 选择 β-Li_3PS_4 作为样品，利用密度泛函理论（DFT）研究了其表面结构和电子性质，从而对其空气不稳定性进行了深入研究。计算结果表明，具有较高表面 S 离子 3p 带中心能量差值（ΔEp）的（110）和（111）晶面展现出高的 S 离子不稳定性，这主要是因为具有较高 ΔEp 和较低配位 S 离子的表面容易发生化学反应且易于产生点缺陷，非常不稳定。此外，根据结构，电解质在大气中不稳定且表面产生 H_2S 气体时，电解质的主要结构变化就是表面上 S 离子空位的形成，而表面上的大多数 S 空位又易于与 H_2O 和 CO_2 等物质发生化学反应并进一步促进电解质的表面变质。

基于不同类别的硫化物对空气不稳定的原因以及硫化物对水分子的反应性需要采取有效的策略来提高硫化物电解质在潮湿空气中的化学稳定性。

1）氧原子掺杂。Ohtomo T 等人[91] 提出，用 Li_2O 部分替换 $75Li_2S \cdot 25P_2S_5$ 玻璃中的 Li_2S 来向体系中掺杂氧原子以抑制 H_2S 气体的产生，从而提高空气稳定性。如图 3-9 所示，在 $xLi_2O \cdot (75-x)Li_2S \cdot 25P_2S_5$ 体系中，随着 x 的增加，暴露在空气中的电解质产生的 H_2S 气体含量逐渐降低。随着 Li_2O 的掺杂，体系内掺入了氧原子，引入了非桥键 O，相比于比桥键 S，非桥键 O 更加稳定，因此提高了电解质的空气稳定性。

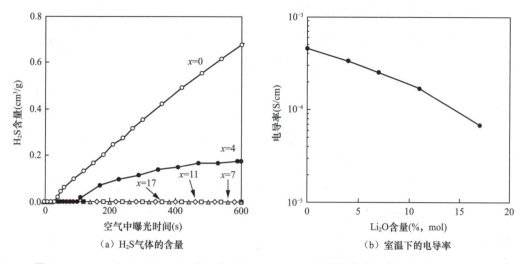

（a）H_2S 气体的含量　　　　　　　　（b）室温下的电导率

图 3-9　$xLi_2O \cdot (75-x)Li_2S \cdot 25P_2S_5$（$x$=0，4，7，11，17）暴露在空气中产生的 H_2S 气体的含量 [91] 和室温下的电导率 [92]

同年，Ohtomo T 等人 [44] 将 $70Li_2S \cdot 30P_2S_5$ 中的 Li_2S 替换为 Li_2O，合成了一系列 $xLi_2O \cdot (100-x)(0.7Li_2S \cdot 0.3P_2S_5)$，并且通过实验证明硫化物电解质的空气稳定性受到电解质的合成方法的影响。在这个工作中，Ohtomo 采取了两种合成方法，分别利用一步合成法（将原材料 Li_2O、Li_2S、P_2S_5 混合在一起球磨 40 h）和两步合成法（先将 Li_2S、P_2S_5 球磨 20 h 形成 $70Li_2S \cdot 30P_2S_5$，再将 Li_2O 和 $70Li_2S \cdot 30P_2S_5$ 混合球磨 20 h）合成了硫化物电解质。实验结果表明通过两步法合成的电解质能够更好地抑制 H_2S 气体的产生。

因此，替换的氧化物的含量和电解质的合成方法对抑制硫化物电解质在空气中产生 H_2S 气体的效果影响很大。

2）金属氧化物共掺杂。Liu G Z 等人 [93] 首次对 Li_3PS_4 玻璃陶瓷硫化物电解质进行了 Zn、O 共掺杂，其中 Zn 取代了部分 P，O 取代了部分 S，合成了一系列金属氧化物共掺杂的 $Li_{3+3x}P_{1-x}Zn_xS_{4-x}O_x$ 固体电解质，其中 x=0.01、0.02、0.03、0.04、0.05、0.06，体系内掺杂了 2%（mol）ZnO 的 Li_3PS_4（$Li_{3.06}P_{0.98}Zn_{0.02}S_{3.98}O_{0.02}$），在室温下离子电导率可达到 1.12×10^{-3} S/cm。并且 $Li_{3.06}P_{0.98}Zn_{0.02}S_{3.98}O_{0.02}$ 暴露在空气中 180 min 后 H_2S 的浓度仅为 0.0175 cm^3/g，并且几乎不与空气中的 H_2O 反应，具有非常高的空气稳定性。

Chen T 等人 [94] 利用相同的金属氧化物共掺杂的方法对 Li_6PS_5Br（LPSB）进行了 Zn、O 共掺杂得到了 LPSB-0.15，通过实验证明，金属氧化物共掺杂后的硫化物电解质暴露在空气中后，结构没有发生明显的变化，证明其具有非常高的空气稳定性。

以上报道研究证明金属氧化物共掺杂的方法能够有效提高硫化物固体电解质的空气稳定性。

3）金属氧化物物理掺杂。除此之外，在硫化物电解质中加入 H_2S 吸收剂（一般为金属氧化物，如 Fe_2O_3、CuO、ZnO 或 Bi_2O_3 等）去除 H_2S 气体，也可以提高硫化物电解质的空气稳定性。Hayashi A 等人[95]提出将金属氧化物物理掺杂到 Li_3PS_4 电解质中可以显著降低硫化物电解质在空气中产生的 H_2S 含量。物理掺杂与前面提到的金属氧化物共掺杂不同，例如，H_2S 是通过以下反应去除的：$ZnO+H_2S \rightarrow ZnS+H_2O$。研究证明，将金属氧化物物理掺杂到 Li_3PS_4 玻璃态电解质中可以显著降低电解质在空气中产生的 H_2S 含量，提高电解质的空气稳定性。

Ohtomo T 等人[96]在 $75Li_2S \cdot 25P_2S_5$ 玻璃态电解质中分别添加了 MgO、Li_2O、CaO 和 CuO 等金属氧化物以及 FeS 作为添加剂来抑制 H_2S 气体的产生。CuO 和 FeS 抑制 H_2S 气体产生的效果最好。CuO 所得到的 $70（75Li_2S \cdot 25P_2S_5）\cdot 30CuO$ 与水反应前后谱图中的峰分别对应 CuO 和 Cu_3PS_4，而不是 CuO 和 CuS，说明 CuO 作为添加剂抑制 H_2S 的原理与其他金属氧化物不一样，而是由于得到的 Cu_3PS_4 晶体在水中稳定，并且铜离子对于 $75Li_2S \cdot 25P_2S_5$ 中的 PS_4^{3-} 具有稳定的作用。

4）软酸原子取代。软硬酸碱理论（HSAB）可用于设计空气稳定的硫化物，其中硬酸倾向于与硬碱形成更强的键，而软酸倾向于与软碱形成更强的键。因此，含有比磷更软的酸元素（如 Sn、As、Nb）的硫化物电解质在空气中的化学稳定性应该比硫代磷酸盐更好。它们倾向于与软碱（硫）而不是硬碱（氧）形成更强的键，包括 Li_4SnS_4，As 取代的 Li_4SnS_4、Li_2SnS_3、Li_4SnS_4-LiI 和 Li_3SbS_4。

Kimura 等人[97]用比 P 更软的酸 Sb 作为电解质的中心原子，通过机械化学方法制备了 Li_3SbS_4 玻璃态和玻璃陶瓷态电解质，并且 Li_3SbS_4 玻璃暴露于潮湿空气中，其产生的 H_2S 气体量远远少于 Li_3PS_4 玻璃和 Li_4SnS_4 样品，并且测试后，Li_3SbS_4 玻璃和 Li_4SnS_4 研磨样品仍然保持固态，而 Li_3PS_4 玻璃变为液态，即利用软酸原子取代 P 的 Li_3SbS_4 在空气中具有非常高的空气稳定性。

总之，随着空气稳定性的提高，可能会牺牲电化学性能，因此在材料设计中需要考虑各种性能之间的平衡。

（3）提高电化学稳定性。低电化学稳定性是硫化物电解质面临的另一个挑战，这直接限制了它们在高能量密度全固态锂离子电池（具有高电压正极和锂金属负极）中的应用。传统上，固态电解质的电化学窗口是用循环伏安法（CV）测量的，其中金属锂 / 固态颗粒 / 惰性金属（如金、铂、不锈钢）电池在宽电压范围内（例如 $-0.5 \sim 5$ V 与 Li^+/Li）以恒定的扫描速率（例如 0.1 mV/s）进行扫描[23, 37, 76]。

然而，CV 往往高估了由材料的内在热力学决定的固态电解质的电化学稳定性极限，因为在快速扫描速率的 CV 测试中，它们不处于平衡状态，与金属电极接触不良，缓慢的整体分解反应仅限于界面上的一个薄区域。因此，与低电压下锂沉积 / 剥离的大电流相比，相对较小的分解电流通常被忽略 [98-99]。

最近，一些研究人员注意到了这个问题，并采用了新的方法来评估固态电解质的电化学稳定性，与实际电池配置的情况类似，例如用极化实验来补充 CV 方法，或者用添加碳的新测试电池。例如，在 0 ~ 2.0 V 和 1.0 ~ 3.5 V 的电压范围内对 Li/LGPS/LGPS-C/Pt 电池进行了扫描，添加大量的碳以增加接触面积并改善分解反应的动力学，表明 LGPS 的电化学窗口很窄（为 1.7 ~ 2.1 V）[98]。实验结果与计算结果非常吻合，这揭示了固态电解质的热力学内在电化学不稳定性，尤其是硫化物电解质 [100-103]。此外，在之前的实验中，固态电解质"更好"的电化学稳定性源于分解反应的缓慢动力学具有较高的过电位和具有抑制连续分解的分解产物的钝化层 [102-103]。

从热力学角度提高固态电解质材料的内在电化学稳定性至关重要，例如在 Li_2S-P_2S_5 硫化物体系中添加少量 P_2O_5 [23, 37] 或 Li_3PO_4 [98]，以及在 LGPS 中掺杂 Ba^{2+} 作为 Li 的替代元素 [104]。改善固态电解质与电极之间的界面是一种有效的解决方案，通过控制固态电解质的组成以产生有利的分解产物，形成具有低电子和高锂离子电导率的稳定且薄的界面，例如掺杂卤化锂来实现固态电解质和锂金属之间的稳定性。

人工涂层的应用对于界面保护是直接可行的，这也对电极和固态电解质之间的兼容性问题产生影响。Wu 等人 [105] 对 $Li_{10}SiP_2S_{12}$ 和 67000 多种涂层材料之间的界面稳定性进行了高通量分析，其中筛选出 2000 多种用于正极的材料和 1000 多种用于负极的材料来形成稳定的界面，并进行了分类。此外，通过控制合成参数，合成了具有特殊核壳微结构组成的 $Li_{9.54}Si_{1.74}P_{1.44}S_{11.7}Cl_{0.3}$ [106]，提供了 0.7 ~ 3.1 V 的稳定窗口和高达 5 V 的准稳定窗口。

提高硫化物电解质的电化学稳定性仍不足以满足硫化物电解质在全固态锂离子电池中的实际应用，有待从材料和界面两方面进一步改进。

（4）提高电解质材料与正负极兼容性。全固态锂离子电池的成功应用依赖于固态电解质和电极之间的兼容性，例如锂金属负极和高压过渡金属氧化物正极。

1）电解质与正极材料的界面问题。对于正极部分，层状（如 LCO [3] 和 NCM [107]）或尖晶石 Li_xMO_2（$LiMn_2O_4$ [108]）材料被认为是硫化物基全固态锂离子电池的可行正极材料。然而，由于固 - 固接触不完善，以及通过电化学反应形成界面层，具有空白 Li_xMO_2 正极的全固态锂离子电池表现出较低的理论容量和较高的界面电阻。尽管由于硫化物电解质的可变形性，通过机械压制，电极和固态电解质之间的界面接触比其他固态电解质要好得多 [109]，但随着循环过程中正极颗粒的收缩和膨胀，仍然很难保持紧密接触 [110]。因此，人们采用了各种策略，例如通过原位液相合成 [75] 或溶液工艺将硫化物电解质包覆在正极颗粒上，通过浆料工艺混合复合正极 [111]，以及将固态电解质溶液渗透到电极层中。新界面层的形成已被广泛研究，这归因于硫化物电解质的电化学不稳定性 [98]、电化学反应 [99]、空间电荷层 [112]、原子间扩散 [113]，以及正极和硫化物电解质之间的晶格失配[112]。为了解决这个问题，Li_xMO_2 的表面包覆是目前最常见和最有效的策略，例如 $LiNbO_3$、Li_2SiO_3、$LiTaO_3$、$Li_4Ti_5O_{12}$、Al_2O_3、$BaTiO_3$、Li_3PO_4 作为缓冲层。

2）电解质与金属锂负极的界面问题。对于带有金属锂的硫化物电解质，最紧迫的问题是锂枝晶的生长和硫化物电解质/锂界面的化学不稳定性。最近的报道表明，在 $Li_2S-P_2S_5$ 固态电解质中观察到了锂枝晶和随之而来的短路，包括 $70Li_2S-30P_2S_5$ 玻璃[114]、$75Li_2S-25P_2S_5$ 玻璃[115-116]、$80Li_2S-20P_2S_5$ 玻璃-陶瓷[117] 和多晶 $\beta-Li_3PS_4$[114]。据观察，在锂金属负极上沉积锂的过程中，锂在空隙中和沿着冷压硫化物电解质层的晶界生长[117]。

此外，通过时间分辨操作中子深度剖析（NDP）[118]，可以看到锂枝晶可以直接沉积在块状 LLZO 和 Li_3PS_4 固态电解质内，这表明高电子电导率可能是这些固态电解质中枝晶形成的根本原因。因此，通过识别固态电解质中高电子电导率的来源（如杂质、掺杂剂、晶界或电化学还原）来降低固态电解质的电子电导率可能对全固态锂电池的成功至关重要，而不是进一步增加固态电解质的离子电导率。

至于硫化物电解质和锂金属负极之间的兼容性，几乎所有报道的硫化物电解质由于在低电压（约 0 V）下的电化学不稳定性，对锂金属的热力学不稳定。例如，LGPS 在 1.71 V 时开始被还原，最终的分解产物是 $Li_{15}Ge_4$、Li_3P 和 Li_2S，这已被实验和计算所证明。其他硫化物材料（如 $Li_{3.25}Ge_{0.25}P_{0.75}S_4$、$Li_3PS_4$、$Li_4GeS_4$、$Li_6PS_5Cl$ 和 $Li_7P_2S_8I$）通过这些材料中 P 和 Ge 的还原，在 1.6～1.7 V 的类似电压下被还原。

因此，在固态电解质和锂之间构建有利的界面是一种有效的解决方案，包括适当的具有钝化作用的分解产物和人工涂层（例如在 $Li_{3.833}Sn_{0.833}As_{0.166}S_4$[119] 上涂覆 $3LiBH_4 \cdot LiI$）。此外，应用高容量的锂合金可能是避免锂金属负极的低电化学电位的另一种方法，如 Li-Al[120] 和 Li-In[121] 合金，其电化学电位相对于 Li^+/Li 分别为 0.5 V 和 0.6 V。

虽然硫化物电解质在离子电导率、物理性质等方面展现出了较大的优势，但这类材料也存在着众多问题，需要后续不断改进。我们不但需要推进材料研发，也需要从化学体系出发，对电解质材料以外的部分，如阴极材料及其包覆、阳极材料及其保护、电芯结构设计、极片制备工艺、电芯制备工艺等方面，进行全方位的优化与提升。只有将不同方向的成果有机地结合起来，才有可能克服现有的问题，最终实现质的突破，进而有效地提高电池性能。

3.2　硫化物固态锂离子电池

3.2.1　硫化物固态锂离子电池概述

无机硫化物电解质因其高的锂离子电导率（$10^{-4}～10^{-2}$ S/cm）而备受关注。硫化物电解质的离子电导率最高，已相当接近或者说超过传统液态电解质的水平。此外，机械性能好、晶界阻抗低也是硫化物的优势。

基于硫化物电解质的全固态锂电池被认为是最具潜力的固态锂离子电池体系。但就已经报道的硫化物基全固态锂电池的性能而言，其还不及目前商用液态锂离子电池。在硫化物固态锂离子电池中，正负极的配适问题是一个关键的挑战，主要包括有电极的界面问题、充放电过程中的体积膨胀、电解质中的离子在正负极间的快速交换问题。

界面问题：硫化物电解质与正负极之间的界面存在反应和相互作用，可能导致界面阻抗增加，影响电池的性能和循环寿命。表 3-8 显示了硫化物电解质常见的界面问题。

表 3-8　硫化物硫化物电解质常见的界面问题

界面类型	界面问题	问题原因	影响
正（阴）极 / 电解质界面	化学 / 电化学反应	元素相互扩散	界面层呈高阻态，造成低的倍率性能和循环性能
	空间电荷层	正极活性物质和电解质锂离子化学势相差较大，锂离子向正极侧迁移	形成"贫锂层"，导致锂离子迁移难度增大
	界面接触损失	电极"体积效应"造成间隙或应力累积	电极 / 电解质局部区域接触不良，锂离子迁移路径减少
负（阳）极 / 电解质界面	化学 / 电化学反应	锂强还原性，界面类型为热力学不稳定界面	界面反应物呈现高阻态，影响离子传输
	锂枝晶	锂金属在间隙和晶界处不均匀沉积	电池内短路、热失控

体积膨胀：在充放电过程中，正负极材料可能发生体积膨胀和收缩，导致电池内部应力集中，可能导致电极材料的破裂和损伤。

离子交换：电解质中的锂或钠离子必须能够在正负极之间迅速交换，否则会限制电池的充放电速率和效率。其中，固态锂离子电池在研究与应用上仍然存在一些严重问题，例如循环寿命短、性能下降快等，其原因很大程度上与不稳定界面的存在有关，例如空间电荷效应、过渡金属向固态电解质中的扩散、固态电解质的分解等。为了抑制副反应并稳定正极材料 / 固态电解质界面和负极材料 / 固态电解质界面，就需要进一步探明固态电解质的潜在失效机制，进而开发出高性能的固态锂离子电池。

1. 硫化物电解质 / 正极界面问题

正极材料与电解质之间的界面反应非常复杂，深入理解这些复杂的正极侧界面及其反应特点是实现高比能固态锂离子电池的必要条件。

大多数固态电解质具有较窄的电化学稳定性窗口，不能在正极和负极材料的全电压范围内工作。如果固态电解质与电子导电材料有足够的接触，则会在高电压下被氧化或在低电压下被还原，这些电子导电材料包括正极/负极材料、集流体和各种导电添加剂，因此，电解质的氧化或还原反应通常发生在与其接触的各种材料的界面处，从而形成复杂的固体电解质界面膜，增加电荷转移阻抗。在正极侧，充放电过程中会发生由电化学驱动的界面形成，不同电解质与不同的正极材料发生的反应行为不同，而且电池预处理条件的不同也会影响反应的发生，因此，各种电解质与正极材料的电化学反应更加复杂。

由于固态电解质与正极材料之间存在复杂多样的界面问题，目前固态锂离子电池的性能与液态锂离子电池相比还有一定的差距。在固态锂离子电池的诸多界面之中，固态电解质/正极界面主要存在以下三方面问题。

其一，电极材料循环过程中的体积效应所带来的界面接触变差和应力积累造成的电解质破碎问题。

其二，正极活性物质和固态电解质物理化学性质差别较大，在充放电前即发生各种界面反应，消耗了一部分锂离子，即正极活性物质与电解质发生化学反应。

其三，正极材料的工作电位高于固态电解质稳定窗口，导致正极/电解质界面发生电化学反应，使得电池库仑效率低，循环性能变差。

另外，硫化物电解质与电池正极以固 - 固方式接触，这导致其界面相容性较差，并且在界面处存在较大的阻抗，严重影响了界面处离子的传输。硫化物电解质与电池正极间还会存在元素扩散，导致界面处电化学反应加剧。针对硫化物固体电解质和各类正极材料间存在的各种问题，研究者提出了多种策略来改善界面稳定性，主要包括电解质改性、正极包覆、球磨、制备纳米复合电极等方法。

（1）电解质材料改性。因为固体电解质和正极材料直接接触，所以可以通过调整固体电解质的组成来改善稳定性，从而有效地抑制空间电荷层以及界面反应的发生。固体电解质除了应该具有高离子电导率、低电子电导率，还应该与正极材料具有相近的化学势与较小的失配度等特点。硫化物电解质虽然电导率高，但是稳定性差。提高硫化物固体电解质稳定性最常用的策略是采用氧部分替代硫，因为氧离子与氧化物正极的晶格失配度较低，此外氧化物的电化学稳定性较高，用氧部分代替硫可以抑制氧从氧化物正极进入硫化电解质，因此氧掺杂可以大大抑制硫化物基固态锂离子电池的界面反应。

日本的 Tatsumisago 研究组最早开展了相关研究，他们发现在所有二元硫化物电解质中，Li_3PS_4 具有最优的空气稳定性，这是因为 Li_3PS_4 的结构以 PS_4^{3-} 为主，并且与其他磷硫盐离子（如 $P_2S_7^{4-}$）相比，PS_4^{3-} 具有更高的稳定性。为了进一步提高硫化物电解质的空气稳定性，他们还研究了不同氧化物 M_xO_y（M_xO_y：Fe_2O_3、ZnO、Bi_2O_3）掺杂对 Li_3PS_4 空气稳定性的影响。结果表明不同氧化物加入后，都有效地抑制了硫化氢气体的生成，其中 $90Li_3PS_4 \cdot 10Bi_2O_3$ 生成的量最少。此外，掺杂 ZnO 的 Li_3PS_4 还具有较高的离子电导率，其中 $90Li_3PS_4 \cdot 10ZnO$ 的离子电导率大于 10^{-4} S/cm。

（2）正极包覆。为了实现硫化物全固态锂离子电池的应用，在正极侧引入缓冲层被认为是最有效的方法。电化学稳定的界面包覆层可以起到桥梁的作用，缓解界面处

电解质与正极之间的化学电势差，提高界面稳定性。$LiNbO_3$ 是最常使用的包覆材料。Takada K 等人[108]通过改变前驱液浓度，制备出不同厚度（$0 \sim 20\,nm$）的 $LiNbO_3$ 包覆 $LiMnO_4$ 正极，并装配成 $LiMnO_4|Li_{3.25}Ge_{0.25}P_{0.75}S_4|In\text{-}Li$ 电池。通过与作者前期在 $LiCoO_2$ 方面研究比较，表明 $LiNbO_3$ 包覆可以在正极—固态电解质之间形成缓冲层，从而抑制空间电荷层形成，减小界面阻抗。Liu G Z 等人[122]制备不同含量的 $LiNbO_3$、Li_3PO_4 和 $Li_4Ti_5O_{12}$ 氧化物包覆材料对 $LiNi_{0.5}Mn_{1.5}O_4(LNMO)$ 进行修饰的复合正极，形成了稳定的界面钝化层，有效抑制化学/电化学副反应。此外物理气相沉积（PVD）、化学气相沉积（CVD）、原子层沉积（ALD）[123]、液相法等能够在电极材料表面形成均匀致密的覆盖层，形成高效离子通道，从而提高电池循环性能。

（3）球磨法。球磨法是目前最常用的混合电解质和正极材料的方法。正极活性材料在锂离子脱/嵌时发生相变，界面反复形成与破碎会消耗大量可迁移离子；活性材料晶格体积发生变化，造成机械应力累积，引发活性物质与导电剂和集流体的剥离[124]。采用球磨法，使电极活性材料与电解质经过混合、粉化、非晶化以及固相反应生成均质复合电极，能够缓解上述问题。固相反应会形成中间缓冲层，有效抑制电荷层和界面反应。Shin 等[125]通过球磨正极材料 TiS_2 和 $Li_2S\text{-}P_2S_5$ 固体电解质制备纳米复合正极，较大程度减小了正极和电解质颗粒的尺寸，增加电极与电解质接触面积；球磨同时促进电极表面形成 Li-Ti-P-S 非晶相，在界面处形成离子和电子通道，提升电池循环性能。Suzuki K 等人[126]通过高温球磨工艺（温度443K）制备 Li-S 电池硫化物复合电极，获得良好循环性能。Nagao M 等人[127]将 S 在 155℃下进行高温球磨获得纳米微粒（小于 50 nm），从而增加接触面积。

球磨过程有效地降低了活性物质、导电剂以及固体电解质的颗粒尺寸，形成了紧密的三相结构，相应的全固态锂离子电池表现出了优异的循环性能。此外，球磨过程形成的无定形硫可有效提升电池的容量。

通过正极界面优化策略，针对性地对正极/电解质界面进行界面结构调控，对于实现高能量密度、高安全性的全固态锂离子电池的目标具有重要的研究价值和现实意义。

（4）制备纳米复合电极。全固态锂离子电池在循环过程中电极材料与电解质的接触损耗也是导致电池阻抗增大、电池循环性能下降的主要因素。尽管硫化物正极和硫化物固体电解质之间具有很高的相容性，但充放电过程中硫化物的显著体积变化和局部应力/应变仍然会导致局部接触失效。为了解决上述问题，提高过渡金属硫化物的离子/电子导电性并减少循环过程中的体积变化是实现高性能全固态锂电池的关键。通过纳米物化减小颗粒尺寸可以显著缩短扩散距离，缩短扩散时间，提高速率性能。此外，纳米材料可以增加接触面积，促进锂离子和电子在界面的传输，从而提高结构稳定性。

提高电化学性能的策略是制备碳基纳米复合材料，碳材料不仅可以作为基体材料防止纳米颗粒团聚，还能够作为缓冲材料来消除活性物质在循环过程中的体积膨胀。Zhang Q 等人[128]采用简单的水热硫化法成功制备了硫化镍锚定碳纳米管的 NiS-CNT 纳米复合材料。NiS 纳米颗粒均匀分布在 CNTs 表面，不仅保持了 NiS 较好的分散性与较小的颗粒尺寸，同时，CNTs 还能够增加复合电极的电导率，缓解活性物质在充放电过程中的体积变化和局部应力／应变，提高电极材料的稳定性。

2. 硫化物电解质／负极界面问题

固态锂离子电池中各种固态成分具有不同的化学／物理／力学性能，因此在固态锂离子电池中存在多种类型的界面，包括松散的物理接触、晶界、化学和电化学反应界面等，这些都可能增加界面离子传输阻力。固态电解质是固态锂离子电池的核心材料，需要具有高离子电导率（$>1 \times 10^{-3}$ S/cm）[129]、宽的电化学窗口（>5 V，相对于 Li/Li$^+$）、较低的电子电导和稳定的化学兼容性。硫化物电解质具有最高的室温离子电导率（$>2 \times 10^{-2}$ S/cm）[130]，例如 Li$_{10}$GeP$_2$S$_{12}$(LGPS)[3]、Li$_6$PS$_5$Cl(LPSCl)[131]、Li$_{9.54}$Si$_{1.74}$P$_{1.44}$S$_{11.7}$Cl$_{0.3}$ (LiSiPSCl)[132] 等，是目前最具产业化前景的固态电解质体系。金属锂因高的理论比容量（3860 mAh/g）和低的氧化还原电位（-3.040 V，相对于标准氢电极），被认为是下一代高比能锂电池负极材料的最佳选择。但是硫化物电解质／金属锂负极界面极为不稳定，易发生不可逆的化学和电化学反应，生成离子电子双导通界面层，不停地消耗锂金属和电解质，造成锂枝晶的生长，导致电池短路失效。因此，在硫化物全固态锂离子电池中需要进行金属锂负极界面修饰来保证电池的循环性能。

采用锂金属作为锂电池负极材料是电池发展的趋势。Wenzel S 等人[133]根据界面形成特性将锂金属负极界面分成三种类型（见图 3-10），用以描述界面的稳定性特征。通常，二元离子导体相对锂金属更为稳定，而对于三元或四元离子导体，稳定性取决于其二元分解物的形成能大小[134]。此外，还需要关注负极界面处的锂枝晶的形成。Porz L 等人[114]研究发现锂的渗透影响因素是"点缺陷"的尺寸和密度而非电解质剪切模量或表面粗糙度。此外，缺陷／裂纹、晶界和微／纳米尺度的孔洞通常会导致锂枝晶生长和裂纹扩展更快。

 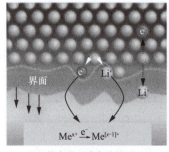 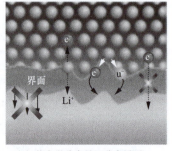

（a）热力学稳定的界面　　　　（b）热力学不稳定的界面　　　（c）热力学稳定的亚稳定界面

图 3-10　锂金属硫化物电解质界面类型[133]

设计合理的锂金属负极与硫化物固体电解质之间优异的界面层，是解决硫化物固体电解质与锂金属负极之间相容性问题最重要的解决方式。改善界面问题的主要方法有优化硫化物固体电解质组分、界面处形成人造电解质膜、抑制锂枝晶、采用锂合金替代锂金属负极等策略。

（1）优化硫化物固体电解质组分。与优化正极界面一样，调节电解质组分仍是改善界面的重要方法之一。在已有的硫化物固体电解质中，已有实验证明 Li_3PS_4 对锂离子的稳定性优于其他硫化电解质，然而界面反应仍然存在，导致以 Li_3PS_4 为电解质的固态锂离子电池在充放电过程中依然存在较大的界面阻抗。理论计算和大量实验表明，氧掺杂可以改善界面的稳定性。氧的掺杂可以阻止界面反应，避免形成类似于硫化锂的缓冲层。还有报道发现采用大半径离子取代 P^{5+}，除了可以提高离子导电性外，还可以提高化学稳定性。例如，在 Li_3PS_4 的结构中同时引入了 Sb^{5+} 和 O^{2+}，可获得 $Li_3P_{0.98}Sb_{0.02}S_{3.95}O_{0.05}$ 电解质材料，结构表征发现，Sb 和 O 已经部分占据了 P 位和 S 位。对于 $Li_{10}GeP_2S_{12}$ 而言，氧掺杂对提高其稳定性也有很大的作用。然而，尽管已有的报道证明了优化电解质组分对改善锂金属和硫化物固体电解质界面有着良好的作用，但在长时间的循环过程中，负极界面处仍然存在副反应和锂枝晶形成，导致循环寿命和倍率性能较差，也证明了仅单独采用该方法并不能完全解决问题。

（2）界面处形成人造电解质膜。在优化电解质的基础上，制备人工固体电解质膜也可以有效地抑制负极界面反应和枝晶生长。人工固体电解质膜可以避免高活性金属锂与固体电解质直接接触，从而避免在界面发生不良的副反应。Gao Y 等人[135]采用多种含有有机锂盐 $[LiO-(CH_2O)_n-Li]$ 或无机锂盐（LiF、$-NSO_2-Li$、Li_2O）的液态电解液作为前驱体，通过电化学沉积的方法在锂金属表面原位沉积形成纳米复合电解质（见图3-11）。这种复合电解质可以有效地避免锂负极和 $Li_{10}GeP_2S_{12}$ 电解质直接接触，有效地抑制了 $Li_{10}GeP_2S_{12}$ 被锂还原。

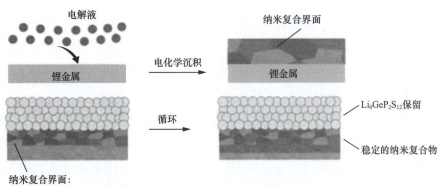

图3-11 锂金属表面原位沉积形成纳米复合电解质 [135]

Wang C H 等人[136]报道了一种固体塑料晶体电解质（PCE）作为界面层，如图 3-12 所示。金属锂与硫化电解质直接接触时，易使硫化电解质还原形成高电阻界面层，并会诱导枝晶的生长。在金属锂和硫化物电解质的界面处涂上一层塑料晶体电解质作为中间层，大大抑制了硫化电解质与金属锂的界面反应，有效避免了电解质被锂还原以及抑制锂枝晶。

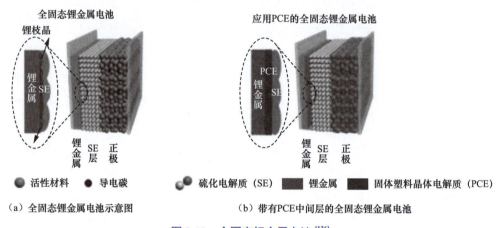

（a）全固态锂金属电池示意图　　　　　　　（b）带有PCE中间层的全固态锂金属电池

图 3-12　全固态锂金属电池[136]

（3）抑制锂枝晶。根据液体有机电解液/聚合物电解质电池中锂枝晶的生长机理，具有高剪切模量的固体电解质可以在物理上抑制锂枝晶的生长，使锂在电池循环过程中实现均匀的锂沉积/剥离。但近年来众多研究表明，固体电解质中的晶界和内部缺陷会诱导枝晶生长，并最终导致电池短路。

锂枝晶的形成会增加全固态锂离子电池的内短路风险，需要采用一定的措施进行抑制。Porz L 等人[114]通过扫描电子显微镜结合光学显微镜研究了锂金属在多种电解质内部的生长机制。结果表明，锂枝晶的形成取决于固体电解质表面的粗糙度，特别是缺陷的大小和密度。因此，在制备电解质或者组装电池的过程中，降低电解质表面粗糙度，可以改善电解质和锂金属的接触，从而有效抑制锂金属在锂/电解质界面的不均匀沉积。此外，当施加的电流密度超过临界电流密度时，锂离子会优先在表面缺陷处沉积，并且锂枝晶生长过程中产生的尖端应力会加速裂纹的扩展，进而扩展到电解质内部。因此，可以通过控制界面缺陷的方法减少锂枝晶形核位点以抑制锂枝晶。

（4）采用锂合金替代锂金属负极。用锂金属合金来代替锂金属直接作为负极也是一种可行的方案。有报道采用 Li-In 合金来代替锂金属作为硫化物固体电解质的负极时，对锂枝晶的抑制有很大的作用。同步 X 射线断层扫描观察到 Li-In 合金与硫化物固体电解质 $Li_{10}SnP_2S_{12}$ 在循环过程中仍然会出现空洞、缺失等界面缺陷，由此造成固态锂离子电池电化学性能衰变，并且 In 的分子量较大，大大降低了全固态锂离子电池相对于传统锂离子电池的能量密度优势。因此需要寻找其他分子量更小、化学稳定性更好的锂合金负极。

Li-Al 合金、Li-Si（Sn）合金等都被认为是可直接替代锂金属作为负极的选择。王成林等 [137] 通过在金属锂箔衬底上磁控溅射制备 74 nm 厚的 Al 薄层，并采用扫描电子显微镜（SEM）观察锂金属在循环充放过程中的行为。锂离子首先在 Li-Al 表面被还原，随即扩散至锂合金层中，避免了金属锂在合金表面的沉积，可以有效抑制锂枝晶和界面反应。

总体来说，目前针对正负极界面等问题改善硫化物固态锂离子电池性能主要有如下的途径和措施。

1）界面工程：通过优化电解质与正负极材料之间的界面结构和相互作用，可以改善界面的稳定性和离子传导性。一些方法包括引入界面添加剂、改变界面化学反应和提高界面结合强度，以减少界面阻抗。

2）电解质改进：选择更适合的硫化物电解质材料，改善其离子导电性和稳定性，可以有效提高正负极之间的离子传输效率。同时，优化电解质的晶体结构和组分，以提高其与正负极之间的匹配度。

3）正负极材料优化：通过调整正负极材料的结构和组分，以减少在充放电过程中的体积膨胀和收缩，从而降低电极的应力集中，提高电池的稳定性和循环寿命。

4）界面添加剂：引入界面添加剂或涂层，可以改善正负极材料与电解质之间的相容性和结合性，减少电池充放电过程中的灵面反应，从而提高电池性能。

5）界面纳米结构设计：通过设计纳米结构的界面层，可以增加电解质与正负极之间的接触面积，提高离子传导性和界面稳定性，从而改善电池性能。

6）高温烧结技术：采用高温烧结技术可以增加硫化物固态锂离子电池材料的致密性和晶界结合强度，改善电池的机械性能和化学稳定性。

7）充放电速率优化：通过优化电池充放电速率，可以减少正负极材料之间的离子扩散和界面反应，提高电池的循环寿命和性能。

需要指出的是，硫化物固态锂离子电池技术仍处于不断发展阶段，上述措施仅为一些可能的改进方法。随着科学技术的进步，研究人员将继续探索新的方法和技术，以进一步提高硫化物固态锂离子电池的性能和应用范围。目前国内外在进一步研究硫化物固态锂离子电池，例如：

Solid Power（美国）：Solid Power 是一家位于美国的硫化物固态锂离子电池公司，专注于开发高性能固态锂离子电池技术。该公司与宝马集团合作，在宝马的电动汽车中测试其固态锂离子电池技术。

QuantumScape（美国）：QuantumScape 是另一家美国的硫化物固态锂离子电池公司，它与大众集团合作，致力于推进固态锂离子电池技术的商业化进程，并应用于大众集团的电动汽车产品线。

Toyota（日本）：丰田汽车公司在硫化物固态锂离子电池领域也进行了积极的研究，并计划在未来推出采用固态锂离子电池的电动汽车。

中国科学院、清华大学等：在国内，中国科学院、清华大学等高校和科研机构也在硫化物固态锂离子电池的研究中投入了大量的精力，推动着国内的相关科研发展。

3.2.2 硫化物固态锂离子电池制备与改性

1. 硫化物固态锂离子电池的制备

硫化物全固态锂离子电池是由固态电解质颗粒取代了商业化锂电的电解液与隔离膜，由于离子电导率高且颗粒较软，硫化物电解质在制备成电池时不需要额外的烧结步骤，所以适合采用涂布法生产，其生产工艺与现有的液态锂离子电池生产工艺没有很大的差异。但为了改善电池的界面接触，通常需要在涂布后进行多次热压以及添加缓冲层来改善界面接触。对于硫化物基全固态锂离子电池的组装过程，通常使用传统的冷/热压方法生产。具体的生产工艺路线如图 3-13 所示。

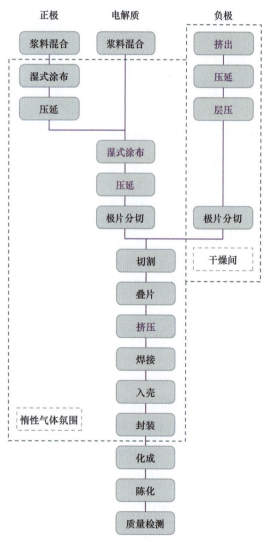

图 3-13 锂负极硫化物基全固态锂离子电池工艺路线 [138]

全固态锂离子电池有可能彻底解决锂离子电池的安全问题，并且还可能提高电池的能量密度。为了实现固态锂离子电池较高的质量能量密度，需要减薄固态电解质膜的厚度，以及降低正负极中固态电解质的含量。传统的冷/热压方法操作简单，但通常会得到厚度为数百微米至数千微米的粉饼 [2, 139-140]，通常用于实验室规模评估的粉饼型电池，没有能量密度要求。要想满足全固态锂离子电池实用化的迫切需求，就需要制备具有高离子电导率和低厚度（约几十微米）的薄型固态电解质膜。硫化物电解质膜的制备方法主要包含湿法和干法两种，各有其优劣势。

湿法制备硫化物电解质膜包含浆料制备，湿法涂覆和溶剂挥发三个步骤，其主要问题在于黏结剂 - 溶剂体系与硫化物电解质的匹配。由于硫化物较强的反应活性，其在极性溶剂中容易发生反应甚至溶解，Yamamoto 等人[141] 通过与溶剂接触后 Li_3PS_4 的离子电导率和颜色变化来评估硫化物电解质与各种溶剂之间的化学稳定性（见图 3-14），说明了供体数不超过 9 的溶剂的优越性（供体数越高表示亲核性越高），例如苯甲醚、甲苯、1，2- 二氯乙烷和正癸烷。因而需要选用非极性或低极性溶剂，从而限制了能在其中溶解的黏结剂的选择。除了选择与硫化物电解质兼容的溶剂和黏结剂外，还应考虑黏结剂含量对固态电解质浆料的离子电导率和黏度的影响。最后，将硫化物电解质浆料涂覆在基底上，伴随后续的干燥过程。可以将固态电解质浆料直接涂布于电极层上，也在某些应用场景下涂布于基底并剥离，以获得独立的硫化物电解质层。

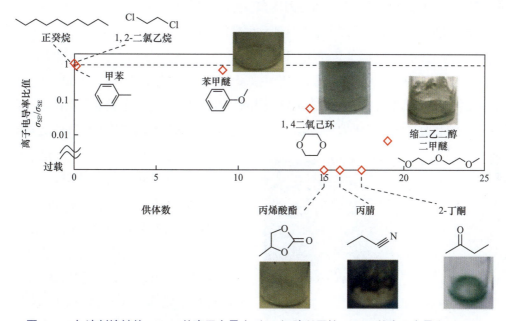

图 3-14　与溶剂接触的 Li_3PS_4 的离子电导率（σ_{SE}'）除以原始 Li_3PS_4 的离子电导率（σ_{SE}），
即 σ_{SE}'/σ_{SE}，与溶剂供体数的函数关系 [141]

干法电解质层的制备主要通过黏结剂的原纤化实现，以常用的聚四氟乙烯（PTFE）黏结剂为例，制备过程包括黏结剂和电解质的一同研磨，在该过程中形成团聚的团块；以及团块被挤压和辊压逐渐成膜。其中，黏结剂与被黏结的材料进行研磨等类似的机械处理过程至关重要，在该过程中，黏结剂在剪切力的作用下发生原纤化，由粒状向纤维化转变，从而实现黏结效果。该干法制备方法最初由 Maxwell 等公司用于极片制备，近期也被用于固态电解质膜的制备 [142-143]。

2. 硫化物固态锂离子电池的改性

硫化物电解质的离子电导率已经到了液态电解液的水平，并且由于硫化物电解质自身较柔软、可以与电极材料更好地接触、有很低的晶界和界面电阻，所以硫化物全锂离子电池是非常有潜力的研究方向。然而由于固体颗粒之间的界面接触问题、电极材料在充放电循环过程中产生的体积变化导致固 - 固界面接触恶化、硫化物固态电解质本身的电化学稳定性等问题都有待解决[49, 116, 144]，硫化物全固态锂离子电池距离实用化还有很长的路要走。

从实现大规模应用的角度来讲，硫化物全固态锂离子电池主要有以下 4 个问题。

其一，正极的活性材料颗粒与固态电解质颗粒之间形成电阻层（空间电荷层）[145-146]。

其二，固态电解质层本身太厚以及充放电循环时固态电解质材料的体积变化导致的接触问题[147-148]。

其三，正负极内活性物质的团聚。

其四，构成正负极或者电解质的固体颗粒之间会形成空隙。

下面分别阐述目前的研究中应对这四种问题的方法。

第一个问题：$LiCoO_2$、$LiFePO_4$、$LiMn_2O_4$ 等氧化物正极是全固态锂离子电池中比较常见的材料。电阻层（空间电荷层）的产生主要是由于正极材料中的钴（Co）、镍（Ni）、锰（Mn）等金属元素会扩散到固态电解质表面与硫（S）反应，生成金属硫化物，而锂离子无法顺利通过该层硫化物。在电池充放电过程中，氧化物的正极材料和硫化物电解质之间产生较大的电势差，由于这一电势差导致了锂离子由电解质移向正极材料，加剧了空间电荷层的形成。在正极与电解质之间增加只有导离子性能的氧化物层，可以有效抑制空间电荷层的产生，降低界面阻抗。例如当使用钴酸锂（$LiCoO_2$）为正极材料、玻璃陶瓷态的 $Li_7P_3S_{11}$ 为固态电解质时，在两种材料的界面处会生成以 Co_3S_4 为主的电阻层（见图 3-15）[149-150]。从图 3-15 中可以观察到在正极和电解质层之间有一层厚度约为 10 nm 的电阻层生成，并且伴随着 Co、S、P 元素分别往电解质和正极材料方向的扩散。

针对这一问题，目前主要的解决方法是对正极活性材料进行包覆，防止电阻层的产生。根据丰田的研究，包覆层的厚度在 10 nm 左右效果较好，同时包覆层还需

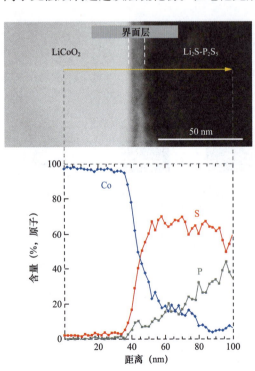

图 3-15 钴酸锂正极和硫化物固体电解质直接形成的电阻层和元素扩散[151]

要同时满足 3 个条件：允许锂离子通过，不允许过渡金属元素和 S、O 元素通过，不与正极活性材料和固态电解质发生副反应。要求不让氧通过的原因是因为正极活性材料中的 O 如果进入电解质，锂的离子导电性会降低，同时产生磷酸盐（Li_3PO_4）。目前最常见的包覆材料是铌酸锂（$LiNbO_3$）。实验结果表明铌酸锂包覆过的钴酸锂正极材料的循环性能得到了明显的提升。

第二个问题：固态电解质层较厚导致内阻较大。固态电解质层较厚主要是因为硫系固态电解质颗粒本身的力学性能和电芯工艺造成的。目前实验室的工艺主要是将正极混合材料、固体电解质层、负极混合材料分别在原料干粉状态下混合，然后依次投入圆筒容器内。粉末在容器内分层堆积，上下用不锈钢柱压紧并用液压机施加 100 ～ 300 MPa 的压力。为了防止短路、破碎等问题，这种工艺下制备的固态电解质层较厚，目前最高的水平就是将厚度保持为 300 ～ 500 μm，无法应对大规模生产[152-153]。

解决这一问题的一个重要方法就是涂布法。将固态电解质粉末和正负极材料分别分散到有机溶剂中，再加入特定的黏结剂[141, 147]，混合均匀后将正负极和固态电解质的混合材料分别涂布到铝箔和铜箔上烘干。至于固态电解质层，有一种方法是直接涂到已经烘干的复合电极材料上形成双层结构（见图3-16），还有一种方法是将电解质也涂到铝箔上，再与涂好的复合电极材料压到一起，接着将铝箔剥离。这与使用常规电解液的锂离子电池电芯制备最大的区别是电极材料中需要混合固态电解质。常规液态锂离子电池中，正负极片与隔离膜贴合后再注入电解液。而全固态锂离子电池由于电解质是固态的，所以无法后期添加。通过这样的工艺改善，能够将固态电解质的厚度从 300 ～ 500 μm 变薄至 20 ～ 50 μm。由于不与硫化物电解质反应的溶剂很少，所以选择合适和溶剂和黏结剂就成了这种方法的关键和难点[148, 154-155]。

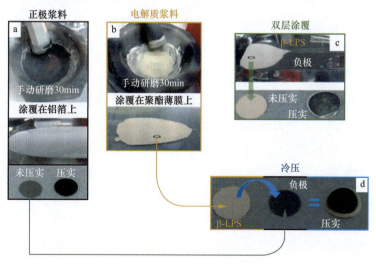

图 3-16　双层涂布法制备硫化物全固态锂离子电池[154]

第三个问题：由正负极内的活性物质团聚所造成，因为团聚导致活性物质的表面积减小，而活性材料通过表面接触电解质颗粒或导电剂来交换锂离子和电子，如果电解质和活性材料之间的接触面积减小，锂离子和电子的导电性就会降低，造成电池内阻增加。目前工艺上解决这一问题方法是使用旋流装置来搅拌分散团聚的颗粒，也可以使用超声波匀质装置对固态电解质颗粒进行均一分散。

第四个问题：由于固态锂离子电池中的活性物质和电解质都是具有一定体积的固体颗粒，所以当它们堆积在一起的时候就会产生很多空隙，空隙所造成的问题依然是锂离子和电子传输不畅造成的内阻增加。目前该问题的解决方法则是通过电极的致密化以及对电极的加压来实现。图 3-17 所示为经过热压处理前后的玻璃态固态电解质 $80Li_2S$-$20P_2S_5$ 的表面状态对比，热压的工艺条件为 360 MPa 和 200℃ [156]。可以看到经过热压处理之后的固态电解质明显更加致密，空隙更加少。

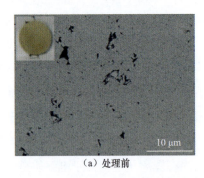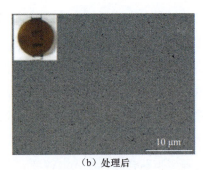

（a）处理前　　　　　　　　　　　　（b）处理后

图 3-17　经过热压处理前后的玻璃固态电角质 $80Li_2S$-$20P_2S_5$ 的表面状态对比

除了上述问题外，全固态锂离子电池的正负极材料也有可以改进的地方。为了进一步提高全固态锂离子电池的能量密度及电化学性能，从正极材料而言，主要是提高材料的容量以及提高材料的电压两个途径。高电压正极材料如 $LiNi_{0.5}Mn_{1.5}O_4$ 等都是全固态锂离子电池中具有应用潜力的材料。在高容量正极材料方面，三元材料以及一些其他体系的正极材料（如硫化物正极），都具有应用潜力。其中硫化物正极材料在化学性质上可能与硫化物电解质更加匹配。

硫化物固态锂离子电池是一种采用硫化物材料作为固态电解质的电池技术，相较于传统液态锂离子电池，它具有更高的能量密度、更快的充放电速率以及更好的安全性和循环寿命。因此，硫化物固态锂离子电池被认为是下一代电池技术的有力竞争者，尤其在电动汽车、能源存储等领域具有巨大的应用潜力。硫化物固态锂离子电池是一个备受关注的新兴领域，吸引了全球范围内的科研机构、大学和企业的研究投入，中国研究人员也致力于开发更具有应用潜力的硫化物固态锂离子电池。

中国科学院物理研究所吴凡研究员课题组提出了一种全新的策略：以空气稳定的氧化物为原料，在空气环境中用一步气相法合成硫化物电解质，完全摆脱了需要使用手套箱的限制，从而实现硫化物电解质全制备过程空气稳定，且大幅简化制备步骤，打破了产量的限制，助力空气稳定的硫化物电解质的大规模生产。进一步通过调整掺杂元素及浓度（50 种组合），一步法制备的空气稳定硫化物离子电导率可达 2.45×10^{-3} S/cm，是迄今为止所有报道的湿空气稳定和可恢复的锂离子硫化物电解质中最高的。与传统固相法步骤多耗时、成本高、产量低及应用受限等缺点相比，一步气相法合成工艺具有用时少、成本低、产量大及应用范围广等优点。

国机集团桂林电科院朱凌云团队完成锂硫磷、锂硫磷氯及锂硅磷硫氯等多种硫化物系固体电解质粉末批量制备工艺研究。其最新研发的硫化物固体电解质粉末薄膜样品的锂离子传导率接近日本产品的技术水平，已批量供给美国通用汽车公司技术中心、中国第一汽车集团有限公司（中国一汽）、中国科学院、清华大学、厦门大学、浙江大学及燕山大学等企业、科研单位及高校。团队作为第一起草单位组织起草了《动力电池薄膜离子电导率的测试方法》（NB/T 10827—2021）和《车用动力电池回收利用电芯绝缘性能及容量评定方法》（NB/T 10826—2021）两个国家能源行业标准的制定工作。

截止到 2022 年，有关固态锂离子电池的工艺或方法中文专利文献目前共有 1412 项（见图 3-18），其中，中国专利 1383 项，发明授权专利 375 项，发明公开专利 990 项；世界知识产权组织专利 29 项。从 2014 年开始，专利申请数量大幅增加，2020 年达到最多，2021 年略有下降。排名前 10 位的申请人分别为蜂巢能源科技有限公司、现代自动车株式会社、浙江锋锂新能源科技有限公司、哈尔滨工业大学、株式会社 LG 化学、起亚自动车株式会社、中国电子科技集团公司第十八研究所、中南大学、昆山宝创新能源科技有限公司和清陶（昆山）能源发展有限公司等（见图 3-19）。蜂巢能源近期公开了《一种电解质膜及其制备方法和电池》专利，介绍了一种电解质膜及其制备方法和电池。具体方法是将可纤维化聚合物粉末和固态电解质作为材料主体高速剪切混合，高速剪切的速度大于或等于1000 r/min，得到混合料；对所述混合料进行热压处理，至预设厚度，得到电解质膜。这种电解质膜干法制备方法是通过将可纤维化的聚合物高速剪切搅拌，在剪切作用力下聚合物拉丝纤维化，再经过热压成膜，纤维化的聚合物在热压成膜过程中随意搭接，形成具有丰富孔隙的聚合物网络，固态电解质分散黏结在该聚合物网络中，得到电解质膜。

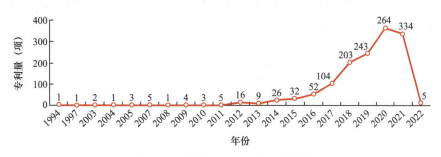

图 3-18　固态电池及工艺专利 [157]

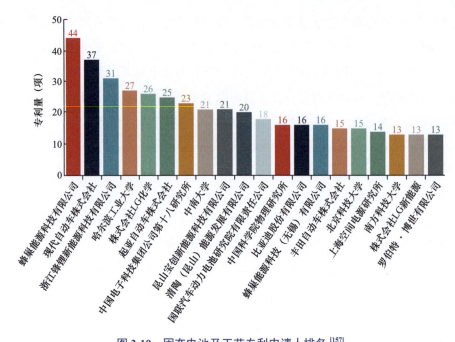

图3-19 固态电池及工艺专利申请人排名 [157]

当前硫化物固态锂离子电池的研究方向主要包括但不限于以下几个方面。

（1）材料研发：开发更优异的硫化物电解质材料，以提高电池的离子导电性、稳定性和安全性。

（2）界面工程：优化电解质与正负极之间的界面结构，减少界面反应和阻抗，提高电池性能。

（3）电极材料优化：改进正负极材料的结构和性能，降低充放电过程中的体积膨胀和应力集中，提高电池的循环寿命和稳定性。

（4）制造工艺：开发高效、稳定的制造工艺，实现硫化物固态锂离子电池的规模化生产。

（5）集成与应用：探索硫化物固态锂离子电池在电动汽车、能源存储和其他领域的应用，推动该技术从实验室走向商业化。

（6）安全性和环境影响：研究硫化物固态锂离子电池的安全性，防范潜在的电池故障和事故。同时，关注电池材料和制造过程对环境的影响，推动电池的可持续发展。

需要指出的是，硫化物固态锂离子电池技术仍处于发展阶段，尚存在一些技术挑战和商业化障碍。但随着科学技术的不断进步和研究投入的增加，硫化物固态锂离子电池有望逐步实现商业化，并为能源存储和电动汽车等领域带来重要的创新和突破。

本章小结

　　硫化物全固态锂离子电池可以明显地提高电池的能量密度和安全性，已成为固态锂离子电池最具发展潜力的技术方向之一。然而从技术层面看，固态锂离子电池内部复杂的固/固界面问题仍是硫化物全固态锂离子电池大规模应用最大的阻碍，在固/液界面体系，电化学反应副产物可能很容易从界面扩散，因此不会影响后续反应；而固/固界面中，反应产物很难扩散，其副反应产物会不断累积增加，阻碍后续电化学反应进行。因此要求界面的电化学副反应少（或库仑效率高），对界面组分及其变化的控制要求更高。

　　对于不同负极/硫化物电解质界面：可采用锂合金代替锂金属、硫化物电解质中掺杂氧化物、加入界面保护层缓解锂负极/电解质界面不稳定和枝晶的问题；采用银碳复合、调节负极中石墨与电解质之间的比例提高固态锂离子电池稳定性和性能。针对正极/硫化物电解质之间，存在正极活性材料/电解质颗粒、正极层/电解质层两种界面，一方面可采用表面涂覆 $LiNbO_3$ 等氧化物，另一方面可调节正极活性材料与电解质颗粒的粒径、优化制备工艺等手段进行改善。

　　经过一系列界面优化的硫化物全固态锂离子电池的能量密度和安全性均远超目前商用锂离子电池。虽然目前针对硫化物全固态锂离子电池界面的改进仍停留在实验室阶段，但随着研究的深入有理由相信，在不远的将来，可以通过有效的界面改善和调控最终实现硫化物全固态锂离子电池的规模化应用。

参考文献

[1]　Mercier R, Malugani J P, Fahys B, et al. Superionic conduction in $Li_2S-P_2S_4$-LiI-glasses [J]. Solid State Ionics, 1981, 5(OCT): 663-666.

[2]　Kanno R, Maruyama M. Lithium ionic conductor thio-LISICON-The $Li_2S-GeS_2-P_2S_5$ system [J]. Journal of the electrochemical society, 2001, 148(7): A742-A746.

[3]　Kamaya N, Homma K, Yamakawa Y, et al. A lithium superionic conductor [J]. Nature materials, 2011, 10(9): 682-686.

[4]　Seino Y, Ota T, Takada K, et al. A sulphide lithium super ion conductor is superior to liquid ion conductors for use in rechargeable batteries [J]. Energy & environmental science, 2014, 7(2): 627-631.

[5]　Kato Y, Hori S, Saito T, et al. High-power all-solid-state batteries using sulfide superionic conductors [J]. Nature energy, 2016, 1: 1-7.

[6]　Iwasaki R, Hori S, Kanno R, et al. Weak Anisotropic Lithium-Ion Conductivity in Single Crystals of $Li_{10}GeP_2S_{12}$ [J]. Chemistry of materials, 2019, 31(10): 3694-3699.

[7] Li Y, Song S, Kim H, et al. A lithium superionic conductor for millimeter-thick battery electrode [J]. Science, 2023, 381(6653): 50-53.

[8] Lian P J, Zhao B S, Zhang L Q, et al. Inorganic sulfide solid electrolytes for all-solid-state lithium secondary batteries [J]. Journal of materials chemistry A, 2019, 7(36): 20540-20557.

[9] Wang Y, Richards W D, Ong S P, et al. Design principles for solid-state lithium superionic conductors [J]. Nature materials, 2015, 14(10): 1026-1031.

[10] Chen S J, Xie D J, Liu G Z, et al. Sulfide solid electrolytes for all-solid-state lithium batteries: Structure, conductivity, stability and application [J]. Energy storage materials, 2018, 14: 58-74.

[11] 李利, 陈林, 孙岩. 硫化物固态电解质的研究进展及产业应用简 [J]. 电池工业, 2018, (1): 44-51.

[12] 贾政刚, 钱明芳, 叶凤柏, 等. 固态锂硫电池中硫化物固态电解质的研究现状 [J]. 当代化工研究, 2022, (1): 86-90.

[13] Lu S T, Kosaka F, Shiotani S, et al. Optimization of lithium ion conductivity of $Li_2S-P_2S_5$ glass ceramics by microstructural control of crystallization kinetics [J]. Solid state Ionics, 2021, 362: 1-7.

[14] Liu Z Q, Tang Y F, Wang Y M, et al. High performance $Li_2S-P_2S_5$ solid electrolyte induced by selenide [J]. Journal of power sources, 2014, 260: 264-267.

[15] Tokuda Y, Uchino T, Yoko T. Ab initio study of NMR spectra of Li_2S-SiS_2 glass system [J]. Journal of non-crystalline solids, 2003, 330(1-3): 61-65.

[16] Zhao R, Hu G T, Kmiec S, et al. New Amorphous Oxy-Sulfide Solid Electrolyte Material: Anion Exchange, Electrochemical Properties, and Lithium Dendrite Suppression via In Situ Interfacial Modification [J]. ACS Applied materials & interfaces journal, 2021, 13(23): 26841-26852.

[17] Itoh K, Sonobe M, Mori K, et al. Structural observation of Li_2S-GeS_2 superionic glasses [J]. Physica B: Condensed matter, 2006, 385: 520-522.

[18] Ito Y, Sakuda A, Ohtomo T, et al. Preparation of Li_2S-GeS_2 solid electrolyte thin films using pulsed laser deposition [J]. Solid state Ionics, 2013, 236: 1-4.

[19] Kaib T, Haddadpour S, Kapitein M, et al. New Lithium Chalcogenidotetrelates, LiChT: Synthesis and Characterization of the Li+-Conducting Tetralithium ortho-Sulfidostannate Li_4SnS_4 [J]. Chemistry of materials, 2012, 24(11): 2211-2219.

[20] Kanno R, Hata T, Kawamoto Y, et al. Synthesis of a new lithium ionic conductor, thio-LISICON-lithium germanium sulfide system [J]. Solid state Ionics, 2000, 130(1-2): 96-104.

[21] Ujiie S, Inagaki T, Hayashi A, et al. Conductivity of $70Li_2S$ center dot $30P_2S_5$ glasses and glass-ceramics added with lithium halides [J]. Solid state Ionics, 2014, 263: 56-61.

[22] Tao Y C, Chen S J, Liu D, et al. Lithium Superionic Conducting Oxysulfide Solid Electrolyte with Excellent Stability against Lithium Metal for All-Solid-State Cells [J]. Journal of The electrochemical society, 2016, 163(2): A95-A101.

[23] Ohtomo T, Mizuno F, Hayashi A, et al. Electrical and electrochemical properties of $Li_2S-P_2S_4-P_2O_5$ glass-

ceramic electrolytes [J]. Journal of power sources, 2005, 146(1-2): 715-718.

[24] Huang B X, Yao X Y, Huang Z, et al. Li_3PO_4-doped $Li_7P_3S_{11}$ glass-ceramic electrolytes with enhanced lithium ion conductivities and application in all-solid-state batteries [J]. Journal of power sources, 2015, 284: 206-211.

[25] Minami K, Hayashi A, Tatsumisago M. Crystallization Process for Superionic $Li_7P_3S_{11}$ Glass-Ceramic Electrolytes [J]. Journal of the American ceramic society, 2011, 94(6): 1779-1783.

[26] Chu I H, Nguyen H, Hy S, et al. Insights into the Performance Limits of the $Li_7P_3S_{11}$ Superionic Conductor: A Combined First-Principles and Experimental Study [J]. ACS Applied materials & interfaces journal, 2016, 8(12): 7843-7853.

[27] Ge Q, Zhou L, Lian Y M, et al. Metal-phosphide-doped $Li_7P_3S_{11}$ glass-ceramic electrolyte with high ionic conductivity for all-solid-state lithium-sulfur batteries [J]. Electrochemistry communications, 2018, 97: 100-104.

[28] Yamauchi A, Sakuda A, Hayashi A, et al. Preparation and ionic conductivities of (100-x) (0.75Li_2S center dot 0.25P_2S_5) center dot $x$$LiBH_4$ glass electrolytes [J]. Journal of power sources, 2013, 244: 706-710.

[29] Ooura Y, Machida N, Naito M, et al. Electrochemical properties of the amorphous solid electrolytes in the system Li_2S-Al_2S_3-P_2S_5 [J]. Solid state Ionics, 2012, 225: 350-353.

[30] Yamamoto H, Machida N, Shigematsu T. A mixed-former effect on lithium-ion conductivities of the Li_2S-GeS_2-P_2S_5 amorphous materials prepared by a high-energy ball-milling process [J]. Solid state Ionics, 2004, 175(1-4): 706-711.

[31] Kwon O, Hirayama M, Suzuki K, et al. Synthesis, structure, and conduction mechanism of the lithium superionic conductor $Li_{10+delta}Ge_{1+delta}P_{2-delta}S_{12}$ [J]. Journal of materials chemistry A, 2015, 3(1): 438-446.

[32] Zhou P F, Wang J B, Cheng F Y, et al. A solid lithium superionic conductor $Li_{11}AlP_2S_{12}$ with a thio-LISICON analogous structure [J]. Chemical communications, 2016, 52(36): 6091-6094.

[33] Kim K H, Martin S W. Structures and Properties of Oxygen-Substituted $Li_{10}SiP_2S_{12-x}O_x$ Solid-State Electrolytes [J]. Chemistry of material, 2019, 31(11): 3984-3991.

[34] Sun Y L, Suzuki K, Hori S, et al. Superionic Conductors: $Li_{10+delta}Sn_ySi_{1-y\,(1+delta)}P_{2-delta}\,S_{12}$ with a $Li_{10}GeP_2S_{12}$-type Structure in the Li_3PS_4-Li_4SnS_4-Li_4SiS_4 Quasi-ternary System [J]. Chemistry of materials journal, 2017, 29(14): 5858-5864.

[35] Sun Y L, Suzuki K, Hara K, et al. Oxygen substitution effects in $Li_{10}GeP_2S_{12}$ solid electrolyte [J]. Journal of power sources, 2016, 324: 798-803.

[36] Tatsumisago M. Glassy materials based on Li_2S for all-solid-state lithium secondary batteries [J]. Solid state Ionics, 2004, 175(1-4): 13-18.

[37] Hayashi A, Hama S, Morimoto H, et al. High lithium ion conductivity of glass-ceramics derived from mechanically milled glassy powders [J]. Chemistry letters, 2001, (9): 872-873.

[38] Hayashi A, Muramatsu H, Ohtomo T, et al. Improved chemical stability and cyclability in Li_2S-P_2S_4-P_2O_4-ZnO composite electrolytes for all-solid-state rechargeable lithium batteries [J]. Journal of alloys and

compounds, 2014, 591: 246-250.

[39] Zhang Z M, Kennedy J H. Synthesis and characterization of the B_2S_3-Li_2S, the P_2S_4.Li_2S and the B_2S_3-P_2S_4.Li_2S glass systems [J]. Solid state Ionics, 1990, 38(3-4): 216-224.

[40] Liu Z C, Fu W J, Payzant E A, et al. Anomalous High Ionic Conductivity of Nanoporous beta-Li_3PS_4 [J]. Journal of the American chemical society, 2013, 135(3): 974-978.

[41] Mizuno F, Hayashi A, Tadanaga K, et al. New, highly ion-conductive crystals precipitated from Li_2S-P_2S_5 glasses [J]. Advanced materials, 2005, 17(7): 918-921.

[42] Ujiie S, Hayashi A, Tatsumisago M. Structure, ionic conductivity and electrochemical stability of Li_2S-P_2S_4.LiI glass and glass-ceramic electrolytes [J]. Solid state Ionics, 2012, 211: 42-45.

[43] Ujiie S, Hayashi A, Tatsumisago M. Preparation and ionic conductivity of (100-x) ($0.8Li_{(2)}S$ center dot $0.2P_{(2)}S_{(5)}$)center dot $xLiI$ glass-ceramic electrolytes [J]. Journal of solid state electrochemistry, 2013, 17(3): 674-680.

[44] Ohtomo T, Hayashi A, Tatsumisago M, et al. Characteristics of the Li_2O-Li_2S-P_2S_5 glasses synthesized by the two-step mechanical milling [J]. Journal of non-crystalline solids, 2013, 364: 56-61.

[45] Tsujiwaki W, Higuchi E, Chiku M, et al. Electrochemical Analyzing Method of the Charge Transfer Reaction at the Interface between Sulfide-based Solid Electrolyte and Positive Electrode Material with Microelectrode; proceedings of the Symposium on General Student Poster Session held during the 224th Meeting of the Electrochemical-Society (ECS), San Francisco, CA, F Oct 26-Nov 01, 2013 [C]. Electrochemical Soc Inc: Pennington, 2014.

[46] Lau J, Deblock R H, Butts D M, et al. Sulfide Solid Electrolytes for Lithium Battery Applications [J]. Advanced energy materials, 2018, 8(27): 1-24.

[47] Hirai K, Tatsumisago M, Minami T. Thermal and electrical-properties of rapidly quenched glasses in the systems Li_2S-SiS_2-Li_xMO_y (Li_xMO_y=Li_4SiO_4, Li_2SO_4) [J]. Solid state Ionics, 1995, 78(3-4): 269-273.

[48] Wada H, Menetrier M, Levasseur A, et al. Preparation and ionic conductivity of new B_2S_3-Li_2S-LiI glasses [J]. Materials research bulletin, 1983, 18(2): 189-193.

[49] Dietrich C, Weber D A, Sedlmaier S J, et al. Lithium ion conductivity in Li_2S-P_2S_5 glasses- building units and local structure evolution during the crystallization of superionic conductors Li_3PS_4, $Li_7P_3S_{11}$ and $Li_4P_2S_7$ [J]. Journal of materials chemistry A, 2017, 5(34): 18111-18119.

[50] Hayashi A, Minami K, Ujiie S, et al. Preparation and ionic conductivity of $Li_7P_3S_{11}$(-)(z) glass-ceramic electrolytes [J]. Journal of non-crystalline solids, 2010, 356(44-49): 2670-2673.

[51] Mizuno F, Hayashi A, Tadanaga K, et al. High lithium ion conducting glass-ceramics in the system Li_2S-P_2S_5 [J]. Solid state Ionics, 2006, 177(25-32): 2721-2725.

[52] Hassoun J, Verrelli R, Reale P, et al. A structural, spectroscopic and electrochemical study of a lithium ion conducting $Li_{10}GeP_2S_{12}$ solid electrolyte [J]. Journal of power sources, 2013, 229: 116-122.

[53] Wu Z J, Xie Z K, Yoshida A, et al. Novel SeS_2 doped Li_2S-P_2S_5 solid electrolyte with high ionic conductivity for all-solid-state lithium sulfur batteries [J]. Chemical engineering, 2020, 380: 1-8.

[54] Lu P H, Ding F, Xu Z B, et al. Study on (100-*x*) (70Li$_{(2)}$S-30P$_{(2)}$S$_{(5)}$)-*x*Li$_{(2)}$ZrO$_{(3)}$ glass-ceramic electrolyte for all-solid-state lithium-ion batteries [J]. Journal of power sources, 2017, 356: 163-171.

[55] Minami K, Hayashi A, Ujiie S, et al. Electrical and electrochemical properties of glass-ceramic electrolytes in the systems Li$_2$S-P$_2$S$_4$.P$_2$S$_3$ and Li$_2$S-P$_2$S$_4$.P$_2$O$_5$ [J]. Solid state Ionics, 2011, 192(1): 122-125.

[56] Kim J, Eom M, Noh S, et al. Performance Optimization of All-Solid-State Lithium Ion Batteries Using a Li$_2$S-P$_2$S$_5$ Solid Electrolyte and LiCoO$_2$ Cathode [J]. Electronic materials letters, 2012, 8(2): 209-213.

[57] Trevey J, Jang J S, Jung Y S, et al. Glass-ceramic Li$_2$S-P$_2$S$_5$ electrolytes prepared by a single step ball billing process and their application for all-solid-state lithium-ion batteries [J]. Electrochemistry communications, 2009, 11(9): 1830-1833.

[58] Kraft M A, Culver S P, Calderon M, et al. Influence of Lattice Polarizability on the Ionic Conductivity in the Lithium Superionic Argyrodites Li$_6$PS$_5$X (X = Cl, Br, I) [J]. Journal of the American chemical society, 2017, 139(31): 10909-10918.

[59] Tachez M, Malugani J P, Mercier R, et al. Ionic conductivity of and phase transition in lithium thiophosphate Li$_3$PS$_4$[[J]. Solid state Ionics, 1984, 14(3): 181-185.

[60] Bron P, Johansson S, Zick K, et al. Li$_{10}$SnP$_2$S$_{12}$: An Affordable Lithium Superionic Conductor [J]. Journal of the American chemical society, 2013, 135(42): 15694-15697.

[61] Kuhn A, Gerbig O, Zhu C B, et al. A new ultrafast superionic Li-conductor: ion dynamics in Li$_{11}$Si$_2$PS$_{12}$ and comparison with other tetragonal LGPS-type electrolytes [J]. Physical chemistry chemical physics, 2014, 16(28): 14669-14674.

[62] Rangasamy E, Liu Z C, Gobet M, et al. An Iodide-Based Li$_7$P$_2$S$_8$I Superionic Conductor [J]. Journal of the American chemical society, 2015, 137(4): 1384-1387.

[63] Murayama M, Sonoyama N, Yamada A, et al. Material design of new lithium ionic conductor, thio-LISICON, in the Li$_2$S-P$_2$S$_5$ system [J]. Solid state Ionics, 2004, 170(3-4): 173-180.

[64] Rao R P, Adams S. Studies of lithium argyrodite solid electrolytes for all-solid-state batteries [J]. Physica status solidi (a) applications and materials science, 2011, 208(8): 1804-1807.

[65] Zhou L D, Park K H, Sun X Q, et al. Solvent-Engineered Design of Argyrodite Li$_6$PS$_5$X (X = Cl, Br, I) Solid Electrolytes with High Ionic Conductivity [J]. ACS Energy letters journal, 2019, 4(1): 264-270.

[66] Hori S, Kato M, Suzuki K, et al. Phase Diagramof the Li$_4$GeS$_4$-Li$_3$PS$_4$ Quasi-Binary System Containing the Superionic Conductor Li$_{10}$GeP$_2$S$_{12}$ [J]. Journal of the American ceramic society, 2015, 98(10): 3352-3360.

[67] Murayama M, Kanno R, Irie M, et al. Synthesis of new lithium ionic conductor thio-LISICON - Lithium silicon sulfides system [J]. Journal of solid state chemistry, 2002, 168(1): 140-148.

[68] Zhang Y B, Chen R J, Liu T, et al. High Capacity and Superior Cyclic Performances of All-Solid-State Lithium Batteries Enabled by a Glass-Ceramics Solo [J]. ACS Applied materials & interfaces journal, 2018, 10(12): 10029-10035.

[69] Deiseroth H J, Kong S T, Eckert H, et al. Li_6PS_5X: A class of crystalline Li-rich solids with an unusually high Li+ mobility [J]. Angewandte chemie international edition, 2008, 47(4): 754-758.

[70] Yu C, Ganapathy S, Hageman J, et al. Facile Synthesis toward the Optimal Structure-Conductivity Characteristics of the Argyrodite Li_6PS_5Cl Solid-State Electrolyte [J]. ACS Applied materials & interfaces journal, 2018, 10(39): 33295-33306.

[71] Zhang D L. Processing of advanced materials using high-energy mechanical milling [J]. Progress in materials science, 2004, 49(3-4): 536-560.

[72] Busche M R, Weber D A, Schneider Y, et al. In Situ Monitoring of Fast Li-Ion Conductor $Li_7P_3S_{11}$ Crystallization Inside a Hot-Press Setup [J]. Chemistry of materials, 2016, 28(17): 6152-6165.

[73] Boulineau S, Courty M, Tarascon J M, et al. Mechanochemical synthesis of Li-argyrodite Li_6PS_5X (X = Cl, Br, I) as sulfur-based solid electrolytes for all solid state batteries application [J]. Solid state Ionics, 2012, 221: 1-5.

[74] Yu C, Van Eijck L, Ganapathy S, et al. Synthesis, structure and electrochemical performance of the argyrodite Li_6PS_5Cl solid electrolyte for Li-ion solid state batteries [J]. Electrochimica acta, 2016, 215: 93-99.

[75] Yao X Y, Liu D, Wang C S, et al. High-Energy All-Solid-State Lithium Batteries with Ultralong Cycle Life [J]. Nano letters, 2016, 16(11): 7148-7154.

[76] Phuc N H H, Totani M, Morikawa K, et al. Preparation of Li_3PS_4 solid electrolyte using ethyl acetate as synthetic medium [J]. Solid state Ionics, 2016, 288: 240-243.

[77] Teragawa S, Aso K, Tadanaga K, et al. Liquid-phase synthesis of a Li_3PS_4 solid electrolyte using N-methylformamide for all-solid-state lithium batteries [J]. Journal of materials chemistry A, 2014, 2(14): 5094-5099.

[78] Ito S, Nakakita M, Aihara Y, et al. A synthesis of crystalline $Li_7P_3S_{11}$ solid electrolyte from 1, 2-dimethoxyethane solvent [J]. Journal of power sources, 2014, 271: 342-345.

[79] Wan H L, Mwizerwa J P, Han F D, et al. Grain-boundary-resistance-less Na_3SbS_4-xSe_x solid electrolytes for all-solid-state sodium batteries [J]. Nano Energy, 2019, 66: 1-7.

[80] Yubuchi S, Teragawa S, Aso K, et al. Preparation of high lithium-ion conducting Li_6PS_5Cl solid electrolyte from ethanol solution for all-solid-state lithium batteries [J]. Journal of power sources, 2015, 293: 941-945.

[81] Yubuchi S, Uematsu M, Hotehama C, et al. An argyrodite sulfide- based superionic conductor synthesized by a liquid- phase technique with tetrahydrofuran and ethanol [J]. Journal of materials chemistry A, 2019, 7(2): 558-566.

[82] Choi S, Ann J, Do J, et al. Application of Rod-Like Li_6PS_5Cl Directly Synthesized by a Liquid Phase Process to Sheet-Type Electrodes for All-Solid-State Lithium Batteries [J]. Journal of the electrochemical society, 2018, 166(3): A5193-A5200.

[83] Xu R C, Xia X H, Wang X L, et al. Tailored Li_2S-P_2S_5 glass-ceramic electrolyte by MoS_2 doping,

possessing high ionic conductivity for all-solid-state lithium-sulfur batteries [J]. Journal of materials chemistry A, 2017, 5(6): 2829-2834.

[84] Kraft M A, Ohno S, Zinkevich T, et al. Inducing High Ionic Conductivity in the Lithium Superionic Argyrodites $Li_{6+x}P_{(1-x)}Ge_{(x)}S_{(5)}I$ for All-Solid-State Batteries [J]. Journal of the American chemical society, 2018, 140(47): 16330-16339.

[85] Adeli P, Bazak J D, Park K H, et al. Boosting Solid-State Diffusivity and Conductivity in Lithium Superionic Argyrodites by Halide Substitution [J]. Angewandte chemie international edition, 2019, 58(26): 8681-8686.

[86] Xiong L L, Xu Y L, Tao T, et al. Synthesis and electrochemical characterization of multi-cations doped spinel $LiMn_2O_4$ used for lithium ion batteries [J]. Journal of power sources, 2012, 199: 214-219.

[87] Guo H L, Gao Q M. Boron and nitrogen co-doped porous carbon and its enhanced properties as supercapacitor [J]. Journal of power sources, 2009, 186(2): 551-556.

[88] Yang K, Dong J Y, Zhang L, et al. Dual Doping: An Effective Method to Enhance the Electrochemical Properties of $Li_{10}GeP_2S_{12}$-Based Solid Electrolytes [J]. Journal of the American ceramic society, 2015, 98(12): 3831-3835.

[89] Muramatsu H, Hayashi A, Ohtomo T, et al. Structural change of Li_2S-P_2S_5 sulfide solid electrolytes in the atmosphere [J]. Solid state Ionics, 2011, 182(1): 115-119.

[90] Kim J S, Jeon M, Kim S, et al. Structural and electronic descriptors for atmospheric instability of Li-thiophosphate using density functional theory [J]. Solid state Ionics, 2020, 346: 1-5.

[91] Ohtomo T, Hayashi A, Tatsumisago M, et al. All-solid-state batteries with Li_2O-Li_2S-P_2S_5 glass electrolytes synthesized by two-step mechanical milling [J]. Journal of solid state electrochemistry, 2013, 17(10): 2551-2557.

[92] Ohtomo T, Hayashi A, Tatsumisago M, et al. Glass Electrolytes with High Ion Conductivity and High Chemical Stability in the System LiI-Li_2O-Li_2S-P_2S_5 [J]. Electrochemistry, 2013, 81(6): 428-431.

[93] Liu G Z, Xie D J, Wang X L, et al. High air-stability and superior lithium ion conduction of $Li_{3+3x}P_{1-x}Zn_xS_{4-x}O_x$ by aliovalent substitution of ZnO for all-solid-state lithium batteries [J]. Energy storage materials, 2019, 17: 265-274.

[94] Chen T, Zhang L, Zhang Z X, et al. Argyrodite Solid Electrolyte with a Stable Interface and Superior Dendrite Suppression Capability Realized by ZnO Co-Doping [J]. ACS Applied materials & interfaces, 2019, 11(43): 40808-40816.

[95] Hayashi A, Muramatsu H, Ohtomo T, et al. Improvement of chemical stability of Li_3PS_4 glass electrolytes by adding M_xO_y (M = Fe, Zn, and Bi) nanoparticles [J]. Journal of materials chemistry A, 2013, 1(21): 6320-6326.

[96] Ohtomo T, Hayashi A, Tatsumisago M, et al. Suppression of H_2S gas generation from the $75Li_2S$ center dot $25P_2S_5$ glass electrolyte by additives [J]. Journal of materials science, 2013, 48(11): 4136-4142.

[97] Kimura T, Kato A, Hotehama C, et al. Preparation and characterization of lithium ion conductive Li_3SbS_4

glass and glass-ceramic electrolytes [J]. Solid state Ionics, 2019, 333: 44-49.

[98] Han F D, Zhu Y Z, He X F, et al. Electrochemical Stability of $Li_{10}GeP_2S_{12}$ and $Li_7La_3Zr_2O_{12}$ Solid Electrolytes [J]. Advanced energy materials, 2016, 6(8): 1-9.

[99] Tian Y S, Shi T, Richards W D, et al. Compatibility issues between electrodes and electrolytes in solid-state batteries [J]. Energy & environmental science, 2017, 10(5): 1150-1166.

[100] Mo Y F, Ong S P, Ceder G. First Principles Study of the $Li_{10}GeP_2S_{12}$ Lithium Super Ionic Conductor Material [J]. Chemistry of materials, 2012, 24(1): 14-17.

[101] Ong S P, Mo Y F, Richards W D, et al. Phase stability, electrochemical stability and ionic conductivity of the $Li_{10+/-1}MP_2X_{12}$ (M=Ge, Si, Sn, Al or P, and X=O, S or Se) family of superionic conductors [J]. Energy & environmental science, 2013, 6(1): 148-156.

[102] Zhu Y Z, He X F, Mo Y F. Origin of Outstanding Stability in the Lithium Solid Electrolyte Materials: Insights from Thermodynamic Analyses Based on First-Principles Calculations [J]. ACS Applied materials & interfaces, 2015, 7(42): 23684-23693.

[103] Zhu Y Z, He X F, Mo Y F. First principles study on electrochemical and chemical stability of solid electrolyte-electrode interfaces in all-solid-state Li-ion batteries [J]. Journal of materials chemistry A, 2016, 4(9): 3253-3266.

[104] Sun Y, Yan W N, An L, et al. A facile strategy to improve the electrochemical stability of a lithium ion conducting $Li_{10}GeP_2S_{12}$ solid electrolyte [J]. Solid state Ionics, 2017, 301: 59-63.

[105] Fitzhugh W, Wu F, Ye L H, et al. A High-Throughput Search for Functionally Stable Interfaces in Sulfide Solid-State Lithium Ion Conductors [J]. Advanced energy materials, 2019, 9(21): 1-12.

[106] Wu F, Fitzhugh W, Ye L H, et al. Advanced sulfide solid electrolyte by core-shell structural design [J]. Nature communications, 2018, 9: 1-11.

[107] Okada K, Machida N, Naito M, et al. Preparation and electrochemical properties of $LiAlO_2$-coated $Li(Ni_{1/3}Mn_{1/3}Co1/3)O_2$ for all-solid-state batteries [J]. Solid state Ionics, 2014, 255: 120-127.

[108] Takada K, Ohta N, Zhang L Q, et al. Interfacial phenomena in solid-state lithium battery with sulfide solid electrolyte [J]. Solid state Ionics, 2012, 225: 594-597.

[109] Sakuda A. Favorable composite electrodes for all-solid-state batteries [J]. Journal of the ceramic society of Japan, 2018, 126(9): 674-683.

[110] Koerver R, Aygun I, Leichtweiss T, et al. Capacity Fade in Solid-State Batteries: Interphase Formation and Chemomechanical Processes in Nickel-Rich Layered Oxide Cathodes and Lithium Thiophosphate Solid Electrolytes [J]. Chemistry of materials, 2017, 29(13): 5574-5582.

[111] Yamamoto M, Takahashi M, Terauchi Y, et al. Fabrication of composite positive electrode sheet with high active material content and effect of fabrication pressure for all-solid-state battery [J]. Journal of the ceramic society of Japan, 2017, 125(5): 391-395.

[112] Haruyama J, Sodeyama K, Han L Y, et al. Space-Charge Layer Effect at Interface between Oxide Cathode and Sulfide Electrolyte in All-Solid-State Lithium-Ion Battery [J]. Chemistry of materials,

2014, 26(14): 4248-4255.

[113] Haruyama J, Sodeyama K, Tateyama Y. Cation Mixing Properties toward Co Diffusion at the $LiCoO_2$ Cathode/Sulfide Electrolyte Interface in a Solid-State Battery [J]. ACS Applied materials & interfaces, 2017, 9(1): 285-292.

[114] Porz L, Swamy T, Sheldon B W, et al. Mechanism of Lithium Metal Penetration through Inorganic Solid Electrolytes [J]. Advanced energy materials, 2017, 7(20): 1-12.

[115] Garcia-Mendez R, Mizuno F, Zhang R G, et al. Effect of Processing Conditions of $75Li_{(2)}S-25P_2S_5$ Solid Electrolyte on its DC Electrochemical Behavior [J]. Electrochimica acta, 2017, 237: 144-151.

[116] Han F D, Yue J, Zhu X Y, et al. Suppressing Li Dendrite Formation in $Li_2S-P_2S_5$ Solid Electrolyte by LiI Incorporation [J]. Advanced energy materials, 2018, 8(18): 1-6.

[117] Nagao M, Hayashi A, Tatsumisago M, et al. In situ SEM study of a lithium deposition and dissolution mechanism in a bulk-type solid-state cell with a $Li_2S-P_2S_5$ solid electrolyte [J]. Physical chemistry chemical physics, 2013, 15(42): 18600-18606.

[118] Han F D, Westover A S, Yue J, et al. High electronic conductivity as the origin of lithium dendrite formation within solid electrolytes [J]. Nature energy, 2019, 4(3): 186-196.

[119] Sahu G, Lin Z, Li J C, et al. Air-stable, high-conduction solid electrolytes of arsenic-substituted Li_4SnS_4 [J]. Energy & environmental science, 2014, 7(3): 1053-1058.

[120] Sakuda A, Hayashi A, Tatsumisago M. Intefacial Observation between $LiCoO_2$ Electrode and $Li_2S-P_2S_5$ Solid Electrolytes of All-Solid-State Lithium Secondary Batteries Using Transmission Electron Microscopy [J]. Chemistry of materials, 2010, 22(3): 949-956.

[121] Kanno R, Murayama M, Inada T, et al. A self-assembled breathing interface for all-solid-state ceramic lithium batteries [J]. Electrochemical and solid-state letters, 2004, 7(12): A454-A458.

[122] Liu G Z, Lu Y, Wan H L, et al. Passivation of the Cathode-Electrolyte Interface for 5 V-Class All-Solid-State Batteries [J]. ACS Applied materials & interfaces, 2020, 12(25): 28083-28090.

[123] Woo J H, Trevey J E, Cavanagh A S, et al. Nanoscale Interface Modification of $LiCoO_2$ by Al_2O_3 Atomic Layer Deposition for Solid-State Li Batteries [J]. Journal of the electrochemical society, 2012, 159(7): A1120-A1124.

[124] Mukhopadhyay A, Sheldon B W. Deformation and stress in electrode materials for Li-ion batteries [J]. Progress in materials science, 2014, 63: 58-116.

[125] Shin B R, Nam Y J, Kim J W, et al. Interfacial Architecture for Extra Li+ Storage in All-Solid-State Lithium Batteries [J]. Scientific report, 2014, 4: 1-9.

[126] Suzuki K, Kato D, Hara K, et al. Composite Sulfur Electrode Prepared by High-Temperature Mechanical Milling for use in an All-Solid-State Lithium-Sulfur Battery with a $Li_{3.25}Ge_{0.25}P_{0.75}S_4$ Electrolyte [J]. Electrochimica acta, 2017, 258: 110-115.

[127] Nagao M, Hayashi A, Tatsumisago M. Electrochemical Performance of All-Solid-State Li/S Batteries with Sulfur-Based Composite Electrodes Prepared by Mechanical Milling at High Temperature [J].

Energy technology, 2013, 1(2-3): 185-192.

[128] Zhang Q, Peng G, Mwizerwa J P, et al. Nickel sulfide anchored carbon nanotubes for all-solid-state lithium batteries with enhanced rate capability and cycling stability [J]. Journal of materials chemistry A, 2018, 6(25): 12098-12105.

[129] Liu Q, Geng Z, Han C, et al. Challenges and perspectives of garnet solid electrolytes for all solid-state lithium batteries [J]. Journal of power sources, 2018, 389(JUN.15): 120-134.

[130] Zhang Q, Cao D, Ma Y, et al. Sulfide-based solid state electrolytes: synthesis, stability, and potential for all solid state batteries [J]. Advanced materials, 2019, 1-42.

[131] Haruyama J, Sodeyama K, Tateyama Y J A C S. Cation mixing properties toward co diffusion at the $LiCoO_2$cathode/sulfide electrolyte interface in a solid-state battery [J]. ACS Applied materials & interfaces, 2016, 9(1): 286-292.

[132] Zhou L, Assoud A, Zhang Q, et al. New family of argyrodite thioantimonate lithium superionic conductors [J]. Journal of the American chemical society, 2019, 141(48):19002-19013.

[133] Wenzel S, Leichtweiss T, Kruger D, et al. Interphase formation on lithium solid electrolytes-An in situ approach to study interfacial reactions by photoelectron spectroscopy [J]. Solid state Ionics, 2015, 278: 98-105.

[134] Banerjee A, Wang X F, Fang C C, et al. Interfaces and interphases in all-solid-state batteries with inorganic solid electrolytes [J]. Chemical reviews, 2020, 120(14): 6878-6933.

[135] Gao Y, Wang D W, Li Y G C, et al. Salt-based organic-inorganic nanocomposites: towards a stable lithium metal/$Li_{10}GeP_2S_{12}$ solid electrolyte interface [J]. Angewandte chemie international edition, 2018, 57(41): 13608-13612.

[136] Wang C H, Adair K R, Liang J W, et al. Solid-state plastic crystal electrolytes: effective protection interlayers for sulfide-based all-solid-state lithium metal batteries [J]. Advanced functional materials, 2019, 29(26): 1-8.

[137] 王成林，思吉. 储能科学与技术. 合金薄膜层保护金属锂负极的机理 [J]. 2020，9（2）：368-372.

[138] Schnell J, Gunther T, Knoche T, et al. All-solid-state lithium-ion and lithium metal batteries-paving the way to large-scale production [J]. Journal of power sources, 2018, 382: 160-175.

[139] Hayashi A, Hama S, Minami T, et al. Formation of superionic crystals from mechanically milled Li_2S-P_2S_5 glasses [J]. Electrochemistry communications, 2003, 5(2): 111-114.

[140] Minami K, Mizuno F, Hayashi A, et al. Lithium ion conductivity of the Li_2S-P_2S_5 glass-based electrolytes prepared by the melt quenching method [J]. Solid state Ionics, 2007, 178(11-12): 836-841.

[141] Yamamoto M, Terauchi Y, Sakuda A, et al. Binder-free sheet-type all-solid-state batteries with enhanced rate capabilities and high energy densities [J]. Scientific Reports, 2018, 8(1): 1-10.

[142] Wang C H, Yu R Z, Duan H, et al. Solvent-free approach for interweaving freestanding and ultrathin inorganic solid electrolyte membranes [J]. ACS Energy letters, 2022, 7(1): 410-416.

[143] Zhang Z H, Wu L P, Zhou D, et al. Flexible sulfide electrolyte thin membrane with ultrahigh ionic

conductivity for all-solid-state lithium batteries [J]. Nano letters, 2021, 21(12): 5233-5239.

[144] Auvergniot J, Cassel A, Ledeuil J B, et al. Interface stability of argyrodite Li_6PS_5Cl toward $LiCoO_2$, $LiNi_{1/3}Co_{1/3}Mn_{1/3}O_2$, and $LiMn_2O_4$ in bulk all-solid-state batteries [J]. Chemistry of materials, 2017, 29(9): 3883-3890.

[145] Ju J W, Wang Y T, Chen B B, et al. Integrated interface strategy toward room temperature solid-state lithium batteries [J]. ACS Applied materials & interfaces, 2018, 10(16): 13588-13597.

[146] Kobayashi T, Imade Y, Shishihara D, et al. All solid-state battery with sulfur electrode and thio-LISICON electrolyte [J]. Journal of power sources, 2008, 182(2): 621-625.

[147] Lee K, Kim S, Park J, et al. Selection of binder and solvent for solution-processed all-solid-state battery [J]. Journal of the electrochemical society, 2017, 164(9): A2074-A2081.

[148] Sakuda A, Kuratani K, Yamamoto M, et al. All-solid-state battery electrode sheets prepared by a slurry coating process [J]. Journal of the electrochemical society, 2017, 164(12): A2474-A2478.

[149] Oh G, Hirayama M, Kwon O, et al. Bulk-type all solid-state batteries with 5 V Class $LiNi_{0.5}Mn_{1.5}O_4$ cathode and $Li_{10}GeP_2S_{12}$ solid electrolyte [J]. Chemistry of materials, 2016, 28(8): 2634-2640.

[150] Zhang Z H, Chen S J, Yang J, et al. Interface re-engineering of $Li_{10}GeP_2S_{12}$ electrolyte and lithium anode for all-solid-state lithium batteries with ultralong cycle life [J]. ACS Applied materials & interfaces, 2018, 10(3): 2555-2565.

[151] Ma J, Chen B B, Wang L L, et al. Progress and prospect on failure mechanisms of solid-state lithium batteries [J]. Journal of power sources, 2018, 392: 94-115.

[152] Li W J, Hirayama M, Suzuki K, et al. Fabrication and all solid-state battery performance of TiS_2/$Li_{10}GeP_2S_{12}$ composite electrodes [J]. Materials transactions, 2016, 57(4): 549-552.

[153] Shin B R, Nam Y J, Oh D Y, et al. Comparative study of TiS_2/Li-in all-solid-state lithium batteries using glass-ceramic Li_3PS_4 and $Li_{10}GeP_2S_{12}$ solid electrolytes [J]. Electrochimica acta, 2014, 146: 394-402.

[154] Ates T, Keller M, Kulisch J, et al. Development of an all-solid-state lithium battery by slurry-coating procedures using a sulfidic electrolyte [J]. Energy storage materials, 2019, 17: 204-210.

[155] Oh D Y, Kim D H, Jung S H, et al. Single-step wet-chemical fabrication of sheet-type electrodes from solid-electrolyte precursors for all-solid-state lithium-ion batteries [J]. Journal of materials chemistry A, 2017, 5(39): 20771-20779.

[156] Sakuda A, Hayashi A, Tatsumisago M. Sulfide solid electrolyte with favorable mechanical property for all-solid-state lithium battery [J]. Scientific reports, 2013, 3: 1-5.

[157] 赵宇龙，孙旭东. 固态锂离子电池关键制造工艺综述 [J]. 汽车工艺师，2022，（7）：25-32.

第4章

聚合物电解质及固态锂离子电池

聚合物固态锂离子电池产业化尚需时日，聚合物固态锂离子电池特别是聚合物半固态锂离子电池兼具聚合物全固态锂离子电池与液态锂离子电池的优势，可以作为一个过渡阶段，首先实现规模化生产。从发展方向上来看，聚合物固态锂离子电池的核心问题仍是聚合物电解质。尽管聚合物电解质在理论上具备许多优势，但其实际应用还面临一些挑战，例如电导率低和成本高等问题[1-2]。能够用作电解质的聚合物常常是可溶解锂盐的聚环氧乙烯（PEO），但是其在常温下的离子电导率较低，通常需要在大于 60℃ 的温度下才能使用。相比较聚合物全固态锂离子电池，聚合物半固态锂离子电池由于存在少量溶剂或电解液，室温下的离子电导率可以达到电池的使用要求。聚合物电解质预计在各种领域具有广泛的应用，包括锂离子电池、钠离子电池、锂金属电池、锂硫电池、锂空气电池、锌电池等[3]。基于主流聚合物电解质性能出发，可以通过添加锂盐来改善其离子电导率；通过使用高性能正负极比，如超高镍、富锂锰基正极以及锂金属负极等来提升能量密度；通过调节外部加压、电解质厚度平衡等工艺可以获得性能更优异的聚合物电解质。聚合物固态锂离子电池产品的良好性能是前提，而生产成本是其能否产业化的基础，如何兼顾性能和成本，尽早确定较为可行的技术路线，是学术界、产业界关心的重要问题。

4.1 聚 合 物 电 解 质

4.1.1 聚合物电解质概述

聚合物电解质材料可分为全固态聚合物电解质和凝胶电解质。其中凝胶电解质可分为凝胶聚合物电解质、离子凝胶电解质以及水凝胶电解质。一般，凝胶聚合物电解质通过引入有机溶剂降低了固态聚合物链的玻璃化转变温度，提升了链段运动的能力，有效改善了聚合物电解质离子电导率低的问题[4]；离子凝胶电解质除了具有高离子电导率，同时具备热稳定性和化学稳定性良好、电化学稳定性窗口宽等优点[5]；水凝胶电解质具有良好的可设计性和调整性，这使得改性水凝胶电解质可以适应多种多样的用途。与全固态聚合物电解质相比，凝胶电解质将液体电解质优异的润湿性能和离子迁移能力与全固态聚合物电解质的良好机械性能和高安全性相结合，具有更大的实际应用潜力。由聚合物基体与液相的组合体系，凝胶电解质的电化学性质通常由液相成分决定，而安全性、形态和机械性质则由聚合物基质决定[6]。目前，聚合物电解质在锂离子电池、锂硫电池[7]、锂空气电池[8]、锌空电池[9]等领域皆有应用。聚合物电解质关键技术发展经历了几个重要阶段。首先，早期研究集中在发展高离子电导率和电化学稳定性的聚合物电解质。这些聚合物电解质可以提供更高的电化学稳定性和较低的内阻，但却存在着聚合物电解质与电极之间的界面接触问题。然后，聚合物半固态电解质的研究开始关注在聚合物电解质与液态电解质之间找到平衡，以实现更好的离子传输和界面稳定性。最近的研究进展涉及了凝胶电解质和弹性模量调控等方面的创新。这些技术的发展有望实现电池系统的高能量密度、长寿命和安全性的提升。然而，一些挑战仍然存在，例如界面稳定性、循环性能和成本效益等方面的问题，需要进一步的研究和优化。将来，聚合物电解质技术有望在储能、电动汽车和移动电子设备等领域发挥重要作用[10]。

1. 聚合物电解质的工作原理

自 1973 年聚合物电解质出现以来，聚合物电解质中的离子传输机制就引起了广大研究者的关注。如同在传统液态电解液中一样，对锂盐的解离能力是实现离子输运的前提，典型的聚合物基固态电解质是由聚合物基体和金属盐构成大分子或者超分子结构。聚合物中的极性基团能够与锂盐的阴/阳离子起配位作用，是解离锂盐的关键[11]，基团数的多寡、是否稳定、分子链的柔性等均对聚合物基固态电解质的离子传输性质有重要影响，进而影响电池的性能。聚合物的介电常数是评估聚合物对锂盐解离能力的重要参数，介电常数越高，则解离锂盐的能力越强[12]。对于锂盐，只有晶格能较低的锂盐才能与给定的聚合物宿主形成配合物。这些盐通常具有带负电荷的大阴离子的特征，能够被吸电子配体很好地分散。电荷离域程度越高，锂盐在给定基质中的溶剂化效果越好。

固态聚合物电解质的导电机理一般认为是迁移离子同高分子链上的极性基团络合，在电场作用下，随着高弹区中分子链段的热运动，迁移离子与极性基团不断发生络合-解络合过程，离子随着聚合物链段的运动从 1 个配位点传输到下 1 个配位点，从而实现离子的迁移。然而，锂离子也有可能通过聚合物电解质中的特殊晶体结构进行传导，图 4-1 所示为 PEO_5LiAsF_6 的晶体结构示意图，成对的 PEO 链折叠在一起，形成圆柱形隧道，Li^+ 与醚氧键配合，沿着圆柱形隧道传输[13]。

在目前的聚合物电解质体系中，高分子聚合物在室温下都有明显的结晶性，这也是室温下固态聚合物电解质的电导率远远低于液态电解质的原因。聚合物中的晶体大部分都是球晶，球晶之间是无定型区域。对于二元聚合物电解质体系来讲，其相结构主要有两种：晶体区和无定型区。其中晶体区的形成由动力学主导，因此聚合物电解质的形成时间和制备条件对晶区的含量影响较大。由于聚合物形成的球晶的生长与时间相关，因

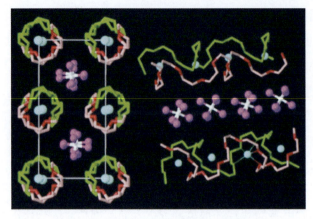

图 4-1 PEO$_5$LiAsF$_6$ 的晶体结构示意图[13]

此在温度低于聚合物熔点时的离子电导率与时间相关。此外，聚合物电解质的锂离子电导率与加热速率、冷却速率以及松弛时间都存在一定关系。例如松弛时间越长，聚合物的晶型越完善，结晶度越高，从而导致离子电导率随着松弛时间的延长而逐渐下降至最小值。同理，如果冷却速度越慢，结晶越完整，对应的离子的电导率也会逐渐降低至最小值。Berthier 等人[14] 研究结果表明，由 PEO 和碱金属盐形成的固态高聚物电解质，常温下存在非晶相（无定形区）、纯 PEO 相（晶相）和富盐相三个相区，其中离子传导发生在非晶相区。这就要求电池的工作温度高于聚合物电解质的玻璃化转变温度（Tg）。

聚合物凝胶电解质工作原理与液态电解质较为接近，主要取决于液相成分。关于聚合物 - 增塑剂 / 溶剂 - 盐相互作用对聚合物半固态电解质性能的作用机制（尤其是对于 Li$^+$ 传输机制）的争论仍然存在。由于增塑剂 / 溶剂的存在，凝胶电解质中的主体聚合物保持在大黏度下的半固体；因此，Li$^+$ 的微尺度类似于电解质内部的液体环境（如图 4-2 所示）。因此，尽管许多人指出聚合物相可能有助于聚合物半固态电解质内的离子传输，很多研究人员认为 Li$^+$ 运动传输完全独立于聚合物的链段弛豫[15]。

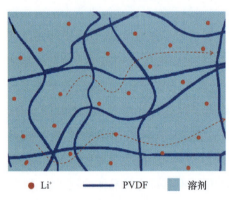

● Li$^+$ —— PVDF ▇ 溶剂

图 4-2 聚合物半固态电解质中 Li$^+$ 传输机制示意图

2. 聚合物电解质的研究状况

20 世纪 70 年代，Feuillade 等人报道了一种掺有碳酸丙烯酯（PC）的 PVDF-HFP 复合电解质，其中用含有碱金属盐的质子惰性溶液将聚合物增塑，碱金属盐的有机溶液仍被保留在聚合物的基质中，第一次将该体系命名凝胶聚合物电解质，其电导率可以达 10^{-3} S/cm。凝胶电解质减少了有机液体电解质因漏液而引发的电极腐蚀、氧化燃烧等生产安全问题[16]。近年来，研究人员将传统电解质、离子液体和阻燃液体等不同功能的液体成分引入凝胶电解质。2018 年，Shi J 等人[17]制备了 PEO/PMMA/P(VDF-HFP) 共混凝胶电解质，通过引入其他柔性聚合物来改善 PMMA 较差的机械性能，同时加入纳米级无机填料提高凝胶电解质的离子电导率，制备了循环稳定性良好、离子迁移系数最高达到 0.86 的凝胶电解质。Xiao Q 等人[18]将聚苯乙烯（PS）和 PEO 利用原位超交联技术制备得到 PS-PEO-PS 三嵌段共聚物复合材料，这种技术可以很好地巩固孔结构，提高复合膜的热稳定性，而且基于此复合材料制备的电解质组装成的半电池有极好的循环性能和倍率性能。

目前，离子电导率是聚合物电解质的一个重要指标。当前文献中已经有一些研究在提高离子电导率方面取得了良好的成果。Lee M J 等人[19]报道了以丁二腈（SN）和 LiTFSI 为塑料晶体、聚乙二醇二丙烯酸酯（PEGDA）和丙烯酸丁酯（BA）为弹性体、AIBN 为热引发剂的塑料晶体嵌入弹性体电解质（PCEE）的工作。PCEE 具有优异的力学性能、良好的离子电导率（20℃时为 1.10×10^{-3} S/cm），Li^+ 迁移数高达 0.75。拉伸和粘接试验证实了 PCEE 优异的力学性能。然而，未来的工作仍需要进一步研究来提升离子电导性能，以满足更高能量密度、更快充放电速率的要求。其次，电化学稳定性是固态电解质的另一个关键指标。一些研究已经展示了使用特定材料和界面设计来提高固态电解质的电化学稳定性。例如，通过选择具有高电化学稳定性的聚合物基质或添加稳定剂来增强聚合物电解质的稳定性，这些研究结果已经在文献中得到了广泛研究。对于长周期循环和极端工作条件下的电化学稳定性仍需更深入的研究。同时，安全性是聚合物电解质发展中亟待解决的一个重要问题。虽然聚合物电解质相对于液态电解质在安全性方面具备一定优势，但仍然需要进一步解决其与电极和外部环境的稳定性问题。例如，防止电解质的渗漏、提高其耐高温性能等方面的研究仍然具有挑战性，相关文献中也提到了这些问题的重要性。Zeng X X 等人[20]制作的凝胶电解质，在 Li 负极表面构建了保护界面，对称 Li 电池极化 100 h 后，通过 SEM 揭示了致密均匀的金属锂形态，提高了电池的安全性能。总结而言，聚合物电解质已经取得了一些技术突破，尤其是在离子电导率和电化学稳定性方面。安全性和成本等方面的问题仍然有待进一步解决，从而实现聚合物电解质技术的更广泛应用。

4.1.2　聚合物电解质的分类

聚合物电解质根据聚合物基体的不同可以分为聚氧化乙烯（PEO）、聚偏氟乙烯 - 六氟丙烯共聚物（PVDF-HFP）、聚丙烯腈（PAN）和聚甲基丙烯酸甲酯（PMMA）、聚偏氟乙烯（PVDF）、聚氯乙烯（PVC）、聚碳酸乙烯酯（PEC）基等几种。此外，根据其内部是否含有液态成分，分为全固态聚合物电解质和凝胶电解质。凝胶电解质可以根据其液相成分分为凝胶聚合物电解质、离子凝胶电解质以及水凝胶电解质，三者液相成分分别为有机溶剂、离子液体和水溶剂。凝胶聚合物电解质和离子凝胶电解质常用于锂电池，基于水凝胶电解质常用于锌电池、超级电容器等。由于凝胶电解质比全固态聚合物电解质多了液相成分，其他组成相同，且凝胶电解质的聚合物基体选用范围比全固态聚合物电解质更广，下文以凝胶电解质的分类讲述。

1. 凝胶聚合物电解质

凝胶聚合物电解质是由聚合物基体、增塑剂和锂盐组成的具有微孔结构的凝胶聚合物网络。其状态介于全固态电解质和液态电解质之间，有机溶剂的引入降低了固态聚合物链的玻璃化转变温度，提升了链段运动的能力，有效改善了聚合物电解质离子电导率低的问题。同时，凝胶电解质也可以改善传统液态电解液的力学性能差、安全性差等问题。目前针对凝胶聚合物的研究主要聚焦于 PEO、PVDF-HFP、PAN、PMMA 以及 PVC。增塑剂常用的有环丁砜（SL）、丁内酯（BL-γ）、聚乙二醇（PEG）、碳酸丙烯酯（PC）、碳酸乙烯酯（EC）等[21]。锂离子在凝胶电解质中主要有两种传输方式：对于无活性不能解离锂盐的聚合物，锂离子主要在溶胀吸附后的液相或凝胶相中进行传输（如 PVDF）；对于可以解离锂盐的聚合物，锂离子不仅可以在溶胀吸附或者凝胶相中进行，同时锂离子还可以与聚合物发生络合，随着链段运动（如 PEO），如图 4-3 所示。

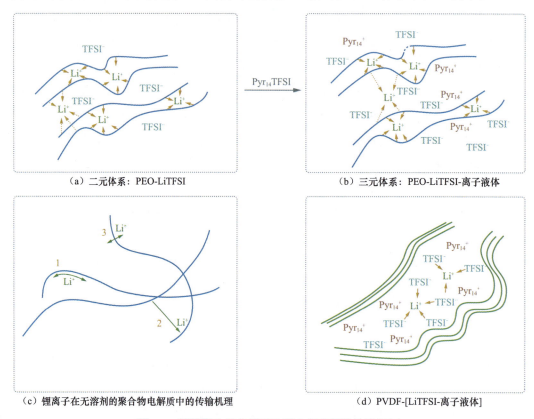

（a）二元体系：PEO-LiTFSI　　　　　（b）三元体系：PEO-LiTFSI-离子液体

（c）锂离子在无溶剂的聚合物电解质中的传输机理　　（d）PVDF-[LiTFSI-离子液体]

图 4-3　凝胶聚合物电解质体系中锂离子的传输机制

1—沿聚合物链扩散；2—锂离子从一个聚合物链转移到另一个聚合物链；3—随聚合物链一起摆动；
不适合高分子量和交联聚合物体系中

（1）PEO 基。PEO 基聚合物电解质的高结晶度抑制了锂离子的迁移，添加一定量的增塑剂使其形成凝胶聚合物电解质，可以大幅度提高 PEO 基聚合物电解质的电导率。Nagasubramanian G 等人[22]制备了以 $LiAsF_6$ 为锂盐、以 EC 为增塑剂的 PEO 基凝胶电解质，电导率为 2×10^{-3} S/cm。Li W 等人[23]将 PEO 与乙氧基化三羟甲基丙烷三丙烯酸酯进行紫外交联，得到了室温下离子电导率为 3.3×10^{-3} S/cm、离子迁移系数为 0.76 的凝胶电解质，该电解质表现出极好且稳定的循环性能，由其组装成的锂离子电池在 0.5 C 下经历 500 次充放电循环后的容量保持率仍然高达 81%。

（2）PMMA 基。1985 年首次提出了用 PMMA 作为凝胶电解质的基质材料，他们报道的聚合物电解质在 PMMA 质量分数为 15% 时，室温离子电导率可达 10^{-3} S/cm 数量级。PMMA 系凝胶电解质的最大特点是与金属锂电极的界面稳定性好，界面阻抗低。这是因为 PMMA 链段中的 -COO- 基团极性强，可以与碳酸酯类增塑剂中的官能团发生强烈反应，能够吸附大量的液体电解质。结果表明：以 DMF 为溶剂制得的聚合物膜具有较高的吸液率，制得的聚合物电解质有良好的离子传输性能和电池性能，比丙酮用作溶剂的效果更好。但 PMMA 较差的力学性能阻碍了其实际应用，大多采用共聚、共混和添加无机粒子等方法来提高机械强度。Yang 等人[24]用 PMMA 接枝 $PVDF-SiO_2$ 制得 $PMMA/PVDF-SiO_2$ 基凝胶电解质，力学性能得到很大提升，电解质膜表现出了 3 种材料的特征性质，电导率为 2.31×10^{-3} S/cm，拉伸强度达到了 8.2 MPa。

（3）PAN 基。PAN 系电解质的研究源于 1975 年，是研究最早的凝胶电解质。PAN 是由单体丙烯腈经自由基聚合反应得到，是一种耐热性能和阻燃性能良好的聚合物，并且具有 4.5 V 以上的宽电化学稳定窗口，因此得到了广泛的关注。Ma C 等人[25]对 PAN 体系凝胶聚合物电解质进行了系统的研究，他们选取不同的溶剂、不同的锂盐，按不同的配比制备了凝胶聚合物电解质，发现 PAN 体分子链中不含氧原子，所含 N 原子与锂离子作用不强，因此锂离子电导率可达 3×10^{-3} S/cm，其锂离子迁移数也比 PEO 体系大，可达到 0.5。但是 PAN 的强度不高，力学性能较差，不适用于单独作为聚合物电解质基体材料。同时，Perche 在研究中还发现，由于 PAN 链上含有强极性基团 -CN，与锂电极相容性差，GPE 膜与锂电极界面钝化现象严重，随着时间延长，其电池内阻会不断增大，这限制了 PAN 体系凝胶电解质在聚合物锂离子电池中的应用[26]。为了提高 PAN 基凝胶聚合物电解质的性能，人们尝试多种方法对其进行了改性，主要有共聚、共混和添加无机填料等。

（4）PVDF 基。PVDF 聚合物作为电解质的研究，始于 20 世纪 80 年代初期。PVDF 等氟系聚合物因为具有良好的机械强度、化学稳定性、电化学稳定性、热稳定性和对电解液良好的亲和性，一直以来受到人们的极大关注，但是由于结晶度高不利于锂离子迁移。为了降低其结晶度，通常采用 PVDF 和 HFP 共聚来得到 P（VDF-HFP）共聚物，共聚后凝胶电解质胶性高、电化学性能好、离子电导率高，适用于聚合物电解质基质材料。PVDF 或 PVDF-HFP 与电解液的相容性较差，因此常通过共聚或共混改性来提高凝胶聚合物电解质的电化学性能。Maier M 等人[27] 将 SN 作为添加剂引入 PVDF-HFP 聚合物中，合成一种塑晶型的凝胶电解质，通过优化聚合物和 SN 的含量，使得电解质的离子电导率和机械稳定性都有显著提高。

（5）PEC 基。在传统的液态锂离子电池中，通常选择小分子碳酸酯类化合物作为溶剂，因为碳酸酯基团能够赋予化合物较高的介电常数，从而促进锂盐的解离。近几年聚碳酸酯类电解质被开发出来，相比聚醚类聚合物电解质，聚碳酸酯电解质拥有更高的介电常数、更宽的电化学窗口、更高的锂离子迁移数和较好的界面相容性。PEC 是最简单的脂肪族聚碳酸酯，含两个亚甲基团，可以减少聚合物链和锂离子的配位数量，提高离子电导率[28]。Jannasch P 等人[29] 将碳酸乙烯酯（EC）通过阴离子开环聚合得到了大分子化合物 PEOEC，并改性得到大分子单体 M-PEOEC，用分子量 2650、EC 所占摩尔比为 28% 的 M-PEOEC 与不同量的 LTFSI 混合后，通过紫外光照射使 M-PEOEC 完成聚合后得到一系列不同 LTFSI 浓度的聚碳酸酯基聚合物电解质。

（6）其他。PEGDA 凝胶电解质是一种由聚乙二醇二丙烯酸酯构成的凝胶材料，具有良好的离子传导性能，具有高度的化学稳定性和机械强度。Fan H 等人[30] 采用原位聚合方法制备了一种由 PEGDA 单体和乙氧基化三羟甲基丙烷三丙烯酸酯（ETPTA）交联剂热聚合而成的凝胶聚合物电解质。该电解质具有 3D 交联网络结构，表现出优异的电化学性能，显著增强了热稳定性。

生物可降解聚合物是一种很有发展前景的基体材料，它有望取代传统聚合物制备凝胶聚合物电解质[31]。纤维素作为最丰富的天然可再生高分子材料之一，其来源广泛、无毒且价格低廉；另外，纤维素自身具有良好的热稳定性及化学稳定性，丰富的羟基使其对液体电解质具有较强的亲和力，这些优势使得纤维素成为近年来凝胶电解质基质的研究热点。各种纤维素已被用作凝胶聚合物电解质的基体材料，如普通纤维素、纳米晶纤维素（NCC）、羧甲基纤维素（CMC）、纤维素纳米原纤维（CNF）、羟乙基纤维素（HEC）等。Song A 等人[32] 将马铃薯淀粉与纤维素复合制备了最高离子电导率为 1.27×10^{-3} S/cm、离子迁移数为 0.79 的凝胶电解质。Zhang M 等人[33] 在一层极薄的 HEC 层两侧涂敷 PVDF 涂层，这种三明治的结构很好地改善了 HEC 的机械性能，且复合材料制备的凝胶电解质的吸液率及离子电导率均为纯 HEC 的两倍以上。

单离子导体凝胶电解质是一种特殊类型的电解质材料，其中离子传导是通过单一类型的离子完成的。单离子导体可通过锂源单体共聚、聚合物锂化改性、无机物接枝改性等方法合成。东华大学焦玉聪研究员制备了具有良好的柔性与力学强度的 PVDF-HFP-PAMPSLi 单离子导体凝胶电解质[34]。这种单离子导体凝胶电解质具有 2 ～ 4.5 V 的宽电化学稳定窗口以及高达 0.74 的锂离子迁移数。

2. 离子凝胶电解质

离子凝胶也称作是离子液体凝胶，它是以离子液体作为增塑剂所得到的新型凝胶物质。自 1995 年以来，人们一直致力于将离子液体引入聚合物和盐体系当中，形成此类的凝胶电解质，开创了先河。相比之下，离子液体具备蒸气压低、电化学电位宽（可达 6 V）、化学和热学稳定性好等特点，因此人们普遍认为，以离子凝胶电解质制备的超级电容器的比电容、能量和功率密度会增强，工作温度范围也会更宽。目前，由于离子液体和聚合物基体的种类众多，国内外对离子凝胶聚合物电解质的研究主要集中于将离子液体和聚合物基体进行各种组合。除此之外，国内外还出现了很多盐或纳米材料掺杂的离子凝胶聚合物电解质和聚合离子液体的相关报道。离子液体凝胶的种类较多，大致可被分为聚合物骨架和无机骨架，其中以聚合物骨架为主。

（1）聚合物骨架。目前，使用的聚合物基体多为 PMMA、PVA、PVDF、P（VDF-HFP）、PEO 等，研究较多的离子液体一般为咪唑和吡咯烷基离子液体，如 [EMIM][TFSI]、[EMIM][FAP]、[PYR14][DCA] 等。Tamilarasan 等人 [35] 利用 PMMA 作为聚合物基体，加入 [BMIM][TFSI] 制备了离子凝胶聚合物电解质，该电解质具有高度透明且拉伸性能优良的特点。此外，他们以石墨烯作为电极组装超级电容器，该超级电容器具有 25.1 Wh/kg 的能量密度和 5 kW/kg 的功率密度。Liew C W 等人 [36] 发现，随着 [BMIM][Cl] 的加入，PVA 基聚合物电解质的玻璃化转变温度（T_g）可以降低到接近环境温度的范围内。Yang N 等人 [37] 将无定形聚醋酸乙烯酯（PVAc）与 PVDF 混合作为聚合物基体，以 [BMIM][BF$_4$] 为离子源制备了离子凝胶聚合物电解质，此电解质具有良好的柔韧性和高的热稳定性（约 300℃），室温下的离子电导率为 2.42×10^{-3} S/cm。

（2）无机骨架。由氧化物的纳米颗粒等无机材料构成的离子液体凝胶属于无机骨架型离子凝胶。基于二氧化硅构筑的离子液体凝胶是较为常见的无机型离子液体凝胶。Shimano S 等人 [38] 利用不同尺寸的纳米级二氧化硅颗粒在 3 种不同的离子液体中构筑了复合凝胶材料，在较宽的温度范围内，该凝胶材料展现出较高的导电性和热稳定性。Zhao N 等人 [39] 利用埃洛石纳米管（HTNTs）在离子液体中自组装形成液晶相，进而得到了一种具有特殊结构的离子液体凝胶电解质材料，该类凝胶具有非常高的热稳定性，能够承受 400℃的高温。

3. 水凝胶电解质

为了满足多样化的柔性可穿戴电子设备的发展，需要与之相匹配的供能系统。柔性锌离子电池因其高安全性、易组装、高能量密度等特点受到广泛关注，而水凝胶电解质则是柔性锌离子电池中的重要组成部分，因此受到广泛研究。水凝胶是一类亲水性的网络结构凝胶，通常由交联的亲水聚合物链组成，网络结构吸水膨胀并可保留大量水（可高达其自身重量的 2000 倍），但并不会溶于水，因此水凝胶通常看起来柔软湿润。水凝胶电解质网络材料一般都含有丰富的亲水性官能团，如羟基、羧基和酰胺基。在水系锌离子电池应用中，最具代表性的聚合物凝胶电解质包括聚丙烯酰胺（PAM）基水凝胶、聚乙烯醇（PVA）基水凝胶、聚丙烯酸（PAA）基水凝胶及生物质基水凝胶等。

（1）PAM 基。PAM 基水凝胶无毒环保，具有较强的黏结性，近年来在柔性锌离子电池中应用的有关报道也越来越多。Wen T 等人[40]制备了一种羧乙基季铵化纤维素（CEQC）和聚丙烯酰胺（PAM）双网络水凝胶电解质（PCZ）。最大拉伸应力高达200kPa，是纯 PAM 水凝胶的两倍。

（2）PVA 基。以 PVA 为代表的传统水凝胶电解质，大多采用氢键为主的物理交联方式。Huang S 等人[41]通过冻融法制备了一种自愈合的 PVA 水凝胶电解质，PVA 链段中含有大量的醇羟基，以氢键交联实现自愈合功能。该水凝胶电解质展现出良好的离子传输性能，离子电导率为 12.6×10^{-3} S/cm，并且无需任何外部刺激即可自动自我修复。Zeng Y[42]采用COO-Fe 键交联的羧基改性 PVA 原理同样制备出了基于 PVA 的自愈合水凝胶电解质，大大缩短了自愈合时间，离子电导率在室温（25℃）下仍保持（ $10.9 \sim 25.8$ ） $\times 10^{-3}$ S/cm。

（3）PAA 基。PAA 是一种应用范围非常广的高分子聚合物，其中羧基基团的存在保证了聚合物的亲水性。已经成功地将聚丙烯酸及其钠盐等聚合物用于锌离子电池的研究中。据报道，聚丙烯酸钠（PANa）基电解质材料在水性可充电 NiCo//Zn 电池中表现出良好的电化学性能，并具有一定的自修复功能。PANa 水凝胶链通过与铁离子的交联作用实现整体网络结构的动态重建。当 PANa-Fe^{3+} 水凝胶体系在外力作用下被切断时，非共价交联剂可以在凝胶内部以构建离子键的方式使受损的表面恢复。装有这种水凝胶电解质的 NiCo//Zn 电池具备稳定的自愈能力，经过 4 次断裂 / 自愈循环后，电池仍然保留高于 87% 的容量。

（4）生物质基。生物质材料是从天然生物质中提取的丰富且具有成本效益的资源。它们具有优良的机械性能。天然高分子水凝胶，如卡拉胶、瓜尔胶、黄原胶、明胶、海藻酸钠等，已被广泛研究和应用于锌离子电池的凝胶电解质中。Wang 等人[43]开发了一种柔性锌离子电池，该电池由黄原胶和氯化锌制成的水凝胶电解质组成。该电池表现出出色的循环稳定性、机械耐久性、柔韧性和抗冻性。在 −20℃、电流密度为 1 A/g、平坦状态下循环 10 次、90° 弯曲 40 次、180° 弯曲 50 次的循环条件下，电池的最终容量保持了初始容量的 92%。这些结果证明了这种电池在寒冷环境中为可穿戴电子设备供电的巨大潜力。

4.1.3　聚合物电解质制备与改性

1. 聚合物电解质制备方法

聚合物电解质膜的制备方法有溶液浇铸法、静电纺丝法、相分离法、热挤出成膜法等。溶液浇铸法是先将高聚物溶解在乙腈等溶剂中，然后加入含有锂盐的液态电解液，待完全混合均匀后，将溶液浇铸在玻璃或聚四氟乙烯薄膜上，在室温下干燥直到完全挥发为止，制得了凝胶聚合物电解质膜。静电纺丝法即将聚合物的溶液通过静电作用，沉积在基体膜上，然后吸入液体电解质。相分离法是传统的制膜方法，主要分为 3 种。第一种热致相分离法，制备过程中，聚合物被溶解在高沸点、低挥发性的溶剂中生成均匀的溶液，并在高温条件下冷却使其发生相分离，最终形成多孔隔膜。第二种非溶剂致相分离法，该方法将聚合物溶解在溶剂中形成均匀混合溶液，涂覆在基材上。随后将基材浸入非溶剂的凝固浴中，通过萃取留下均匀的孔洞，最终形成多孔隔膜。第三种蒸发致相分离法，与非溶剂致相分离法不同的是，蒸发致相分离法将聚合物在室温下溶解在溶剂中形成均相溶液，然后将其转移到非溶剂中形成膜。热挤出成膜法是将聚合物、液体电解质直接熔融成液态，通过辊压挤出并冷却后成膜。这种方法简便易行、高效，适用于结晶性聚合物和无定形聚合物。这些制备方法各有优缺点，可以根据具体需求和应用场景选择适合的制备方法。

凝胶电解质的常用制备方法有后浸渍法、溶胶 - 凝胶法以及原位聚合法。后浸渍法是将制备的聚合物薄膜浸泡在电解液中溶胀，最终得到独立成膜的凝胶电解质。这种方法优点是可控性高、结构稳定性和导电性能好；缺点是制备时间较长、浸渍的均匀性难以控制 [44]。Xue L 等人 [45] 报道了使用 PVDF-HFP/ 聚多巴胺（PDA）包覆的玻璃纤维（GF）薄膜，将其浸润在 1mol/L NaClO$_4$ 的 PC 电解液中制备凝胶电解质，其电导率达到 5.4×10^{-3} S/cm，装配的 Na//Na$_2$MnFe(CN)$_6$ 电池能够稳定循环 100 圈。浙江大学的涂江平教授团队 [46] 通过利用聚丙烯（PP）原位生长法制备了 ZIF-8/PP 复合膜，然后将 ZIF-8/PP 复合膜浸渍在含锂的离子液体中，制备出 Li-[EMIM][TFSI]@ZIF-8/PP，有效抑制锂枝晶的生长，在 0.2 C 下循环 450 次后仍能保持 91.23% 的容量。

溶胶 - 凝胶法是制造离子凝胶常采用的一种方法。一般是指有机或无机化合物经过溶液、溶胶、凝胶过程后固化，最终得到固体材料的一种方法 [47]。这种方法制备聚合物半固态电解质的优点是可控性强、均匀性好以及适应性广；缺点是消耗时间长、操作条件要求高。由溶胶 - 凝胶法产生的固体基质具有高比表面积、高均一性以及三维连通道的多孔结构。采用溶胶 - 凝胶法可以在离子液体存在的情况下，获得固体基质。在水解和冷凝过程中，离子液体被包埋在基质的孔隙中获得的双相体系比基质后浸渍法得到的产物更为紧密。

以上制备凝胶电解质的方式包含了聚合物溶解、铸膜、干燥成膜、电解液中溶胀等一系列复杂步骤，在增大制备规模时需要为不同步骤进行相应的工艺设计 [48]。原位聚合法是指凝胶聚合物电解质的液态前驱体在电池中发生聚合反应，直接在电池中成膜的方法，省去了复杂的中间过程，在电池体系设计上更易实现性能、成本兼顾，有利于基于凝胶电解质的聚合物半固态锂离子电池规模生产。用这种方法形成的凝胶聚合电解质可以与电极材料形成紧密的物理接触，确保电解质扩散到电极的表面和内部颗粒之间。凝胶聚合物电解质的前驱体溶液一般由可聚合单体/低聚物和锂盐以及合适的引发剂组成。固体或液体增塑剂和添加剂也可以引入到前驱体中，以微调凝胶电解质物理化学和电化学性能，包括界面形成等。原位工艺通常是将前驱体浸渍到电极上，然后利用外部能源进行聚合，这样凝胶电解质也会渗透到电极内部的孔隙中。前驱体中存在的分子种类的大小最好与电极材料的孔隙大小/体积相当，以允许最大限度地浸渍和形成共形的电极-电解质界面。原位聚合过程中未完全反应的单体和前驱体的存在，可能导致漏电和能量损耗，因此需要注意单体和引发剂的配比。不完全的聚合或杂质的存在可能导致电解质性能不稳定。

聚合方式有热聚合和紫外（UV）光聚合。热聚合的引发剂可以通过热处理产生自由基，如过氧化苯甲酰（BPO）、月桂酰过氧化物（LPO）、偶氮二异丁腈（AIBN）。将带有热引发剂的前驱体溶液注入电极，并根据引发剂的类型在 $60 \sim 100℃$ 下进行热固化。热引发剂原位聚合的优点是即使在封装后，热能也可以充分转移到电池中，因此该技术可以很容易地应用于制造过程。然而，相对较长的时间会影响产线的制造时间，并且热处理会对电池芯内部组件产生不利影响。UV 聚合是在 UV 光照射下，光引发剂形成活跃的电子空穴对，引发周围分子形成自由基，从而形成聚合物基体。将前驱体注入电极上并注入电极中，然后暴露 UV 光以引发聚合。总的来说，利用 UV 光引发原位聚合的优点是聚合时间在几十秒内，并且不影响或破坏电池内部件。然而，光聚合只能在组装前进行，这可能会引起由于锂基电解质的敏感性而导致制造困难。此外，高密度电极活性材料不能保证 UV 的穿透深度，这限制了光引发工艺的普遍应用。中国科学院青岛生物能源与过程研究所崔光磊[49]报道了将三（乙二醇）二乙烯醚（TEGDVE）与具有阻燃性的聚磺酰胺（PSA）在 $NaClO_4/PC$ 中原位聚合制备凝胶电解质，其中 $LiBF_4$ 作为 TEGDVE 聚合的引发剂，其离子电导率达到 1.2×10^{-3} S/cm，装配的 $MoS_2//Na_3V_2$ $(PO_4)_3$ 软包电池具有优异的柔韧性。Rhee 等人[50]使用无纺布作为机械支撑物，且以含有 PEGDA、PVDF 和 PMMA 单元的混合聚合物为基质，通过紫外交联制备了复合电解，其对碳酸酯有机电解质的吸收率为 1000%。在 18℃时该复合电解质的离子电导率达到了最大值 4.5×10^{-3} S/cm，在石墨负极和 $LiCoO_2$ 正极组成的锂离子全电池中表现出稳定的电化学性能。

2. 聚合物电解质改性研究

全固态聚合物电解质应用于固态锂离子电池时，常因界面物理接触较差而导致电池性能衰减较快。通常通过在电解质/电极界面滴加微量电解液以提高界面润湿性。对于凝胶电解质，增塑剂的引入虽然使其具备了高于全固态聚合物电解质 $1 \sim 2$ 个数量级的离子电导率，但也使本身强度不够高的聚合物电解质进一步牺牲了自身的力学性能，同时降低了安全性。为了进一步提升电池的能量密度和安全性，人们采取各种方式对聚合物电解质进行优化和改性。限制阴离子移动和构建交联结构等方法对电解质离子转移能力和力学性能具有改善。通过引入耐热无机颗粒或其他阻燃添加剂可以优化电解质的热稳定性行为，以满足聚合物固态锂离子电池的高安全性标准。

（1）离子电导和机械性能的改善。固态电解质的离子电导和机械性能可以通过交联、共聚、共混以及添加无机粒子来提高[51]。当聚合物材料浸泡在液体电解液中时，很容易引起剥离。为了避免剥离带来的机械性能和离子传导性下降，交联聚合物网络的设计可以在离子导电性和机械强度之间提供平衡。交联聚合物电解质可以将液体成分锁定在聚合物基质中，为离子传输提供空间通道。过多吸收液体成分会降低交联聚合物电解质的机械性能，即通过提高液体含量来提高导电性与机械稳定性是互相排斥的。交联网络结构的聚合物电解质在室温下可展示出高离子导电性和机械刚性。聚合物基质如 PAN、PMMA 或 PVDF-HFP 和 PEO 等化学或物理交联结构的材料是固态电解质中最常用的。Wang Y 等人[52]制备了一种基于 PMMA 的新型聚合物电解质，命名为 PDMP-Li GPE。由于 PMMA 的无定形结构有利于离子传输，所得到的 PDMP-Li GPE 展示了约 8.88×10^{-3} S/cm 的优良离子导电性和出色的机械强度。

除了构建交联网络外，阻止阴离子传输也是改善离子迁移的另一种策略。电解液中的 PF_6^{-1} 和 $TFSI^{-1}$ 等阴离子不仅影响离子导电性和电化学窗口，甚至直接与锂离子竞争，扰乱了离子传输通道，导致离子导电性降低。一般来说，低锂离子传输数和离子导电性会在电解质之间产生浓度梯度，从而产生浓度极化或锂树枝的生长，最终降低固态锂离子电池的倍率特性和循环性能。因此，抑制阴离子运动是提高电解质离子导电性的有效方法。

聚合物基质中的锂离子的长距离传输决定了电解质的整体离子导电性。通过添加纳米级无机颗粒，可以增加聚合物链的运动，从而降低聚合物基体的结晶度和分子间力。此外，纳米陶瓷填料还可以通过与阳离子的路易斯酸碱相互作用调节锂离子传输。例如，Bhattacharyya 等人报道了添加氧化物陶瓷颗粒（如 SiO_2、TiO_2、Al_2O_3）来增强复合凝胶电解质的离子导电性。Tan S 等人[53]制备了 PMMA/PEO 共混凝胶电解质，通过引入纳米级 MnO_2 来降低聚合物的玻璃化转变温度，研究发现纳米级 MnO_2 可以有效地抑制凝胶电解质在室温下的结晶，该 GPE 在室温下的最高离子电导率达到 5.79×10^{-3} S/cm。

（2）热稳定性的改善。聚合物电解质的热稳定性受到两个主要因素的影响，即聚合物基体和液体成分。近年来研究人员研究了离子液体，特别是聚合物化离子液体，它们结合了离子液体的优点和常见聚合物的成膜能力，具有优异的阻燃特性。Hu Z 等人[54]

制备了不可燃、热稳定性好、可控性强且与液态电解质亲和力极强的聚离子液体，然后将其与柔性聚合物 P（VDF-HFP）进行共混改性，P（VDF-HFP）改善了聚离子液体极差的机械性能，由此制备的凝胶电解质在室温下的最高离子电导率可达到 1.78×10^{-3} S/cm，较高的安全性能使得该聚合物电解质具有很大的应用潜力。此外，可以采用具有良好热稳定性和在聚合物溶液中良好分散性的陶瓷颗粒来改善聚合物基体的稳定性。添加二氧化硅、氧化铜和二氧化钛等无机氧化物填料到聚合物电解质中，可以增强其导电性和热稳定性。将陶瓷填料引入聚合物基体中不仅可以增加有机框架的耐热能力，还可以降低聚合物的结晶度，加速循环过程中的离子输运。Shao D 等人[55]通过掺杂阻燃剂和热稳定的针状体（LLZTO）制备了热聚合复合凝胶聚合物电解质。商用聚丙烯隔膜在接近酒精灯时迅速变形，相反，CPE-50% LLZTO 在热处理过程中保持了初始形态而没有发生热收缩。通过聚合反应或向聚合物体系中添加阻燃剂构建具有高热稳定性的聚合物基质也是改善聚合物半固态电解质整体安全性的有利策略。

4.2　聚合物固态锂离子电池

聚合物固态锂离子电池分为聚合物全固态锂离子电池和聚合物半固态锂离子电池，其中聚合物半固态锂离子电池是目前产业化最为成功的固态锂离子电池，作为液态锂离子电池转化升级到聚合物全固态锂离子电池的过渡态，具有重要意义。

4.2.1　聚合物固态锂离子电池概述

固态电解质是固态锂离子电池的核心组成部分，可同时作为电池的隔膜以及电池的电解质。典型的聚合物电解质通常由聚合物基体和溶解于其中的金属盐两部分组成。与传统易燃的有机电解液相比，聚合物电解质可以显著提升电池的安全性，并可以利用其良好的力学柔性制备形状可控的柔性电池，除此之外其本身价格低廉，因此问世以来备受研究者们的青睐。

聚合物固态锂离子电池的研究最早可追溯于 20 世纪 70 年代。Wright 等人首先提出了与 PEO 混合的碱金属盐可以传导离子，随后 Armand 将这种材料用于固态电解质与固态锂离子电池的制作中。但是，PEO 基固体电解质的电化学窗口较窄，难以与高压正极相匹配，限制了其应用。目前，聚合物全固态锂离子电池应用较少。聚合物半固态锂离子电池近年来备受关注，聚合物半固态锂离子电池的组成相较于聚合物全固态锂离子电池多了电解液成分，质量分数为 5% ～ 10%。正负极材料为传统锂电池的正负极材料，电解质为凝胶电解质或者固态电解质添加少量电解液。聚合物固态锂离子电池相比现有的液态锂电池提升了能量密度，降低了漏液的风险，提高了安全性能。能量密度方面：目前主流三元液态锂离子电池在保证一定安全性下已接近能量密度上限，当前聚合物固态锂离子电池能量密度已达到 360 Wh/kg，后续将继续突破。安全性方面：聚合物固态锂离子电池电解液含量较少，大多数的固态电解质因其不易燃、零挥发，显著提升了电池的热稳定性。相比于聚合物全固态锂离子电池，聚合物半固态锂离子电池保留一定量电解液，循环性能及倍率性能更优；电极材料浸润在电解液中，可以改善界面接触，进而改善固态锂离子电池导电率低的问题。聚合物全固态锂离子电池规模化量产尚需 5 ~ 10 年，还有离子电导率低导致性能变差、界面接触不良、成本高昂等缺点待解决。因此，聚合物半固态锂离子电池作为液态锂电池到聚合物全固态锂离子电池的过渡阶段具有重要意义。

目前，关注较多的聚合物固态锂离子电池有聚合物固态锂电池、聚合物固态锂硫电池、聚合物固态锂空气电池、聚合物固态锌电池、聚合物固态钠电池等。其中，聚合物固态锂电池的研究最为广泛，已初步实现商业化，其余聚合物电解质商业化道路任重道远。以下将主要讲述聚合物电解质在锂电池、锂硫电池、锂空气电池和锌电池中的研究进展。

1. 聚合物固态锂电池

关于聚合物固态锂电池前文以及后文已有较多阐述，此处主要讲解一些新技术。3D 打印是一种制造层状和复杂结构的宝贵技术，已经能够制造具有精确结构的聚合物电解质，为将电解质直接打印到各种基材上和简化锂离子电池制造提供了机会[56]。Gambe 等人[57]研发了一种使用 3D 打印技术制备的紫外光固化凝胶聚合物电解质，在室温下直接将电解质打印到不同底物上，适用于处理热稳定的材料。电解质墨水是使用紫外光可固化单体、离子凝胶、离子液体和二氧化硅纳米颗粒制备的。通过将电解质墨水打印到 3D 打印的钴酸锂正极和钛酸锂负极上，获得了完全 3D 打印的锂离子电池。这种方法使得柔性锂电池的简单制造成为可能。电池的初始容量约为 100 mAh/g（在 0.1 C 下）。3D 打印的电解质具有良好的附着力，没有接触电阻。Jiao 等人[58]用静电纺丝技术结合原位聚合技术制备了以纳米纤维负载锂金属薄膜为负极（TiO_2-x@Li）、聚二噁烷为电解质以及 $LiFePO_4$ 为正极的聚合物半固态锂电池。如图 4-4 所示，聚合物固态锂离子电池表现出优异的长周期循环稳定性（>500 次循环）、高倍率性能（>1 C）和稳定的充放电容量以及较小的过电位。将原位聚合技术应用于商业制造中，可以生产 63 Ah 的 $LiFePO_4$- 石墨软包电池，该电池具有高初始库仑效率，0.25 ~ 2 C 的优异倍率性能以及 0.3 C 和 1 C 下的长周期循环性能。这些技术的进步有助于开发高能量密度，安全可靠、环保的锂电池，并在能源存储领域具有广阔的应用前景。

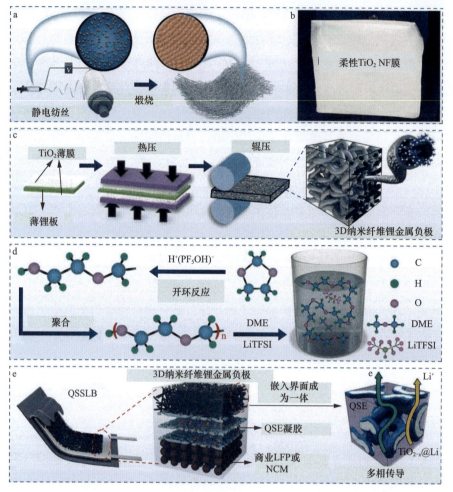

图 4-4 基于 TiO₂-x@Li 负极、聚二噁烷电解质以及 LiFePO₄ 正极的聚合物半固态锂电池 [58]

2. 聚合物固态锂硫电池

锂硫电池通过多电子转移的可逆氧化还原反应来储存能量，具有环境友好、能量密度高等优势，被认为是未来有前途的储能体系之一。但到目前为止，穿梭效应、体积膨胀、充放电产物导电性差等缺陷依旧阻碍着锂硫电池的进一步应用。为了解决上述问题并阐明电化学反应机理，诸多材料被应用于锂硫电池。其中，聚合物作为一类廉价、轻质且电化学性能稳定的材料，得到了广泛研究。聚合物可通过分子设计获得丰富结构，实现多功能化，使其不仅可以应用于正极，还可以应用于黏结剂和聚合物电解质中，从而在多角度优化电化学性能。

2000 年，Marmorstein 等人就将全固态聚合物电解质用于锂硫电池，研究了 PEO、聚氧化亚甲基乙烯（PEMO）和聚乙二醇二甲醚（PEGDME）基全固态聚合物电解质，90 ～ 100℃时，PEO 基聚合物电解质离子电导率达到 4.9×10^{-4} S/cm，锂硫电池放电比容量接近理论比容量 1672 mAh/g；PEMO 基电解质在 23℃、60℃时离子电导率分别达

到 4.2×10^{-5} S/cm、1.2×10^{-4} S/cm，温度从 23℃升高到 60℃，离子电导率提高 3 倍，锂硫电池性能大幅提高，当温度再次降到 23℃时，极化大幅增加，锂硫电池性能变差。该工作表明 PEO 基锂硫电池具有良好的高温性能，而提高其低室温离子电导率是后续研究方向。胡勇胜等人[59]发现通过简单的溶液浇铸法将锂盐和 PEO 结合，制备的新型固态聚合物电解质室温离子电导率达到 10^{-5} S/cm，耐热温度高达 256℃，该固态聚合物电解质能够有效地抑制多硫离子穿梭，锂硫电池展现了较高的首周放电容量与良好的电池循环性能。

尽管全固态聚合物电解质能有效阻止多硫化物"穿梭效应"和抑制锂枝晶生长，但是低的室温离子电导率、窄的电化学窗口和差的界面接触制约了它们在锂硫电池中的大规模应用[60-61]。为了实现高的室温离子电导率、紧密电极 / 电解质界面以及匹配高硫载量的硫正极，需要引入液态电解液来制备凝胶聚合物电解质。凝胶聚合物电解质结合了聚合物和液体电解液两者的优势，确保了足够的机械强度、良好的电化学性能和出色的界面润湿能力，同时也能有效抑制多硫化物的"穿梭效应"[62]。

锂硫电池聚合物电解质常用聚合物基体与锂电池相似，有 PEO、PVDF（-HFP）、PMMA、PAN 和聚季戊四醇四丙烯酸酯（PPETEA）、聚离子液体（PIL）、聚合物单离子导体（PSIC）等[63]。单一类型的聚合物使用效果非常有限，因此常使用交联、共聚、共混和接枝等方法来改性。Zhou 等[64]用与 PEO 具有相似线性醚结构的聚乙二醇二甘油酯醚（PEDGE），将具有丰富孤对电子的聚乙烯亚胺（PEI）接枝到 PEGDE 上，利用与 Li$^+$ 配位的醚链和氨基，电导率在 30℃下可达到 0.75×10^{-3} S/cm。随着氨基对多硫化物的化学吸附，组装的电池在 1.5 C 下实现了 400 次循环。将巯基体系纳入 PVDF-HFP 中被认为是实现高性能锂硫电池的一种有效策略。高度交联的聚合物可以通过烯基单体和巯基单体的自由基反应制备而成。由于高交联密度导致的低膨胀度，所获得的聚合物可以很好地溶解 Li$^+$ 并通过 Li- 聚合物键与锂多硫化物有效地相互作用[65]。Xia 等人[66]通过在 PVDF-HFP 中对 PETT 和酯单体进行光聚合，制备了具有高密度 3D 网络的电解质，具有优异的热力学和机械稳定性，组装的锂硫电池在 0.5C 下进行 100 个循环后容量保持率为 83.7%。多层结构设计也是聚合物固态锂硫电池中的常用改性策略。Yang 等人[67]构建了 PVDF/PMMA/PVDF 的三层电解质作为锂硫电池的隔膜。外层多孔 PVDF 层通过吸收大量醚电解质来促进 Li$^+$ 传输，而内层固态 PMMA 层则通过与醚电解质具有良好的相容性，起到多硫化物捕获膜的作用。所制备的电池的初始容量提高到 1711.8 mAh/g，50 次循环后容量保持率提高到 66.9%。聚离子液体作为由离子液体单体聚合而成的聚合物基质，具有与液体溶液化学亲和性好、安全性强、导电性好等优点。Zhang Z 等人[68]利用三 [二氧 -3, 5- 庚基] 胺与溴乙磺酸锂反应后与 LiTFSI 进行阴离子交换合成了新型的聚离子液体电解质，所获得的电池在 0.1C 下可以达到 1429 mAh/g 的高初始容量。

虽然优化后的锂硫电池聚合物电解质具有良好的柔韧性和电化学性能，但由于机械强度差导致的液体电解质吸收率低，制造出来的电池在百圈以上容量衰减快的问题仍然存在[63]。在电解质中加入无机或有机填料，以获得复合凝胶聚合物电解质，可以有效解决以上问题。除了改善机械强度外，这些填料还可以改善室温离子电导率，降低电解质/电极上的界面电阻，增强聚合物主体的无定形程度，以及作为物理和化学多硫化物屏障[69]。传统的惰性无机物有金属氧化物和烟状氧化物颗粒，如 SiO_2、Al_2O_3 和 ZrO 等[70]。Sovizi M R 等人[71]基于 PVdF 的锂硫电池制备了核（SiO_2）- 壳［聚（乙烯苯磺酸酯）］结构的新型 SiO_2 纳米颗粒。与无填充剂的电解质相比，所得到的复合隔膜在 0.2 C 下经过 100 个循环后，将放电容量从 350 mAh/g 提高到 400 mAh/g。为了开发更环保的聚合物固态锂硫电池，天然且易于获得的生物质衍生材料，如纤维素、玉米蛋白和壳聚糖也被引入聚合物半固态电解质中作为填料。Nair J R 等人[72]首次研究了纳米纤维素嵌入的复合电解质在锂硫电池中的性能。由于纳米尺度的纤维素增加了聚合物网络的孔隙率并起到了多硫化物的屏障作用，组装的电池表现出更多的液体电解液保持和更好的循环稳定性（1 C 下的初始容量为 730 mAh/g）。

设计基于聚合物电解质的锂硫电池需要同时考虑电极/电解质界面和固体/液体电解质界面。电极/电解液界面通过形成高质量的 SEI 膜对 Li 起着至关重要的保护作用，该膜可防止活性 Li 负极形成枝晶并与多硫化物发生反应，对于实现更稳定、更长循环寿命的锂硫电池具有至关重要的意义。聚合物电解质因为具有更好的润湿性和优越的离子电导率，使得锂硫电池在室温下采用高硫负荷（>2 mg/cm^2）或放电/充电速率（5 C）成为可能。

3. 聚合物固态锂空气电池

锂空气电池是一种非常有潜力的高比容量电池技术，其利用锂金属与氧气的可逆反应，理论能量密度上限达到 11000 Wh/kg。负极发生锂金属溶解，而正极则进行氧还原/氧化反应。

锂空气电池具有超高理论能量密度，是极具潜力的高能量密度二次电池体系之一，引起了研究者们的广泛关注。但目前的锂空气电池还处于研究初期，由负极锂金属枝晶生长和有机电解液的泄漏及燃烧导致的安全问题和差的循环性能，一直影响着锂空气电池的进一步发展和应用。发展聚合物固态锂空气电池是解决上述问题的有效方法。设计适合锂空气电池的先进聚合物电解质是发展固态锂空气电池并实现性能提升的关键。

Kumar 等在 2010 年首次提出全固态锂空气电池，这种二次锂空气电池循环性能优良。该电池在 30 ~ 105℃ 表现出了良好的热稳定性和可充性，并在此温度范围内可循环 40 周。他们认为这可能是因为固体电解质在中高温下的高离子导电性和 LAGP 对 ORR

的催化作用。上述研究中已经提及 LAGP 可能对 ORR 存在催化作用，随后，Kumar 等研究了 LAGP 的催化性能和机理。通过反应前后电池的质量差（实验值 16.000 mg，理论值 12.573 mg）和根据能斯特方程算出的电子转移数（n=1.3），他们认为，放电产物除 Li_2O_2 外，还存在 LiO_2，并认为这和 LAGP 能吸附氧分子有关。

Mohammad Asadi 等人报道了一种陶瓷 - 聚氧化乙烯复合固体电解质锂空气电池。研究发现，这种锂空气电池，通过氧化锂（Li_2O）形成和分解，从而实现了四电子氧化还原反应。复合电解质包含嵌入其中的 $Li_{10}GeP_2S_{12}$ 纳米颗粒，如此经过四电子转移过程，表现出极高的离子电导率和稳定性，以及较高的循环稳定性。为了解决锂空气电池普遍存在的性能和安全问题，采用了具有较高离子导电性和互连聚合物网络的凝胶聚合物电解质，通过防止锂金属腐蚀和电解质挥发来提高性能。近年来，针对锂空气电池开发了具有高热力学和机械稳定性的无机填料和聚合物基体以及生物可降解聚合物的凝胶电解质，旨在提高整体效率、安全性和使用寿命[73]。为了保护锂负极免受电解质挥发的影响，Luo W B 等人[74] 以四乙二醇二甲醚、乙氧化三甲基丙烷三丙烯酸酯（ETPTA）和 2- 羟基 -2- 甲基 -1- 苯基 -1- 丙酮为单体，采用原位聚合技术制备了以 RuO_2- 氧化石墨烯复合物为正极的聚合物固态锂空气电池。这种混合固 - 凝胶电解质既可以作为隔膜又可以作为电解质使用。电池在 0.4 mA/cm^2 的电流密度下进行 140 个循环后，表现出 2.2 V 的终端电压和 1000 mAh/g 的容量。Celik M 等人[75] 研究了不同锂盐（$LiClO_4$、$LiPF_6$、LiTFSI）对电解质性能的影响，包括离子导电性、循环稳定性、电化学稳定性和界面稳定性。$LiPF_6$ 的离子导电性最高（8×10^{-5} S/cm），LiTFSI 表现出最高的锂离子迁移数（0.77）、最宽的电化学窗口（4.9 V）以及最好的循环稳定性。

尽管面临电解质挥发等挑战，锂空气电池由于其异常高的理论功率密度而受到广泛关注，使其成为二次电池中有前景的候选者。

4. 聚合物固态锌电池

水系锌离子电池因锌负极的低氧化还原电位、极高的安全性和高理论容量而引起了人们的广泛关注。然而，水系电解质存在的析氢反应、锌枝晶、钝化以及腐蚀等问题，严重阻碍了它们的进一步发展。研究者们曾用熔融盐、"盐包水"和水凝胶电解质等策略尝试解决上述问题。然而，这些策略大多只能缓解但不能从本质上解决问题，而有些策略则具有成本高、准备工作烦琐等明显缺点。固态聚合物电解质因其高稳定性、无液体特性和安全性而有望解决水系锌离子电池中的许多问题。支春义等人[76] 利用杂环四唑作为阴离子中心，开发了一种锌基单离子导体，即 4-（甲基丙烯酰胺基）四唑酸锌 ($Zn(AATZ)_2$)，环上具有良好的电荷离域。益于聚合物单离子导体（PSIC）增强的侧链运动，制备的基于 PSIC 的 SPE 表现出高离子电导率。基于 PSIC，可以实现高度可逆的 Zn 电镀 / 剥离循环，有效抑制枝晶和 HER 问题。凭借这些优势，与其他固态 ZIB 相比，固态 $Zn//V_2O_5$ 电池的倍率性能和循环寿命大大提高。

由于其高能量密度、高安全性和低成本，水系锌电池是"后锂"时代能量存储和转换设备选择之一。然而，锌枝晶生长、腐蚀、副产物形成、氢气生成和电解质漏液以及蒸发等问题影响了电池的商业化。此外，广泛使用的水溶性电解质导致电池体积庞大，不利于新兴智能设备的发展。水凝胶的固有性能可以解决上述问题。常见的水凝胶已在上文作详细介绍。虽然凝胶电解质在某些方面优于水性电解质，但它们也存在以下问题：离子电导率低导致过电位高，与电极亲和力差增加了电解质 - 电极界面的界面阻抗；失水导致电解质电导率降低，与电极接触不良；环境适应性差使电解质易受影响；机械强度和耐磨性差阻碍其在可穿戴设备中的广泛应用。

离子电导率的提升可以利用特定基团构建离子输运通道，诱导离子有序输运，降低离子输运的阻碍；采取"盐包水"策略，抑制水凝胶中 H_2O 分子的活性，拓宽电化学稳定性窗口；加入离子液体，防止电解质泄漏和蒸发问题，同时由于其有限的含水量而抑制了 HER 反应的活性和副产物的产生。对锌亲和力的提升可以添加亲锌基团，极性基团总是充当氢键的供体和受体。利用非共价键制备胶黏剂凝胶不仅可以增强电解质与电极之间的亲和力，还可以通过提高凝胶的自愈能力来延长其使用寿命。在分子链上含有极性基团（如羧基、羟基、氨基、磺酸）的电解质，能增强电解质与水分子之间的静电吸引力，抑制水分子从电解质中逸出，增加电解质的保水性。构造多孔结构，在空气正极上制备疏水涂层也可以增强电解液本身的保水性。多网络结构的构建可以有效增强水凝胶的力学性能。一种多网络通常由框架网络提供高强度和韧性，框架网络通常由共价交联的长链组成，与水凝胶的形成相兼容，如纳米纤维、纤维素、亲水性无机填充材料等；另一种类型的网络是由短链组成的凝胶，这些短链在物理上是交联的，具有柔性或弹性。

锌电池也常用于可穿戴设备，通常采用三明治结构，易于制备和拆卸。Zhang P 等人[77]将 PAM 和 PAAK 用于夹心式锌 - 空气电池，设计出 126 mW 高功率密度的双交联凝胶电解质，在 2 mA/cm² 电流下具有 731 mAh 的高比容量。两个电池串联可以为 LED、电子表、智能手机提供能量，并且可以在极端条件下稳定工作，适用于全天候条件。

4.2.2　聚合物固态锂离子电池制备与改性

目前聚合全固态锂离子电池的应用较少，主要是聚合物半固态锂离子电池。聚合物半固态锂离子电池的制备工艺与液态锂离子电池较为接近，可以很好地兼容现有的生产线。目前，主流的制备工艺主要有三条：

（1）在基于氧化物固态电解质全固态锂离子电池的基础上添加少量电解液润湿界面。

（2）将单体＋锂盐＋增塑剂＋引发剂的液态前驱体替代传统电解液，利用传统锂电制备流程，增加注液后的原位聚合固化，制备界面接触紧密的聚合物半固态锂离子电池。

（3）将聚合物电解质涂覆于隔膜或正负极，再行注入电解液进行溶胀，获得聚合物半固态锂离子电池。

第一类方法需要制备氧化物电解质膜，其工艺相对于另两类更为复杂，对于设备的要求也更高。但氧化物较高的机械强度可以抑制锂枝晶的穿刺，可用锂金属作为负极。第二类方法可以有效解决界面问题，通过原位引发液态聚合物前驱体聚合，在电极／电解质间构建"超共形"界面，从而改善电解质与电极之间的界面接触，减小界面电阻，获得较好的倍率性能。同时，这种方法与现有产线的契合度最高。第三类方法可以用来改善电解质在正负极界面处的相容性。采用非对称结构设计，在负极侧，非对称电解质的抗还原能力优异；在正极侧，非对称电解质耐氧化，可有效解决单一聚合物基电解质难以与正负极同时兼容的问题。

聚合物半固态锂离子电池对当下主流液态锂电池并不具有颠覆性创新。在正极材料方面，目前现有的磷酸铁锂、锰酸锂、钴酸锂、三元镍钴锰等正极材料仍可延续使用；负极材料上，目前主流的石墨系，以及未来的硅碳系均可使用，锂金属负极不适用。正极材料主要是缓解充电发热造成不能快充的问题，负极则支撑起更高的能量密度向克容量更高的硅碳方向发展。电解液和现在一样需要有机溶剂浸渍，新型锂盐仍然需要添加；隔膜方面，电解质的存在仍然需要隔膜隔绝正负极防止短路。生产工艺方面聚合物半固态锂离子电池可兼容传统锂电池生产工艺，变化较小。电池结构方面，聚合物半固态锂离子电池外壳基本上采用软包形式，用铝塑膜来代替铝壳以及钢壳结构件。

目前，商业化的聚合物半固态锂离子电池能量密度可达 360 Wh/kg，将来可以达到 400 Wh/kg 以上，电动汽车与储能领域具有广泛的应用前景。然而，聚合物半固态锂离子电池的倍率性能依旧有待提升。界面阻抗、离子电导率以及电解质层厚度都将影响电池的倍率性能。因此，采用原位聚合工艺可以获得紧密接触的电极／电解质界面，降低界面阻抗；采用氧化物电解质添加制备有机无机复合电解质可以提高离子电导；在保证安全性的条件下尽量减薄电解质层可以加速离子传导，这时候热压工艺必不可少。此外，聚合物半固态锂离子电池仍然存在一些额外的风险和潜在的安全问题。由于电解液的存在，聚合物半固态锂离子电池的安全性能会比全固态差。如果负极用上锂金属，聚合物半固态锂离子电池仍然不能完全应对锂枝晶穿透隔膜导致短路的问题。逐渐减少电解液的用量降低可燃性、采用机械稳定的隔膜预防锂枝晶的穿刺以及采用安全性最高的氧化物电解质可以有效提升聚合物半固态锂离子电池的安全性能。

本章小结

　　聚合物电解质的开发和研究对电池的性能提升和安全应用起着关键作用。传统液态电解质在安全性和高性能方面存在诸多弊端，而全固态聚合物电解质的商业化应用仍面临挑战。聚合物半固态电解质是目前最值得期待的电解质，因为它兼具液态电解质和固态电解质的优点，受到了人们的广泛关注。首先，需要不断探索完善的改性方式，如交联改性和无机粒子掺杂改性，以及结合加工工艺进行综合考虑。其次，聚合物半固态锂离子电池的应用需要综合考虑电解质、正负极的生产工艺。相信随着固态电解质改性方案逐渐优化、聚合物固态锂离子电池生产工艺的逐步改进，能够助力储能、电动汽车等产业的进一步升级。

参考文献

[1]　Quartarone E, Mustarelli P. Electrolytes for solid-state lithium rechargeable batteries: recent advances and perspectives [J]. Chemical Society Reviews, 2011, 40(5): 2524-2540.

[2]　Goodenough J B, Park K S. The Li-ion rechargeable battery: a perspective [J]. Journal of the American Chemical Society, 2013, 135(4): 1166-1176.

[3]　南静娅，张盖同，王利军，等. 离子液体基凝胶电解质的制备及其在超级电容器中的应用 [J]. 林产化学与工业，2020，40（4）：17-23.

[4]　Pan J, Zhao P, Wang N, et al. Research progress in stable interfacial constructions between composite polymer electrolytes and electrodes [J]. Energy & Environmental Science, 2022, 15(7): 2753-2775.

[5]　Zhong C, Deng Y, Hu W, et al. A review of electrolyte materials and compositions for electrochemical supercapacitors [J]. Chemical Society Reviews, 2015, 44(21): 7484-7539.

[6]　Hallinan Jr D T, Balsara N P. Polymer electrolytes [J]. Annual Review of Materials Research, 2013, 43: 503-525.

[7]　Yu X, Manthiram A. Electrode-electrolyte interfaces in lithium-sulfur batteries with liquid or inorganic solid electrolytes [J]. Accounts of Chemical Research, 2017, 50(11): 2653-2660.

[8]　Xu Z, Guo D, Liu Z, et al. Cellulose Acetate-Based High-Electrolyte-Uptake Gel Polymer Electrolyte for Semi‐Solid‐State Lithium-Oxygen Batteries with Long-Cycling Stability [J]. Chemistry-An Asian Journal, 2022, 17(21): e202200712.

[9]　Yang D, Chen D, Jiang Y, et al. Carbon-based materials for all-solid-state zinc-air batteries [J]. Carbon Energy, 2021, 3(1): 50-65.

[10] 李泓，许晓雄. 固态锂电池研发愿景和策略 [J]. 储能科学与技术，2016，（5）：606-614.

[11] Manthiram A, Yu X, Wang S. Lithium battery chemistries enabled by solid-state electrolytes[J]. Nature Reviews Materials, 2017, 2(4): 1-16.

[12] Christie A M, Lilley S J, Staunton E, et al. Increasing the conductivity of crystalline polymer electrolytes [J]. Nature, 2005, 433(7021): 50-53.

[13] MacGlashan G S, Andreev Y G, Bruce P G. Structure of the polymer electrolyte poly (ethylene oxide)$_6$: Li-AsF$_6$ [J]. Nature, 1999, 398(6730): 792-794.

[14] Gorecki W, Andreani R, Berthier C, et al. NMR, DSC, and conductivity study of a poly (ethylene oxide) complex electrolyte: PEO (LiClO$_4$)$_x$ [J]. Solid State Ionics, 1986, 18: 294-299.

[15] Zhang X, Zhang M, Wu J, et al. Lewis acid fluorine-donating additive enables an excellent semi-solid-state electrolyte for ultra-stable lithium metal batteries [J]. Nano Energy, 2023, 115: 108700.

[16] Mu X, Li X, Liao C, et al. Phosphorus‐fixed stable interfacial nonflammable gel polymer electrolyte for safe flexible lithium‐ion batteries [J]. Advanced Functional Materials, 2022, 32(35): 2203006.

[17] Shi J, Xiong H, Yang Y, et al. Nano-sized oxide filled composite PEO/PMMA/P (VDF-HFP) gel polymer electrolyte for rechargeable lithium and sodium batteries [J]. Solid State Ionics, 2018, 326: 135-144.

[18] Xiao Q, Deng C, Wang Q, et al. In situ cross-linked gel polymer electrolyte membranes with excellent thermal stability for lithium ion batteries [J]. ACS Omega, 2019, 4(1): 94-103.

[19] Lee M J, Han J, Lee K, et al. Elastomeric electrolytes for high-energy solid-state lithium batteries [J]. Nature, 2022, 601(7892): 216-222.

[20] Zeng X X, Yin Y X, Shi Y, et al. Lithiation-derived repellent toward lithium anode safeguard in quasi-solid batteries [J]. Chem, 2018, 4(2): 298-307.

[21] Gabryelczyk A, Smogór H, Swiderska-Mocek A. Highly conductive gel polymer electrolytes for sodium-ion batteries with hard carbon anodes [J]. Electrochimica Acta, 2023, 439: 141645.

[22] Nagasubramanian G. Improving Capacity and Thermal Degradation Characteristics of Li/(CF$_x$)$_n$ Cells using Anion Binding Agent in the Electrolyte [J]. ECS Transactions, 2007, 3(27): 265.

[23] Li W, Pang Y, Liu J, et al. A PEO-based gel polymer electrolyte for lithium ion batteries [J]. RSC advances, 2017, 7(38): 23494-23501.

[24] Yang C, Li Z, Li W, et al. Batwing-like polymer membrane consisting of PMMA-grafted electrospun PVdF-SiO$_2$ nanocomposite fibers for lithium-ion batteries [J]. Journal of Membrane Science, 2015, 495: 341-350.

[25] Ma C, Cui W, Liu X, et al. In situ preparation of gel polymer electrolyte for lithium batteries: Progress and perspectives [J]. InfoMat, 2022, 4(2): e12232.

[26] Xue S, Chen S, Fu Y, et al. Revealing the Role of Active Fillers in Li‐ion Conduction of Composite Solid Electrolytes [J]. Small, 2023: 2305326.

[27] Maier M, Abbas D, Komma M, et al. A comprehensive study on the ionomer properties of PFSA membranes with confocal Raman microscopy [J]. Journal of Membrane Science, 2023, 669: 121244.

[28] Hussain I, Lamiel C, Javed M S, et al. MXene-based heterostructures: Current trend and development in electrochemical energy storage devices [J]. Progress in Energy and Combustion Science, 2023, 97: 101097.

[29] Jannasch P. Recent developments in high-temperature proton conducting polymer electrolyte membranes [J]. Current Opinion in Colloid & Interface Science, 2003, 8(1): 95-102.

[30] Fan H, Yang C, Wang X, et al. UV-curable PVdF-HFP-based gel electrolytes with semi-interpenetrating polymer network for dendrite-free Lithium metal batteries [J]. Journal of Electroanalytical Chemistry, 2020, 871: 114308.

[31] Bharti V, Singh P K, Sharma J P. Development of polymer electrolyte membranes based on biodegradable polymer [J]. Materials Today: Proceedings, 2021, 34: 855-862.

[32] Song A, Huang Y, Zhong X, et al. Gel polymer electrolyte with high performances based on pure natural polymer matrix of potato starch composite lignocellulose [J]. Electrochimica Acta, 2017, 245: 981-992.

[33] Zhang M, Li M, Chang Z, et al. A sandwich PVDF/HEC/PVDF gel polymer electrolyte for lithium ion battery [J]. Electrochimica Acta, 2017, 245: 752-759.

[34] 曹发青，焦玉聪. 聚阴离子单离子导体凝胶电解质的制备及其在锂离子电池中的应用 [J]. 合成化学，2021，29（08）：655-660.

[35] Tamilarasan P, Ramaprabhu S. Nitrogen-doped graphene for ionic liquid based supercapacitors [J]. Journal of Nanoscience and Nanotechnology, 2015, 15(2): 1154-1161.

[36] Ramesh S, Liew C W, Ramesh K. Evaluation and investigation on the effect of ionic liquid onto PMMA-PVC gel polymer blend electrolytes [J]. Journal of Non-Crystalline Solids, 2011, 357(10): 2132-2138.

[37] Yang N, Tang Y, Wu H, et al. Influence evaluation of ionic liquids on the alteration of nitrification waste for thermal stability [J]. Journal of Loss Prevention in the Process Industries, 2023, 82: 104977.

[38] Shimano S, Zhou H, Honma I. Preparation of nanohybrid solid-state electrolytes with liquidlike mobilities by solidifying ionic liquids with silica particles [J]. Chemistry of Materials, 2007, 19(22): 5215-5221.

[39] Zhao N, Liu Y, Zhao X, et al. Liquid crystal self-assembly of halloysite nanotubes in ionic liquids: a novel soft nanocomposite ionogel electrolyte with high anisotropic ionic conductivity and thermal stability [J]. Nanoscale, 2016, 8(3): 1544-1554.

[40] Wen T, Qu B, Tan S, et al. Rational design of artificial interphase buffer layer with 3D porous channel for uniform deposition in magnesium metal anodes [J]. Energy Storage Materials, 2023, 55: 815-825.

[41] Huang S, Wan F, Bi S, et al. A self-healing integrated all-in-one zinc-ion battery [J]. Angewandte Chemie, 2019, 131(13): 4356-4361.

[42] Zeng Y, Zhang X, Meng Y, et al. Achieving ultrahigh energy density and long durability in a flexible rechargeable quasi-solid-state Zn-MnO$_2$ battery [J]. Advanced Materials, 2017, 29(26): 1700274.

[43] Wang J, Liu J, Hu M, et al. A flexible, electrochromic, rechargeable Zn//PPy battery with a short circuit chromatic warning function [J]. Journal of Materials Chemistry A, 2018, 6(24): 11113-11118.

[44] Prontera C T, Gallo N, Giannuzzi R, et al. Collagen membrane as water-based gel electrolyte for electrochromic devices [J]. Gels, 2023, 9(4): 310.

[45] Xue L, Gao H, Zhou W, et al. Liquid K-Na alloy anode enables dendrite-free potassium batteries [J]. Advanced Materials, 2016, 28(43): 9608-9612.

[46] Qi X, Cai D, Wang X, et al. Ionic liquid-impregnated ZIF-8/polypropylene solid-like electrolyte for dendrite-free lithium-metal batteries [J]. ACS Applied Materials & Interfaces, 2022, 14(5): 6859-6868.

[47] Akbarzadeh S, Paint Y, Olivier M G. A comparative study of different sol-gel coatings for sealing the plasma electrolytic oxidation (PEO) layer on AA2024 alloy [J]. Electrochimica Acta, 2023, 443: 141930.

[48] Cai D, Qi X, Xiang J, et al. A cleverly designed asymmetrical composite electrolyte via in-situ polymerization for high-performance, dendrite-free solid state lithium metal battery [J]. Chemical Engineering Journal, 2022, 435: 135030.

[49] Zhang J, Wen H, Yue L, et al. In situ formation of polysulfonamide supported poly (ethylene glycol) divinyl ether based polymer electrolyte toward monolithic sodium ion batteries [J]. Small, 2017, 13(2): 1601530.

[50] Song M K, Kim Y T, Cho J Y, et al. Composite polymer electrolytes reinforced by non-woven fabrics [J]. Journal of Power Sources, 2004, 125(1): 10-16.

[51] Fu S, Zuo L L, Zhou P S, et al. Recent advancements of functional gel polymer electrolytes for rechargeable lithium-metal batteries [J]. Materials Chemistry Frontiers, 2021, 5(14): 5211-5232.

[52] Wang Y, Qiu J, Peng J, et al. One-step radiation synthesis of gel polymer electrolytes with high ionic conductivity for lithium-ion batteries [J]. Journal of Materials Chemistry A, 2017, 5(24): 12393-12399.

[53] Tan S M, Johan M R. Effects of MnO_2 nano-particles on the conductivity of PMMA-PEO-$LiClO_4$-EC polymer electrolytes [J]. Ionics, 2011, 17: 484-490.

[54] Hu Z, Chen J, Guo Y, et al. Fire-resistant, high-performance gel polymer electrolytes derived from poly (ionic liquid)/P(VDF-HFP) composite membranes for lithium ion batteries [J]. Journal of Membrane Science, 2020, 599: 117827.

[55] Shao D, Yang L, Luo K, et al. Preparation and performances of the modified gel composite electrolyte for application of quasi-solid-state lithium sulfur battery [J]. Chemical Engineering Journal, 2020, 389: 124300.

[56] Aruchamy K, Ramasundaram S, Divya S, et al. Gel Polymer Electrolytes: Advancing Solid-State Batteries for High-Performance Applications [J]. Gels, 2023, 9(7): 585.

[57] Gambe Y, Kobayashi H, Iwase K, et al. A photo-curable gel electrolyte ink for 3D-printable quasi-solid-state lithium-ion batteries [J]. Dalton Transactions, 2021, 50(45): 16504-16508.

[58] Jiao K, Liu S, Ma Y, et al. Long-term cycling quasi-solid-state lithium batteries enabled by 3D nanofibrous TiO_{2-x}@Li anodes and in-situ polymerized gel-electrolytes [J]. Chemical Engineering Journal, 2023, 464: 142627.

[59] 马强, 戚兴国, 容晓晖, 等. 新型固态聚合物电解质在锂硫电池中的性能研究 [J]. 储能科学与技术, 2016, 5（5）: 713-718.

[60] Lei D, Shi K, Ye H, et al. Progress and perspective of solid-state lithium-sulfur batteries [J]. Advanced Functional Materials, 2018, 28(38): 1707570.

[61] Zhao C Z, Zhao Q, Liu X, et al. Rechargeable lithium metal batteries with an in-built solid-state polymer electrolyte and a high voltage/loading Ni-rich layered cathode [J]. Advanced Materials, 2020, 32(12): 1905629.

[62] Yang Q, Deng N, Chen J, et al. The recent research progress and prospect of gel polymer electrolytes in lithium-sulfur batteries [J]. Chemical Engineering Journal, 2021, 413: 127427.

[63] Qian J, Jin B, Li Y, et al. Research progress on gel polymer electrolytes for lithium-sulfur batteries [J]. Journal of Energy Chemistry, 2021, 56: 420-437.

[64] Zhou J, Ji H, Liu J, et al. A new high ionic conductive gel polymer electrolyte enables highly stable quasi-solid-state lithium sulfur battery [J]. Energy Storage Materials, 2019, 22: 255-264.

[65] Park K, Cho J H, Jang J H, et al. Trapping lithium polysulfides of a Li-S battery by forming lithium bonds in a polymer matrix [J]. Energy & Environmental Science, 2015, 8(8): 2389-2395.

[66] Xia Y, Liang Y, Xie D, et al. A poly (vinylidene fluoride-hexafluoropropylene) based three-dimensional network gel polymer electrolyte for solid-state lithium-sulfur batteries [J]. Chemical Engineering Journal, 2019, 358: 1046-1053.

[67] Yang W, Yang W, Feng J, et al. High capacity and cycle stability rechargeable lithium-sulfur batteries by sandwiched gel polymer electrolyte [J]. Electrochimica Acta, 2016, 210: 71-78.

[68] Zhang Z, Zhang P, Liu Z, et al. A Novel Zwitterionic Ionic Liquid-Based Electrolyte for More Efficient and Safer Lithium-Sulfur Batteries [J]. ACS Applied Materials & Interfaces, 2020, 12(10): 11634-11642.

[69] Tang S, Guo W, Fu Y. Composite Polymer Electrolytes: Advances in Composite Polymer Electrolytes for Lithium Batteries and Beyond (Adv. Energy Mater. 2/2021) [J]. Advanced Energy Materials, 2021, 11(2): 2170009.

[70] Borah S, Deka M. Effect of silica nanofiber dispersion on electrochemical properties of cellulose acetate composite gel electrolytes [J]. Materials Chemistry and Physics, 2020, 252: 123218.

[71] Sovizi M R, Madram A R. Fabrication of a new gel polymer electrolyte containing core-shell silica-polyelectrolyte nanoparticles via activators regenerated by electron transfer atom transfer radical polymerization (ARGET-ATRP) for high-performance lithium-sulfur batteries [J]. Chemical Papers, 2017, 71: 21-8.

[72] Nair J R, Bella F, Angulakshmi N, et al. Nanocellulose-laden composite polymer electrolytes for high performing lithium-sulphur batteries [J]. Energy Storage Materials, 2016, 3: 69-76.

[73] Kwak W J, Rosy, Sharon D, et al. Lithium-oxygen batteries and related systems: potential, status, and future [J]. Chemical Reviews, 2020, 120(14): 6625-6683.

[74] Luo W B, Chou S L, Wang J Z, et al. A hybrid gel-solid-state polymer electrolyte for long-life lithium oxygen batteries [J]. Chemical Communications, 2015, 51(39): 8269-8272.

[75] Celik M, Kızılaslan A, Can M, et al. Electrochemical investigation of PVDF: HFP gel polymer electrolytes for quasi-solid-state Li-O_2 batteries: effect of lithium salt type and concentration [J]. Electrochimica Acta, 2021, 371: 137824.

[76] Ze Chen, Tairan Wang, et al. Polymeric Single Ion Conductors with Enhanced Side Chains Motion for High-performance Solid Zinc Ion Batteries [J] Advanced Materials, 2022: 202207682.

[77] Zhang P, Wang K, Zuo Y, et al. A flexible zinc-air battery using fiber absorbed electrolyte [J]. Journal of Power Sources, 2022, 531: 231342.

第5章

固态锂离子电池表征与制备工艺

5.1 固态锂离子电池表征

固态锂离子电池的性能与固态电解质、电极材料、电极/固态电解质界面密切相关，固态锂离子电池的充放电过程，往往伴随着材料化学组成、物相结构、体积形态等的变化，为了深入理解这些变化，并据此优化固态锂离子电池的性能，需要借助先进的表征技术对固态电解质和固态锂离子电池进行深入的研究，有助于理解固态电解质材料的构效关系，揭示充放电过程材料和界面的演变规律，从而为固态锂离子电池性能的提升提供重要的科学指导和参考。

本节首先介绍评价固态电解质性能的关键指标及其电化学表征测试技术，包括锂离子电导率、锂离子迁移数、电化学稳定窗口等；在此基础上介绍固态电解质的先进理化表征技术，包括原位电镜技术、原位 X 射线技术、原位光谱技术等，阐明其基本原理、功能和测试方法，并列举一些代表性的应用案例。最后，介绍固态锂离子电池常用的电化学表征技术和安全表征技术，为电池性能的表征测试提供依据。

5.1.1 固态电解质表征技术

1. 固态电解质电化学表征技术

（1）离子电导率。固态锂离子电池中，离子电导率是衡量固态电解质性能的重要指标。固态电解质的电导率主要由离子电导率贡献，电子电导率可以忽略，因此以总电导率作为固态电解质的离子电导率测量值。将阻塞电极/固态电解质/阻塞电极组装成对称电池，通过交流阻抗法（EIS）测试得到电解质的阻抗值，再通过公式（5-1）计算离子电导率，即

$$\sigma = \frac{L}{RS} \tag{5-1}$$

式中　　σ——离子电导率，S/cm；

L——固态电解质的厚度，cm；

R——电阻测量值，Ω；

S——有效电极的横截面积，cm^2。

由于不同类型固态电解质的材料特性和成膜特性存在差异，因此在测试制样的方式

上也会有所不同。

对于氧化物固态电解质粉体，需要冷压成素坯后烧结得到致密陶瓷圆片，以降低晶界电阻，一般要求致密度在95%以上，片体厚度在0.5～1 mm。陶瓷圆片的两个圆面依次使用不同目数砂纸（180目、600目、1500目和3000目）打磨平整，分别使用数显测厚仪和游标卡尺测量陶瓷圆片的厚度L和直径，计算得到陶瓷圆片的截面积S。采用离子溅射仪在陶瓷圆片的两面喷金作为阻塞电极，喷金过程圆片的被溅射面须保持水平，每个圆面与溅射源的距离以及喷金时间保持一致，保证喷金在两个圆面上均匀致密分布。喷金结束后圆片侧面溅射的喷金用砂纸轻轻打磨掉，以避免电子传输。将所得"三明治"结构圆片夹在电化学工作站的夹具上，即可进行EIS测试[1]。

对于硫化物电解质，粉体冷压成素坯后可以直接测离子电导率，也可以烧结成陶瓷片进一步提升离子电导率。测量素坯或陶瓷片的厚度L和直径，计算电解质片的横截面积S。冷压成型的素坯和韧性较好的陶瓷片，例如Li_3PS_4、$Li_7P_3S_{11}$和LGPS，阻塞电极可以选择碳片、不锈钢片或铟片，两侧施加30 MPa以上压力以保证电极与电解质之间紧密接触。韧性较差的陶瓷片，如硫银锗矿结构的Li_6PS_5Cl，可以选择涂银浆、溅射惰性金属或铟片，使电极与电解质表面接触良好。在惰性气体手套箱中组装"阻塞电极/电解质片/阻塞电极"的纽扣电池或模具电池，封装好后，25℃下保存至少1 h，随后可进行EIS测试[2]。

对于聚合物及其复合固态电解质膜，裁剪成圆片（圆片直径根据纽扣电池壳尺寸调整），厚度一般在10～300 μm。组装纽扣电池前，先将电解质片60℃真空干燥12 h，随后在惰性气体手套箱中，将电解质圆片组装成"不锈钢垫片/电解质片/不锈钢垫片"的纽扣电池。电池封装后，25℃下保存至少1 h，随后可进行EIS测试。测试完成后，拆开电池，采用数显测厚仪测量电解质片与两侧垫片的总厚度L_1，两个垫片的总厚度L_2，电解质片的厚度$L = L_1 - L_2$，采用游标卡尺测量垫片直径，计算其面积记为S。将纽扣电池夹在电化学工作站的夹具上，即可进行EIS测试[3]。

在测量离子电导率时，通常设置的测试频率范围覆盖1～100 MHz，同时施加一个扰动电压为10 mV的信号。测试完成后，会得到一条阻抗谱测量曲线，通常称为尼奎斯特（Nyquist）图。对这条Nyquist图进行电路拟合分析，可以从中提取出固态电解质的电阻值R。图5-1所示为常见的"阻塞电极/固态电解质/阻塞电极"对称电池的Nyquist曲线[2]，R是纯电阻，Q是常相位角元件，W是Warburg阻抗，b指电解质晶粒体相，gb指晶界。理想状态下，Nyquist曲线应如图5-1（a）所示，固态电解质晶粒内Li^+迁移的响应频率很高（10 MHz甚至100 MHz以上），Li^+在晶界处迁移的相应频率较低，一般在10 kHz～10 MHz，因此阻抗谱上呈现两个容抗弧。实际上，阻塞电极及其界面接触并非完美，电化学工作站的测试频率上限也有限。当上述条件较为良好时，Nyquist曲线如图5-1（b）所示，高频区可以观察到全部或部分电解质晶界响应的容抗弧，低频区可以观察到一段阻塞电极响应的斜线。如果阻塞电极制作较差或其界面接触不良，Nyquist 曲线在晶界响应的容抗弧之后出现阻塞电极 / 电解质界面响应的容抗弧，如图 5-1（c）所示。如果阻塞电极制作良好，电解质厚度较薄或离子电导率较高，电解质晶界阻抗数值较小，晶界半圆将会消失，感抗将干扰对称电池检测信号，阻抗图谱中呈现位于第四象限的高频区曲线，如图 5-1（d）所示，曲线和 Z' 轴的交点数值为电解质的总阻抗值。

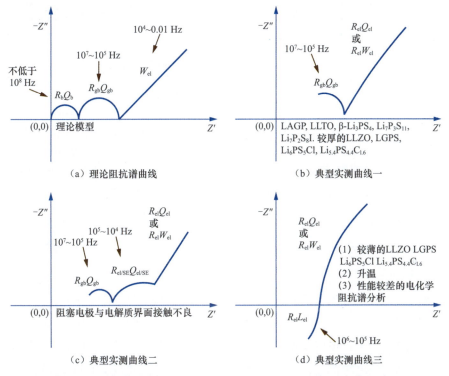

图 5-1　阻塞电极 / 固体电解质 / 阻塞电极对称电池的 Nyquist 曲线[2]

离子的传导需要克服能量势垒，称为离子传导活化能，是影响离子传导的重要因素之一。电导率与活化能之间的关系可以通过固态电解质离子电导率随温度的变化规律来说明。根据 Arrhenius 公式（5-2），离子电导率与温度的关系可以表示为

$$\sigma = A \exp\left(-\frac{E_{\mathrm{a}}}{RT}\right) \tag{5-2}$$

式中　σ——离子电导率，S/cm；

　　　A——指前因子；

　　　E_{a}——离子传导活化能，kJ/mol；

　　　R——摩尔气体常数，其值为 8.314 J/（mol·K）；

　　　T——绝对温度，K。

从式（5-2）可以得出，固态电解质的离子电导率随温度的升高而增加。离子传导

活化能越高，锂离子传导需要的能量越多，因此随温度升高离子电导率的增加速率越慢。测量固态电解质在不同温度下的离子电导率，根据 Arrhenius 公式（5-2）可以拟合计算得到固态电解质的离子传导活化能，典型的 Arrhenius 曲线如图 5-2 所示[4]。

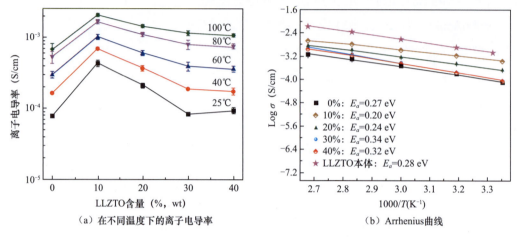

（a）在不同温度下的离子电导率　　　　　（b）Arrhenius曲线

图 5-2　PVDF 基复合固态电解质的离子电导率测试

（2）电子电导率。固态电解质在电池中不仅负责传导离子，还需要像隔膜一样隔绝电子，因此其电子电导率应当极低，通常小于或等于 5×10^{-8} S/cm[1]。固态电解质的电子电导率可以采用计时电流法测试。参考离子电导率的试样处理方法，将固态电解质片组装成"阻塞电极 / 固态电解质 / 阻塞电极"的对称电池。将对称电池夹在电化学工作站的测试夹具上，启用电流法测试模式，设置恒定电压 U，该电压应低于电解质的分解电压，通常在 $0.5 \sim 2$ V；设置测试时间，通常为 $2 \sim 30$ min。施加电压后，电解质内部 Li^+ 从正电势侧向负电势侧迁移，电子则与 Li^+ 的迁移方向相反，总电流 $j_{total} = j_{Li^+} + j_{e^-}$。随着测试时间延长，$Li^+$ 在电解质内部形成浓差电势，当该电势与施加的恒电压相当时，Li^+ 达到稳态不再迁移，此时总电流完全由电子的迁移贡献，称稳态电流 I。按式（5-3）和式（5-4）计算可得固态电解质的电子电导率，即

$$R = \frac{U}{I} \qquad (5\text{-}3)$$

式中　R——固态电解质的电阻，Ω；

　　　U——恒定电压，V；

　　　I——稳态电流，A。

$$\sigma = \frac{L}{RS} \qquad (5\text{-}4)$$

式中　σ——固态电解质的电子电导率，S/cm；

　　　L——固态电解质的厚度，cm；

R——固态电解质的电阻，Ω；

S——有效电极的横截面积，cm^2。

在实际测试中，固态电解质达到稳态所需的时间较长，通常在 30min 以内可能还未能达到真正的稳态。此外，当电流值下降到 10^{-9} A 以下时，已经超出普通电化学工作站设备的检测极限。因此，实际测得的固态电解质的电子电导率往往高于其真实值。在进行相关测试时，应充分考虑此类因素导致的误差。

（3）离子迁移数。离子迁移数（t_{Li^+}）是衡量固态电解质中离子传输能力的重要参数之一。离子迁移数主要评估特定离子（如锂离子）在电解质中的传输能力。在聚合物及其复合物固态电解质中，离子（通常指锂离子）和阴离子会同时参与传输，但它们的传输方向是相反的。离子迁移数即为离子传输的电荷量占全部离子传输总电荷量的比例。通常，在这种类型的固态电解质中，阴离子的迁移数会大于锂离子的迁移数，这会导致形成与电场方向相反的电解质盐浓度梯度。然而，提高锂离子的迁移数有助于降低充放电过程中的浓差极化现象，从而增强电池的倍率性能 [5]。相比之下，在无机固态电解质中，离子的电荷传输完全由锂离子贡献，因此其锂离子迁移数达到了理论最大值 1，这反映了锂离子在无机固态电解质中高效的传输能力。

采用计时电流法和交流阻抗法测量固态电解质的锂离子迁移数。将聚合物及其复合固态电解质膜裁剪成圆片（圆片直径根据纽扣电池壳尺寸调整），组装纽扣电池前，先将电解质片 60℃真空干燥 12 h，随后在充满惰性气体的手套箱中，将电解质圆片组装成"金属锂 / 电解质片 / 金属锂"的对称纽扣电池。电池封装后，25℃下静置至少 1 h。将对称电池用导线短接以平衡电位，随后夹在电化学工作站夹具上，启动交流阻抗测试程序，测得初始状态下的交流阻抗谱，拟合后获得初始状态界面阻抗 R_0。再次导线短接平衡电位，打开计时电流法测试程序，设置极化电压 ΔV（常为 10 mV）和时间（常为 1～3 h），记录时间 - 电流曲线。初始状态阴阳离子均对电荷传输有贡献，起始电流 I_0 最大，随着极化进行，浓度梯度逐渐稳定，阴离子迁移被抑制，电流完全由阳离子贡献，记录稳态电流 I_S。再次进行交流阻抗测试，记录稳态 Nyquist 图谱，获得稳态界面阻抗 R_S。锂离子迁移数按式（5-5）计算，即

$$t_{Li^+} = \frac{I_S(\Delta V - I_0 R_0)}{I_0(\Delta V - I_S R_S)} \qquad (5\text{-}5)$$

式中　t_{Li^+}——固态电解质的锂离子迁移数；

　　I_S——稳态电流，A；

　　ΔV——极化电压，V；

　　I_0——初始电流，A；

　　R_0——初始状态界面阻抗，Ω；

R_s——稳态界面阻抗，Ω。

Chen 等人[6]采用交流阻抗法和计时电流法测试了纯 PEO 基电解质和添加 7.5%（wt）LLZO 的 PEO 基复合固态电解质的锂离子迁移数（见图 5-3），分别为 0.159 和 0.207。锂离子迁移数的增大归因于 LLZO 的加入，一方面 LLZO 是导锂氧化物，锂离子迁移数是 1，同时能够捕获阴离子[7]；另一方面，LLZO 的加入增大了聚合物的无定形程度，提高了聚合物链段的移动能力。

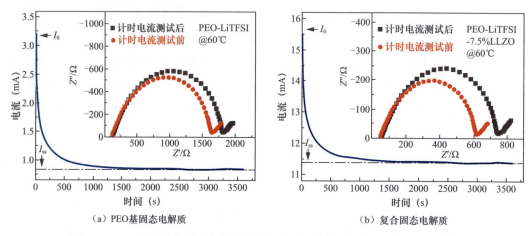

（a）PEO 基固态电解质　　　　　　　　　　（b）复合固态电解质

图 5-3　PEO 基固态电解质和复合固态电解质的交流阻抗谱和直流极化曲线[6]

（4）电化学窗口。电化学窗口是衡量固态电解质稳定性的一个重要指标。固态锂离子电池的工作电压应当处于固态电解质的电化学窗口之中，否则会引发固态电解质的氧化还原分解，分解产物形成界面相物质，增大界面阻抗，劣化固态锂离子电池性能。固态电解质的电化学窗口越宽，固态锂离子电池正负极体系的选择范围越广，能够适配更高能量密度的电化学体系。

电化学窗口的测量可以采用循环伏安法（CV）或线性伏安扫描法（LSV）。构建"锂 / 固态电解质 / 惰性电极"实验电池，从开路电压扫至低电压（0 V），扫描速率通常为 0.1 ～ 0.5 mV/s，当电流值开始明显增大时，表明固态电解质发生还原反应，此时的电压值为固态电解质的还原电位；从开路电压（或低电压）扫至高电压（5 ～ 10 V），当电流值开始明显增大时，表明固态电解质发生氧化反应，此时的电压值为固态电解质的氧化电位。值得注意的是，扫描过程低电压截止电位不宜低于 0 V，以避免金属锂形成的沉积 / 溶出峰掩盖电解质的分解峰，干扰测试结果。

莫一飞和王春生教授[8]提出了一种新型"锂 / 固态电解质 / 电解质 - 碳 / 惰性电极"电池用于测量固态电解质的真实电化学窗口。现有的"锂 / 固态电解质 / 惰性电极"电池结构中，固态电解质与惰性电极的界面接触有限，导致反应电流低，实测电化学窗口比真实值宽。在固态电解质与惰性电极之间引入碳与电解质的混合层后，随着电解质与碳接触面积的增加，电子传递更加容易，电荷转移反应的活性面积也显著增加，分解反应动力学性能明显提高，所测的电化学窗口更加接近真实值。基于上述改进的测试方法，他们测得 $Li_{10}GeP_2S_{12}$（LGPS）的电化学窗口为 1.7 ～ 2.1 V，结果如图 5-4 所示，表明 LGPS 的电化学窗口较窄，在高电压、低电压下均不稳定。

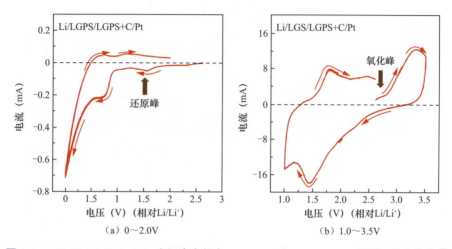

（a）0～2.0V　　　　　　　　　（b）1.0～3.5V

图 5-4　Li/LGPS/LGPS-C/Pt 半阻塞电极在 0 ～ 2.0 V 和 1.0 ～ 3.5 V 的循环伏安曲线 [8]

（5）对锂稳定性。金属锂负极是实现 400 Wh/kg 能量密度的必经之路，因此研究固态电解质与金属锂之间的电化学稳定性尤为重要。为了评价固态电解质的对锂稳定性，通常将固态电解质制作成"锂 / 固态电解质 / 锂"对称电池，对其进行特定电流密度和固定单次充放电时间的循环测试，记录电压 - 时间曲线，如图 5-5（a）所示 [7]。这一测试方法有助于我们准确判断固态电解质与金属锂之间的电化学稳定性。

范丽珍教授团队 [7] 为改善固态电解质和金属锂之间的界面稳定性，设计静电纺丝法制作 LATP/PAN 的复合纤维膜，再浇注 LiTFSI/PEO 浆料，烘干后获得一款新型复合固态电解质 LATP/PAN-[PEO_8-LiTFSI]。利用 PAN 将 LATP 与金属锂隔绝，并采用纤维网络增强机械性能来抑制锂枝晶生长。他们组装了"锂 / 固态电解质 / 锂"对称电池，通过周期性镀锂 / 脱锂测试研究电解质与锂金属之间的电化学稳定性。结果如图 5-5（a）所示，电流密度为 0.3 mA/cm²，单次充电 / 放电时间为 1 h。PEO_8-LiTFSI 对称电池（黑色曲线）的极化电压较大，并随着充放电时间的延长发生波动，这是由于 PEO_8-LiTFSI 较低的离子电导率和对锂的电化学不稳定性导致的。LATP/PAN-[PEO_8-LiTFSI] 对称电池（红色曲线）在循环 400 h 以内极化电压比较稳定地维持在 120 mV 左右，并且没有出现短路现象，说明该复合电解质的设计改善了与锂的界面性质，促进锂均匀沉积，抑制锂枝晶形成。此外，作者还测试了对称电池在循环 0 次、200 次和 400 次后的交流阻抗谱，如图 5-5（b）所示，LATP/PAN-[PEO_8-LiTFSI] 对称电池的阻抗仅发生轻微变化，而使用 PEO 电解质的电池界面阻抗持续大幅增加，表明纤维网络增强的复合电解质改善了电解质对锂的化学相容性。LATP/PAN-[PEO_8-LiTFSI] 在循环 400 h 后的 SEM 照片如图 5-5（c）所示，与初始状态相比表面形貌保持完好。对比两款电解质对称电池循环后锂负极的表面形貌［见图 5-5（d）和图 5-5（e）］，可见，复合固态电解质的锂负极表面光滑、平整，而 PEO 电解质的锂负极表面出现不均匀的锂沉积和锂枝晶，证实纤维网络增强复合固态电解质对抑制锂枝晶的有益效果。

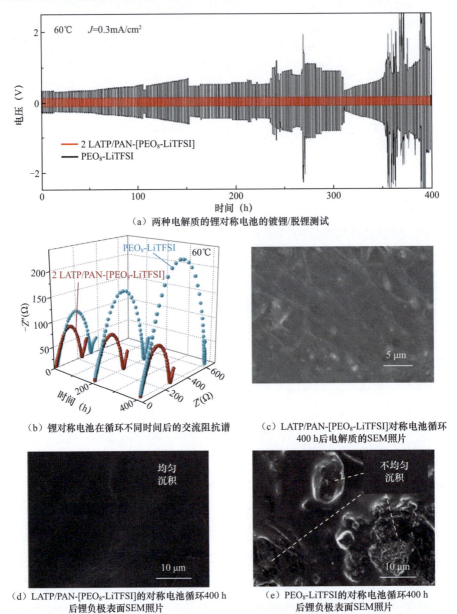

（a）两种电解质的锂对称电池的镀锂/脱锂测试

（b）锂对称电池在循环不同时间后的交流阻抗谱

（c）LATP/PAN-[PEO_8-LiTFSI]对称电池循环400 h后电解质的SEM照片

（d）LATP/PAN-[PEO_8-LiTFSI]的对称电池循环400 h后锂负极表面SEM照片

（e）PEO_8-LiTFSI的对称电池循环400 h后锂负极表面SEM照片

图 5-5　LATP/PAN-[PEO_8-LiTFSI] 和 PEO_8-LiTFSI 的对称电池的性能测试和材料表征[7]

2. 固态电解质先进理化表征技术

在固态锂离子电池的研究中，常用的理化表征技术，如扫描电子显微镜（SEM）、透射电子显微镜（TEM）、X 射线衍射（XRD）、核磁共振波谱（NMR）等，均要求先对电池进行拆解并取出样品。这一制样过程不仅烦琐，而且会对电池造成不可逆的损害。更为关键的是，在制样过程中，固态电解质与电极材料及其界面的结构与状态可能发生变化，从而影响实验数据的准确性。此外，这些传统的表征方法通常只能测试固态锂离子电池的初始状态，却难以直观地展现电池在充放电过程中发生的复杂物理化学变化的详细细节，这限制了我们对电化学过程和机理的深入探究。随着新型固态电解质材料和技术的不断涌现，人们对固态锂离子电池的反应动力学和离子输运等机制的研究日益深入。从传统的电化学反应到更为复杂的反应体系，探究电极在非平衡态下的界面 /相特性的动态演变，对于固态锂离子电池的发展及其性能优化具有至关重要的意义。这一研究领域的发展，将有助于我们更好地理解固态锂离子电池的工作原理，并为其未来的应用提供坚实的科学基础[9]。

原位表征技术（In Situ/ In Operando Characterization Technique）以其直观、实时、动态且无损伤的特性，为深入研究全固态锂电池的运行机制与失效机制提供了强有力的支撑[10]。原位分析工具的出现，为研究人员提供了一种新的方法，使研究人员能够在真实的热力学条件下，全面观察和分析电池的整个充放电过程，促进了对电池电化学动力学的理解，显著降低了非原位实验过程中可能因处理不当而产生的误差[11]。原位技术结合特殊的光谱与电化学分析设备，包含 X 射线光电子能谱（XPS）、电子能量损失谱（EELS）、X 射线吸收光谱（XAS）、角分辨光电子能谱（ARPES）、核磁共振波谱（NMR）、电子顺磁共振谱（ESR）、选区电子衍射（SAED）、X 射线衍射（XRD）、中子衍射（ND）、扫描探针显微镜（SPM）、扫描隧道显微镜（STM）、原子力显微镜（AFM）、开尔文（Kelvin）探针力显微镜、力曲线（Force Curve）接触式原子力显微镜、三维透射电子显微镜（3D TEM）、环形明场扫描透射电子显微镜（ABF-STEM）、扫描电子显微镜（SEM）、二次离子质谱（SIMS）、拉曼（Raman）光谱、红外光谱（IR）、紫外可见光谱（UV-vis）、电流 - 电压（IV）测试、阻抗谱（IS）测试、循环伏安法（CV）、交流阻抗法（EIS），涵盖了不同的时间、空间和能量分辨率（见图 5-6），这使得研究人员能够有针对性地选择恰当的方法，对电池进行深入研究与分析[12]。

（1）原位扫描电子显微镜（Scanning Electron Microscopy，SEM）。扫描电子显微镜（Scanning Electron Microscopy，SEM）的工作原理：收集在高压（约 20 keV）下，电子束扫描试样表面时产生的背散射电子或二次电子，进而成像。原位 SEM 技术能够实时、直观地捕捉并记录试样在充放电过程中反应位点的微观形貌变化，这一过程无需拆解和再组装电池，降低了材料暴露在空气中的风险。通过将原位 SEM 与 X 射线能谱（Energy Dispersive X-Ray Spectroscopy，EDS）技术相结合，研究人员可以深入解析电池运行过程中元素分布的动态变化以及电极界面反应动力学的演变，为电池性能的优化和失效机理的研究提供了强有力的工具支持。

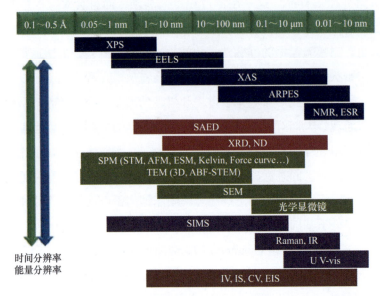

图5-6　典型表征技术的空间（x 轴）、时间及能量（y 轴）分辨率 [12]

Krauskopf 等人 [13] 在 SEM 室内使用显微操纵器和电子束进行原位电沉积实验，从微观尺度探究了石榴石型固态电解质（SSE）中锂的生长动力学。原位 SEM 电沉积实验装置示意图见图 5-7（a）。利用电子束在 LLZO 断面上进行锂的电沉积实验，原位 SEM 照片如图 5-7（b）所示。电子注入后，除了晶界［图 5-7（b）右上直线区域］外，断面上也观察到锂形核现象［图 5-7（b）左下角］，表明 Li 枝晶能够穿透固态电解质，并且 LLZO 的缺陷（包括一维和二维缺陷）是锂形核的首选位点。无论使用 Cu 集流体还是 Au 集流体都无法解决 Li 穿透的问题［见图 5-7（c）］。他们认为，在负极侧预先放置储锂层，保持锂与电解质的良好接触，保证锂通量更加均匀，可以降低锂的成核过电位，降低锂在缺陷处非均相成核的驱动力，以避免锂穿透和短路的发生。

（2）原位扫描透射电子显微镜（Scanning Transmission Electron Microscopy，STEM）。扫描透射电子显微镜（STEM）由透射电子显微镜（TEM）发展而来，具备扫描附件，综合了 SEM 和普通 TEM 的原理和特点，空间分辨率可达亚埃米级，可在纳米和原子尺度对材料微结构和精细化学组分进行表征分析。STEM 常和高角度环状暗场探测器（High-Angle Annular Dark Field，HAADF）连用。HAADF 接收分布在固体角较大区域的卢瑟福散射电子，可以完全排除非弹性散射和低角度布拉格散射的作用。其成像衬度与原子序数成平方正相关，可以通过每个点的强度差给出该点位元素的具体信息，得到的图像可以被称为原子像。通过原位 STEM 技术可以研究固态电解质与正负极之间的界面层在充放电过程中的状态变化 [14]。

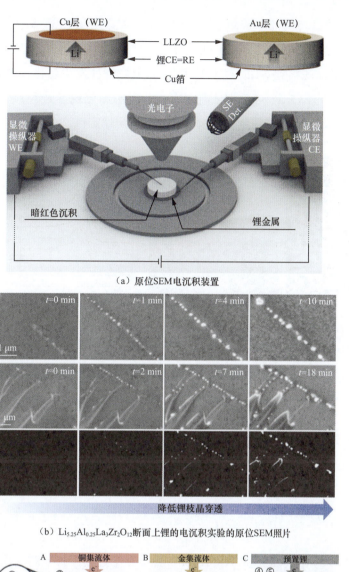

（a）原位SEM电沉积装置

（b）$Li_{5.25}Al_{0.25}La_3Zr_2O_{12}$断面上锂的电沉积实验的原位SEM照片

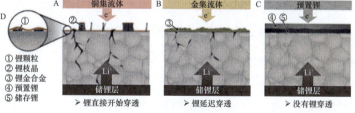

（c）镀锂过程示意图

图 5-7　原位 SEM 电沉积实验[13]

　　Chi 等人[15] 应用原位 HAADF-STEM 技术观测了锂金属和石榴石型氧化物固态电解质（c-LLZO）之间界面层的形成过程。图 5-8（a）所示为无明显光束损伤的 c-LLZO 的 STEM 图像，晶胞结构如图 5-8（a）所示，大小在 1 nm 以上。电子能量损失谱（EELS）分析表明，锂金属与石榴石 SSE 的接触导致界面上的 EELS O K- 边缘发生变化。由于 O *K*- 边缘与局部原子和电子结构直接相关，因此 EELS O *K*- 边缘的变化表明原子在局部重新配置，形成与 c-LLZO 结构或化学组成不同的界面层 ［见图 5-8（b）］。由图 5-8（c）可以观察到 c-LLZO 的 O *K*- 边缘双峰特征发生变化，由此确定该界面层厚度约为 6 nm，约为 5 个 c-LLZO 晶胞的尺寸。这种原位观察揭示了 c-LLZO/Li 的界面状态，也反映了 c-LLZO 对锂金属阳极优异的电化学稳定性。

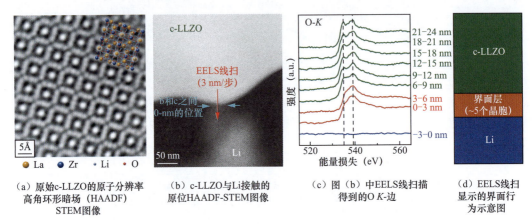

（a）原始c-LLZO的原子分辨率高角环形暗场（HAADF）STEM图像　　（b）c-LLZO与Li接触的原位HAADF-STEM图像　　（c）图（b）中EELS线扫描得到的O *K*-边　　（d）EELS线扫显示的界面行为示意图

图 5-8　c-LLZO/Li 界面层的形成 [15]

（3）原位中子深度剖析技术（Neutron Depth Profiling，NDP）。原位中子深度剖析技术以其独特的散射方式与 X 射线散射、电子散射互为补充，能够均匀地探测块状材料和电极材料中的低能量沉积物，特别擅长探测如 H、Li、O 等轻原子。NDP 具有同位素特异性，只有少数元素（例如 ^{10}B 和 ^{6}Li）能够捕获热中子或冷中子。对于锂金属，当中子束穿过富锂试样时，中子（4 meV）与 ^{6}Li 同位素发生反应，如式（5-6）所示 [16]

$$^{6}Li + n \rightarrow {}^{4}He\ (2055\ keV) + {}^{3}H\ (2727\ keV) \tag{5-6}$$

核反应生成的 ^{4}He（a）和 ^{3}H（Triton）粒子在穿过周围物质时会损失能量。通过测量这种能量损失，可以确定 ^{6}Li 原子所处的深度，并识别反应的初始位置，其信号积分可以反映相应深度的锂丰度。由于热或冷中子束中的俘获反应量很少，NDP 可以作为一种原位和非破坏性表征技术。利用 NDP 能够对非活性锂的形成和镀锂 / 脱锂时的锂密度演变进行原位探测，并可以对锂元素进行定量分析。图 5-9（a）描述了原位 NDP 测试系统的结构示意图，电池与真空室的温度控制铝板相连接，Si 探测器可以检测中子束与试样反应产生的 ^{3}H 和 α 粒子。图 5-9（b）展示了用于原位 NDP 测试的非对称电池的结构示意图 [17]。

Hu 等人 [17] 使用原位 NDP 技术探究了金属锂 / 石榴石型固态电解质 / 碳纳米管（Li/garnet/carbon-nanotubes，LGC）非对称电池的界面镀锂 / 脱锂过程，电压曲线（蓝色）、电量曲线（绿色）和 NDP 积分信号曲线（红色）如图 5-10（a）所示。在循环过程中，

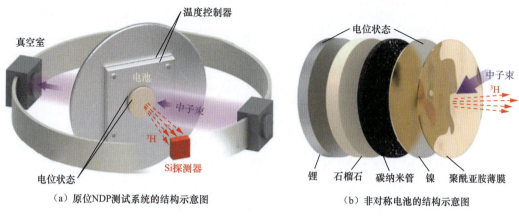

（a）原位NDP测试系统的结构示意图　　　　　（b）非对称电池的结构示意图

图 5-9　原位 NDP 测试系统的结构示意图 [17]

当电流密度在 100 ～ 200 A/cm² 区间内时，NDP 积分信号随电流方向的变化而变化，NDP 曲线与电量曲线趋势一致，表明 NDP 积分信号与锂转移量之间的线性关系；当电流密度增加到 400 μA/cm² 时，NDP 积分信号曲线明显偏离电量曲线，此时 Li 在界面处沉积。为研究界面附近可逆镀锂 / 脱锂层的性质，将 NDP 信号在几个小能量范围内积分（每 72 keV，对应 100 个通道），如图 5-10（b）所示。对于在 2014 ～ 2230 keV 范围的内层，NDP 积分增量和变化都相对较小，反映了石榴石固态电解质（SSE）在循环过程中的电化学稳定性较好。在 2230 ～ 2446 keV 区间，碳纳米管（CNT）对应的外层 NDP 近似呈线性增加，其中 2230 ～ 2374 keV 对应的层由于可逆的镀锂 / 脱锂，周期性变化最大，而最外层（2374 ～ 2446 keV）主要是线性增量而非周期性变化。上述结果表明，循环过程中锂沉积与深度有关，CNT/ 石榴石 SSE 界面附近形成了能可逆镀锂 / 脱锂的界面层，而当 Li 沉积在这个可逆层之外时，大部分锂将成为"死 Li"并堆积。

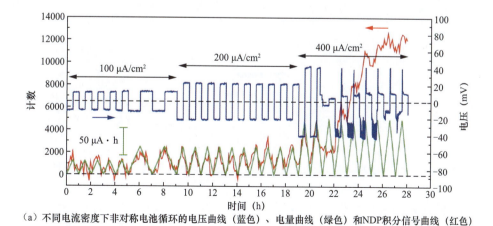

（a）不同电流密度下非对称电池循环的电压曲线（蓝色）、电量曲线（绿色）和NDP积分信号曲线（红色）

图 5-10　Li/ 石榴石 / 碳纳米管非对称电池循环时的原位 NDP 测试 [17]（一）

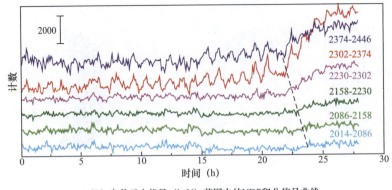

（b）在若干小能量（keV）范围内的NDP积分信号曲线

图 5-10　Li/ 石榴石 / 碳纳米管非对称电池循环时的原位 NDP 测试 [17]（二）

NDP 还可用于诊断对称固态锂离子电池中的短路现象。在 NDP 测试中，一旦短路将导致低库伦效率，NDP 积分曲线开始偏离电量曲线。即使是对称电池中的软短路也可以用 NDP 技术定量分析（见图 5-11），传统电化学方法无法实现。原位 NDP 技术能够为固态锂离子电池的表面或界面提供更多的 Li 分布信息。

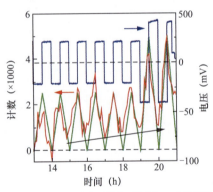

（a）预测阶段循环的电压曲线（蓝色）、电量曲线（绿色）和NDP信号积分曲线（红色）的放大图像

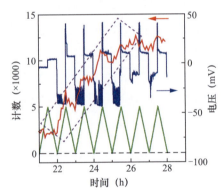

（b）"动态短路"阶段循环的电压曲线（蓝色）、电量曲线（绿色）和NDP信号积分曲线（红色）的放大图像

（c）锂沉积和剥离过程中"动态短路"机制示意图

图 5-11　锂 / 石榴石 / 锂对称电池在锂沉积和剥离过程短路诊断的原位 NDP 测试 [17]

李正操教授课题组 [18] 利用该技术手段，将 NDP 与同位素方法结合，定量解析了锂金属电池中锂的沉积 / 剥离过程在空间分布的不均匀性，结果显示锂密度是垂直于铜集流体深度的函数（见图 5-12），对高安全锂金属电极的开发和应用具有重要的指导意义。

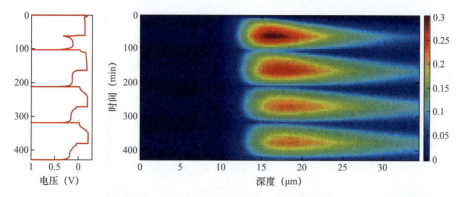

图 5-12　在 1.0 mA/cm² 电流密度下，对锂沉积和剥离循环进行原位 NDP 测试 [18]

（4）原位核磁共振波谱分析（Nuclear Magnetic Resonance Spectroscopy，NMR）。固态锂离子电池界面组成十分复杂，某些成分可能是亚稳态或暂态的，界面结构和机械、化学性能的研究具有挑战性。在这方面，固态核磁共振（NMR）光谱技术可适用于液体、固体和中间相等不同的物相状态，可以提供详细的元素组成与化学信息。在锂电池中，比较常见的研究对象有 ^7Li、^6Li、^{23}Na、^1H、^{13}C、^{19}F 及 ^{29}Si 等，其中 ^1H、^7Li 和 ^{19}F 具有高丰度和高回旋磁比，因而分辨率高。固体核磁共振光谱可以提供丰富的局部结构信息，这些信息是由目标原子核与其局部化学环境和电池体系中其他原子核之间的磁相互作用产生的，包括化学位移、偶极相互作用、偶极 - 偶极耦合、J- 耦合、核四极矩共振等。对于固态试样，这些相互作用可以提供大量信息，但由于其各向异性，可能导致固态核磁共振（NMR）线性变宽或位移、分裂，灵敏度较低。通过魔角旋转（MAS）的方式，即将样品管绕着一个与外加磁场夹角为 54.7° 的轴旋转，可以将各向异性的相互作用抵消（即达到在溶液中观察的效果——分子在溶液中的无序运动抵消其各向异性的影响），从而得到高分辨率的固体核磁共振谱图。原位核磁共振技术经常用于实时监测电极、电解质及其界面的变化 [19]。

全固态锂金属电池（SSLMBs）的性能受电化学非活性锂金属和固态电解质界面（SEI）的影响，它们统称为非活性锂。为了解析全固态锂金属电池失效机制，杨勇等 [20] 应用原位核磁共振技术对电池循环过程死锂（dead-Li）和 SEI 膜锂（SEI-Li）成分进行定量分析。锂金属核磁共振信号的积分面积可以提供定量信息，化学位移则可以提供形貌信息。研究人员对比了四种常用硫化物基固态电解质体系，即 $Li_{10}GeP_2S_{12}$（LGPS）、$Li_{9.54}Si_{1.74}P_{1.44}S_{11.7}Cl_{0.3}$（LSiPSCl）、$Li_6PS_5Cl$（LPSCl）和 $Li_7P_3S_{11}$（LPS）。图 5-13 所示为不同电解质体系的锂金属电池循环过程原位核磁共振测试结果。图 5-13（a）～图 5-13（d）对比了不同循环次数下四种硫化物电解质体系中可逆锂、dead-Li 和 SEI-Li 的占比。结果显示，在 LGPS 体系中没有观察到锂金属沉积，活性锂被认为全部转变为 SEI-Li，这可能与 Ge 参与反应有关。对于其他三种硫化物电解质，dead-Li 和 SEI-Li

都是导致容量衰减的原因，其中 LSiPSCl 体系 SEI-Li 的贡献高于 dead-Li，LPSCl 体系中 dead-Li 的贡献高于 SEI-Li，而 LPS 体系的情况更加复杂，在前三次循环中 dead-Li 是容量损失的主要原因，在第四和第五次循环中，SEI-Li 的占比迅速提高并占据主导。对 LPS 无阳极电池循环过程开展原位核磁共振谱分析［见图 5-13（e）～图 5-13（g）］，作者发现在第 4 次充电过程中，在 $260 \sim 280 \times 10^{-6}$ 的高化学位移范围内（由黑色点箭头表示）逐渐出现新的信号，其强度在随后的放电过程中逐渐减弱，但没有完全消失，表明形成死锂。

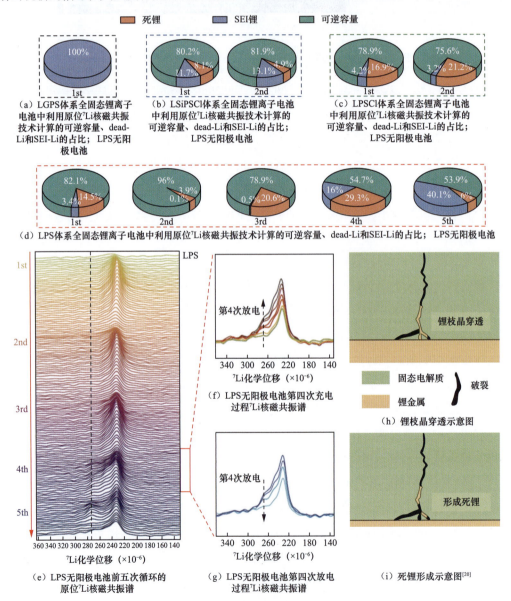

（a）LGPS体系全固态锂离子电池中利用原位^{7}Li核磁共振技术计算的可逆容量、dead-Li和SEI-Li的占比；LPS无阳极电池

（b）LSiPSCl体系全固态锂离子电池中利用原位^{7}Li核磁共振技术计算的可逆容量、dead-Li和SEI-Li的占比；LPS无阳极电池

（c）LPSCl体系全固态锂离子电池中利用原位^{7}Li核磁共振技术计算的可逆容量、dead-Li和SEI-Li的占比；LPS无阳极电池

（d）LPS体系全固态锂离子电池中利用原位^{7}Li核磁共振技术计算的可逆容量、dead-Li和SEI-Li的占比；LPS无阳极电池

（e）LPS无阳极电池前五次循环的原位^{7}Li核磁共振谱

（f）LPS无阳极电池第四次充电过程^{7}Li核磁共振谱

（g）LPS无阳极电池第四次放电过程^{7}Li核磁共振谱

（h）锂枝晶穿透示意图

（i）死锂形成示意图[20]

图 5-13　不同电解质体系的锂金属电池循环过程原位核磁共振测试结果[20]

（5）原位拉曼光谱（Raman Spectroscopy）。拉曼效应是印度科学家拉曼发现的一种光的非弹性散射效应，来源于分子振动（和点阵振动）与转动。原位拉曼光谱是一种非

破坏性分析技术，可以提供有关材料的化学结构、相态与相分离、结晶度和分子间相互作用等详细信息。原位拉曼可以用于分析非晶或结晶度低的化合物，但由于拉曼位移对非极性键敏感，依赖于分子固有振动和旋转的能级结构，因此不能用于分析金属锂，但可以通过监测电解质和锂金属之间界面的变化揭示锂的沉积机制。原位拉曼光谱常用于研究全固态锂离子电池中电极和固体电解质表面材料成分与结构的变化[21]。

Cai D X 等人[21]为探究硫正极在全固态锂硫电池（ASLSB）中的电化学反应机理，将电池侧面开口置于惰性环境中，电池内部材料直接暴露在激光下进行原位拉曼测试［见图 5-14（a）］。图 5-14（b）所示为固态电解质（SE）和硫正极在初始状态下的拉曼光谱，其中 427 cm^{-1} 的峰与硫化物电解质中 PS_4^{3-} 结构单元有关，158 cm^{-1}、220 cm^{-1} 和 473 cm^{-1} 三处峰与正极活性材料 S_8 有关，176 cm^{-1} 和 310 cm^{-1} 两处峰分别代表 C-S 键的拉伸振动和弯曲振动。图 5-14（c）展示了 ASLSB 电池在放电 / 充电过程中的电压 - 时间曲线和正极处相应的拉曼强度图。电压曲线显示，1.2 ～ 2.8 V 电压范围内只出现一对放电 / 充电电压平台。拉曼强度图显示，在放电过程中，S_8 的峰强逐渐减弱，但即使在放电完全后 S_8 的峰也未消失，说明 S_8 的还原反应缓慢且不彻底。充电过程中，S_8 的峰强度逐渐增强，并且在 438 cm^{-1} 附近出现一个新的拉曼峰，说明氧化过程有新的化学物质生成。硫正极在放电和充电过程中不同电压下的原位拉曼光谱见图 5-14（d）。在半充电状态（2.359 V），438 cm^{-1} 附近出现一个新的拉曼峰，归属于 Li_2S_2；而在充满电后（2.789 V），Li_2S_2 峰消失，说明在充电过程中 Li_2S 先被氧化为 Li_2S_2，再转化为 S_8。

（6）原位 X 射线衍射（X-Ray Diffraction，XRD）。X 射线具有极大能量，当其与晶体中的原子相互作用时，原子会对外发射次声波，该波的频率与入射 X 射线一致，称为 X 射线的散射。由于晶体中的原子在空间上呈周期性规律排列，以原子为单位对外发射的散射波之间存在固定的位相关系，会在空间产生干涉，结果导致某些方向散射波相互加强，而在某些方向上相互抵消，出现衍射现象。将每种晶体物质特有的衍射图谱与标准衍射图谱对比，利用三强峰原则，即可鉴定出试样中存在的物相。采用 X 射线衍射（XRD）技术，可以获得材料的成分、材料内部原子或分子的结构或形态等信息，是一种快速、准确、高效的材料无损检测技术。

原位 X 射线衍射技术可用于电池充放电过程中实时监测电极、电解质和电极 / 电解质界面物相和晶体结构的变化，为深入探究电化学反应机理和失效机理提供数据支持；也可以实时监测电解质材料在制备过程的物相演变，帮助解析工艺参数对电解质晶体结构的影响机制。根据 X 射线信号收集器与入射 X 射线源的相对位置，原位 XRD 装置可以分为反射式与透射式两种设计。通常采用反射式装置，入射 X 射线与信号收集器位于电池同一侧，所采集的信号主要来源于电极表面。透射式原位 XRD 的入射 X 射线通常来自同步辐射光源，具有极高的强度，可以直接穿透整个电池，并显著提高信噪比与信号采集速度。

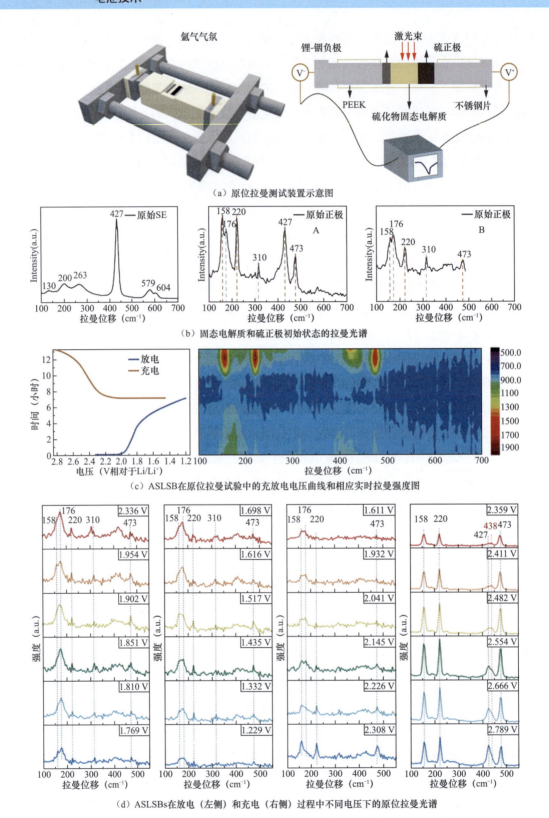

（a）原位拉曼测试装置示意图

（b）固态电解质和硫正极初始状态的拉曼光谱

（c）ASLSB在原位拉曼试验中的充放电电压曲线和相应实时拉曼强度图

（d）ASLSBs在放电（左侧）和充电（右侧）过程中不同电压下的原位拉曼光谱

图 5-14 硫正极的全固态锂硫电池内部材料直接暴露在激光下进行原位拉曼测试 [21]

Rawlence M 等人[22] 提出射频磁控共溅射法制备 LLZO 薄膜，利用原位 XRD 研究了 LLZO 薄膜在煅烧阶段的相演变过程。薄膜制备方法示意图如图 5-15（a）所示，采用 LLZO、Li_2O 和 Ga_2O_3 三种靶材进行多层共溅射，添加 Li_2O 可以补偿 LLZO 在高温烧结时的锂损失，引入 Ga 部分取代 Li 可以稳定 LLZO 的立方相结构。调节沉积速率和沉积层厚度可以调节薄膜中 Li 和 Ga 的添加比例。

图 5-15（b）展示了添加 Li_2O 的 LLZO 薄膜在烧结阶段的相演变过程。在 300℃时，部分晶体材料（如 $Li_4Zr_3O_8$ 和 Zr_3O）已经形成；升温到 500℃时，四方 LLZO 相的衍射峰出现；当温度达到 600℃时，四方 LLZO 相的衍射峰强度最高，同时 600℃保温期间立方 LLZO 相对应的衍射峰强度逐渐增强；最后在 700℃，LLZO 由四方相完全转变为立方相。Ga 掺杂量对烧结过程中 LLZO 的相演变有明显影响［见图 5-15（c）］，高比例 Ga 的掺杂可以将立方相 LLZO 的结晶温度降低至 500℃[22]。

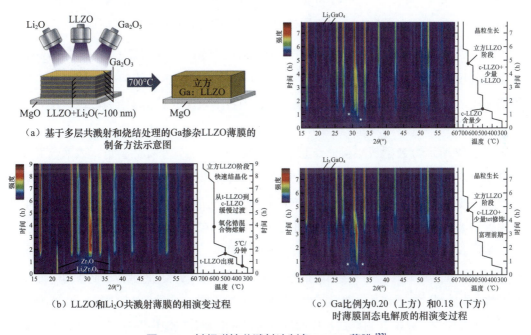

（a）基于多层共溅射和烧结处理的 Ga 掺杂 LLZO 薄膜的制备方法示意图

（b）LLZO 和 Li_2O 共溅射薄膜的相演变过程

（c）Ga 比例为 0.20（上方）和 0.18（下方）时薄膜固态电解质的相演变过程

图 5-15　射频磁控共溅射法制备 LLZO 薄膜[22]

Paolella A 等人[23] 为了研究 $Li_{1.5}Al_{0.5}Ge_{1.5}(PO_4)_3$（LAGP）固态电解质在循环过程中的结构演变，制作了一种有孔的锂 /LAGP/ 锂对称纽扣电池（带有聚丙烯窗口和铜环），用于原位 XRD 测试，结构如图 5-16（a）所示。随着循环的进行，LAGP 的晶体结构发生了微小变化，表现为衍射峰强度减弱、峰宽化和峰右移［见图 5-16（b）～图 5-16（d）］。LAGP 峰变宽表明晶体尺寸减小，峰右移反映晶格参数减小。同时，Li 金属被发现会在（110）晶面择优取向生长。当锂离子在锂金属表面剥离或沉积时，它们会重新排列以降低表面能，导致在能量较低的（110）面优先取向生长。

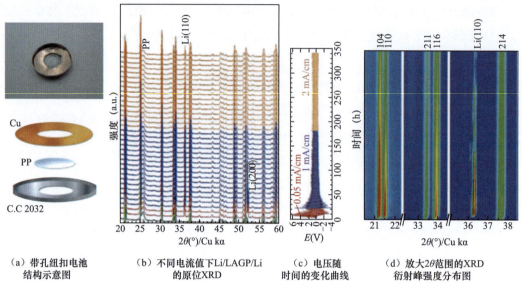

|（a）带孔纽扣电池 | （b）不同电流值下Li/LAGP/Li | （c）电压随 | （d）放大2θ范围的XRD |
|结构示意图 | 的原位XRD | 时间的变化曲线 | 衍射峰强度分布图 |

图 5-16　LAGP 固态电解质循环过程中的结构演变

（7）原位 X 射线层析成像（X-Ray Tomography）。X 射线层析成像（X-Ray Tomography）技术是利用高穿透力的硬 X 射线（10 ～ 100 keV）直接穿透物体的金属外壳等，对被测物体在一系列角度下进行扫描投影成像，得到各个角度的对比度衰减图像，再通过计算机软件重建出被测物体的三维结构。

图 5-17 所示为 X 射线层析成像原理示意图[24]。样品置于样品台上，该平台可以旋转至少 180°［见图 5-17（b）］。X 射线穿过样品时被部分吸收，闪烁体将透射的 X 射线转换成可见光，可以用 CCD 相机或 CMOS 相机进行光学放大和成像。从旋转台的一个特定角度拍摄的图像被称为投影像，该图像提供了样品在该特定角度的全部吸收信息；将样本旋转，每旋转一小度，就会获得一个新的投影像。这组投影（通常超过 1000 个）被输入到层析重建算法中，可以输出层析照片，即一组样品内部三维成像空间中每一处吸收数据的虚拟剪辑。由于样品内部不同物相的衰减系数不同，因而可以获得样品的内部结构。基于该成像原理，原位 X 射线层析成像技术可以实时跟踪电池内部各组分的形貌、结构、化学组成等信息的动态变化，对研究固态锂离子电池界面变化和失效机制具有重要意义。

Madsen K E 等人[25]构建 Li|LGPS|Li 对称电池，利用原位 X 射线层析成像技术对电池循环过程中 LGPS 固体电解质与锂金属的界面进行实时三维形貌监测。图 5-18（a）展示了 LGPS 电解质片在循环过程不同时间点的三维结构渲染图和相应电化学数据，电解质片的顶部用黄色表示，电解质片底部用蓝色表示。由图 5-18 可见，LGPS/Li 界面发生了显著的形貌变化，垂直于电解质表面形成了非均质区域（用亮黄色表示），并且此过程不可逆，侧面反映了该变化是固态电解质电化学分解的结果。这一方面与 LGPS/Li 界面的不均匀接触有关；另一方面，该非均质区较大的尺寸表明副反应逐渐从界面向

LGPS 片体内发展，$Li_{3.75}Ge$ 作为主要副反应产物之一是导电的，其导电性允许电解质的分解反应持续进行。该工作深入揭示了 LGPS 在锂金属固态锂离子电池中的失效机理。

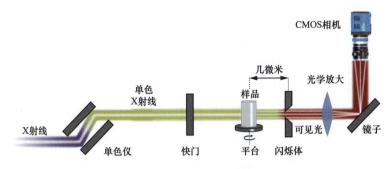

（a）X 射线层析成像过程示意图

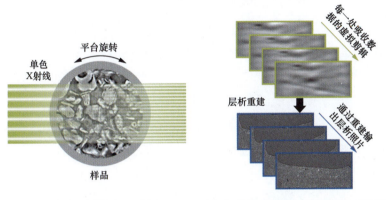

（b）X 射线穿透旋转样品的示意图　　　（c）从不同角度收集的一组投影重建成层析照片

图 5-17　X 射线层析成像原理示意图[24]

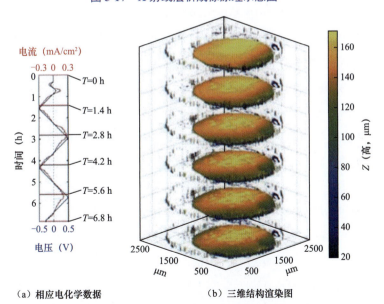

（a）相应电化学数据　　　　　　（b）三维结构渲染图

图 5-18　Li|LGPS|Li 电池循环过程 LGPS 电解质片在循环过程不同时间点的相应电化学数据和三维结构渲染图[25]

（8）原位 X 射线吸收光谱（X-Ray Absorption Spectroscopy，XAS）。X 射线照射到物质中时会被物质中原子的电子吸收，被吸收的 X 射线称为"回旋 X 射线"，再被放射出来后强度衰减，形成 X 射线吸收光谱。X 射线吸收光谱（XAS）就是利用 X 射线入射前后信号的变化来反映材料的元素组成、结构特征和电子轨道配置等内容，可以分析材料表面成分、氧化状态、结构对称性、键强、键长、短程局域结构、配位数等信息，对固相（晶体或非晶均可）、液相和气相材料都可以进行定性和定量分析 [26-27]。

根据吸收阈值能量，XAS 光谱可分为近边 X 射线吸收精细结构（XANES）和扩展 X 射线吸收精细结构（EXAFS）。XANES 是物质的 X 射线吸收谱中阈值以上约 50 eV 内的低能区吸收谱，对紧邻原子的立体空间结构非常敏感，可以提供材料的氧化态和对称类型等信息；EXAFS 是超出 XANES 区域、吸收边后 50 ～ 1000 eV 范围内的高能区吸收谱，可以提供中心原子与邻近原子的键长、配位数、无序度等信息。XAS 的测试模式可分为表面敏感的电子产率（Total Electron Yield，TEY）和体相敏感的荧光产率（Total Fluorescence Yield，TFY）两种。TEY 和 TFY 模式的探测深度分别约 10 nm 和 100 nm。将这两种模式结合起来，就可以获得依赖于深度的化学信息 [28]。

为了克服 XAS 测试中穿透深度浅和超高真空要求的限制，Liu 等人 [29] 设计了一种电池实验装置，实现在电池充放电过程中对电极的原位 XAS 测试。如图 5-19（a）所示，在集流体上用高精度激光钻出直径为 50 μm 的孔阵列，入射的 X 射线束和激发的荧光光子可以穿过集流体上的孔阵列。利用 X 射线的元素、化学和表面灵敏度，可以研究 LFP/PEO-LiTFSI/Li 固态锂离子电池中 LFP 电极的动力学性能。图 5-19（b）和 5-19（c）给出了固态锂离子电池中 LFP 电极随荷电状态（SOC）变化的 XAS 光谱。LFP 电极中存在强烈的弛豫和 SOC 梯度效应，LFP 电极的相变始于与集流体相邻的区域，电极需要数小时的弛豫时间才能达到均匀的 SOC 分布。他们同时对比了 NMC/PEO-LiTFSI/Li 体系中 NMC 电极的 SOC 变化状态，与 LFP 不同，NMC 电极迅速响应电化学变化，整个电极的 SOC 状态分布均匀。LFP 和 NMC 电极电荷动力学的差异，源于电导率、相转变机制和介观尺度形貌的共同作用。该工作证明了原位 XAS 技术在揭示电极电荷动力学方面的能力，可以扩展到其他电极体系和固态电解质的研究。

Li 等人 [30] 利用原位 XANES 光谱研究了硫化物全固态锂离子电池在充放电过程中 $LiNi_{0.8}Mn_{0.1}Co_{0.1}O_2$（NMC811）和 $Li_{10}GeP_2S_{12}$（LGPS）之间的界面行为。他们采用原子层沉积（ALD）技术在 NMC811 表面包覆超薄 $LiNbO_x$（LNO）保护层，对比裸露正极和包覆正极与 LGPS 界面的演变过程。电池结构如图 5-20（a）所示，在纽扣电池壳上打开一个窗口，允许 X 射线穿透。裸露 NMC811-LGPS 电池和 LNO@NMC811-LGPS 电池的实验结果分别如图 5-20（b）和图 5-20（c）所示。裸露正极和包覆正极的 Ni K-边谱在循环过程中的表现相似，位于 8353 eV 附近的谱峰在充放电循环中逐渐向高能量

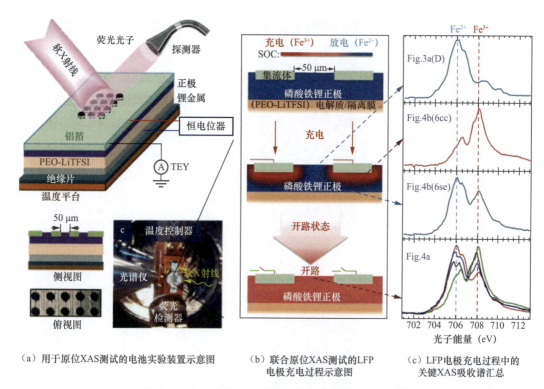

（a）用于原位XAS测试的电池实验装置示意图　　（b）联合原位XAS测试的LFP
电极充电过程示意图　　（c）LFP电极充电过程中的
关键XAS吸收谱汇总

图 5-19　电池充放电过程中的电极原位 XAS 测试 [29]

方向偏移，随后又朝低能量方向移回，表明 NMC811 在脱锂 / 嵌锂过程中发生 Ni^{2+}/Ni^{3+}
和 Ni^{3+}/Ni^{4+} 的氧化还原反应。裸露 NMC811 电池的 S K- 边谱中，2470.7 eV 处的谱峰在
第一次充电过程逐渐偏移到 2470.4 eV，表明 LGPS 不稳定；在随后的放电过程中谱峰
移回 2470.7 eV，同时新的谱峰（2472.5 eV）更加突出，归因于 S1s 向 Li_2S 的转变，表
明 LGPS 首先分解为 Li_2S，而非其他金属硫化物或多硫化物。相比之下，LNO@NMC
电池的 S K- 边谱在充放电过程中非常稳定，没有出现明显的特征变化，证明 LNO 包覆
层可以保护 NMC811，提高了 NCM811/LGPS 界面的稳定性。

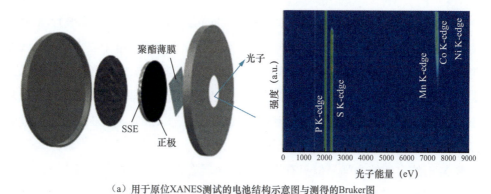

（a）用于原位XANES测试的电池结构示意图与测得的Bruker图

图 5-20　原位 XANES 测试硫化物全固态锂离子电池 [30]（一）

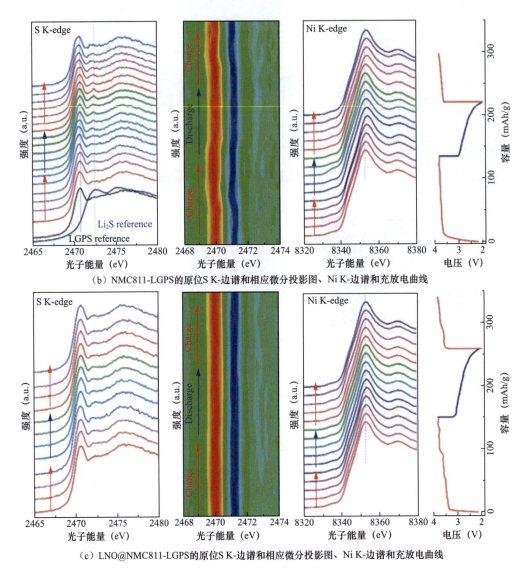

（b）NMC811-LGPS的原位S K-边谱和相应微分投影图、Ni K-边谱和充放电曲线

（c）LNO@NMC811-LGPS的原位S K-边谱和相应微分投影图、Ni K-边谱和充放电曲线

图 5-20　原位 XANES 测试硫化物全固态锂离子电池 [30]（二）

（9）原位 X 射线光电子能谱（X-Ray Photoelectron Spectroscopy，XPS）。X 射线光
电子能谱（XPS）是利用 X 射线辐照样品，样品表面原子的内层电子或价电子受激发成
为光电子，通过测量光电子的信号来表征样品表面的化学组成、元素的结合能和价态。
XPS 是一种典型的表面分析技术，可以提供化学键能级信息，即直接测量价层电子及内
层电子轨道能级；并且相邻元素同种能级的谱线相隔较远，相互干扰少，元素定性的标
识性强。XPS 可以检测除 H 和 He 以外的所有元素。

尽管 X 射线穿透能力强，但只有样品表面薄层发射出的光电子可以逃逸出来，因
此常规 XPS 只能分析样品表面约 10 nm 深度的化学状态。结合同步加速器的 XPS 通过
调整光子能量可以实现 2 ～ 50 nm 深度的检测，同时实现更快的测量速度和更高的分辨

率。将 XPS 与离子溅射技术结合，利用离子束定量剥离一定厚度的表面层，再用 XPS 分析表面成分，可以获得样品沿深度方向（450 nm 以内）的元素分布信息。

XPS 广泛应用于固态锂离子电池界面的研究，其中原位 XPS 技术能够实时反映电池界面元素化学状态和能带结构等的变化，加深对固态锂离子电池界面成分、结构和反应动力学等方面的认知。对于原位 XPS 技术，超高真空（108 Pa）至关重要，样品不能暴露于大气环境，制备和分析过程都需保持超高真空。原位 XPS 系统采用真空互联传输装置实现样品在制样设备和分析仪器之间的真空传递。图 5-21 展示了用于原位 XPS 表征的 DAISY-BAT（Darmstadt Integrated System for Battery Research）系统[31]，集成了多个薄膜制备腔室，包括 3 个溅射沉积室（正极、负极、电解质）、金属有机化合物气相外延室（Metal-Organic Chemical Vapour Deposition，MOCVD）、脉冲激光沉积室（Pulsed Laser Deposition，PLD）、化学气相合成室（Chemical Vapor Synthesis，CVS），碱金属蒸发源（Dispenser）和加热台，通过一个旋转台与光电子能谱仪连接。使用该系统，原位 XPS 可以对逐层生长的薄膜进行动态分析，更加真实地反映界面信息。

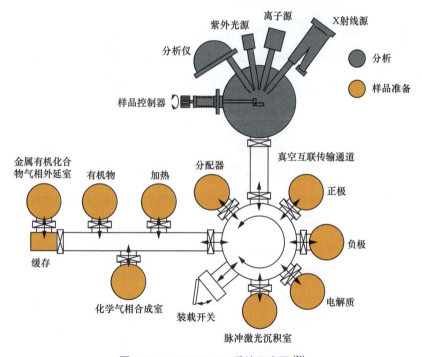

图 5-21　DAISY-BAT 系统示意图[31]

Sicolo S 等人[31] 使用图 5-21 所示装置研究了 LiPON 与金属锂界面的稳定性及其副反应机理。在 LiPON 电解质薄膜上蒸镀锂，图 5-22（a）显示了电解质薄膜在不同时间点的 Li1s 分谱，通过分峰拟合获得 Li 在电解质薄膜中的化学组成。初始 LiPON 的 Li1s 分谱只在 56.3 eV 处显示一个对称峰。当锂沉积 30s 后，Li1s 分谱出现了两个新特征峰，其中向低结合能方向偏移 1.3eV 的特征峰，对应 Li_2O，与同一时间的 O1s 分谱［见图 5-22（b）］的结果相吻合，而 Li_3N 和 Li_3P 由于位置与 Li_2O 接近、强度较低，无法单独分峰；另一个特征峰向低结合能方向偏移 2.7 eV，半高宽仅 0.9 eV，归属于未与电解质反应的金属锂。随着锂沉积时间的延长，Li_2O 和 Li 的强度增加，衬底 LiPON 的强度减弱。

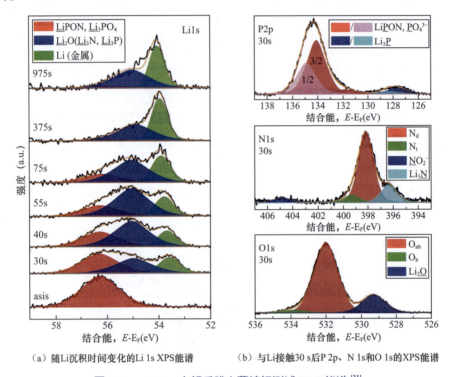

（a）随Li沉积时间变化的Li 1s XPS能谱　　　（b）与Li接触30 s后P 2p、N 1s和O 1s的XPS能谱

图 5-22　LiPON 电解质膜上蒸镀锂测试 XPS 能谱 [31]

Riegger L M 等人 [32] 采用原位 XPS 技术分析了 Li_3InCl_6 与锂金属之间的界面行为。图 5-23 所示为锂沉积过程中 Li_3InCl_6 的 XPS 能谱，包括不同时间下 In 3d XPS 能谱、In-MNN 俄歇光谱和 Li 1s XPS 能谱。如图 5-23（b）所示，原始样品中 445.1eV 处的特征峰对应的是 Li_3InCl_6。锂沉积 10 min 后，产生了 In_2O_3（444.8 eV）和金属 In（443.7eV）两个新的特征峰。In_2O_3 的出现可能是金属 In 与腔体内残余氧反应产生的。随着锂沉积时间的延长，In_2O_3 的强度减弱，In 的强度增加，说明在 Li 的作用下 In^{3+} 转变为 In^0。图 5-23（c）所示为 In-MNN 的俄歇光谱，在 0 min 时只观察到 1081.7 eV 处的 Li_3InCl_6 特征峰，而随锂沉积时间的增加，在 1076.0 eV 处出现 In 的特征峰。图 5-23（d）所示为 Li 1s XPS 能谱，初始阶段（0 min）可以观察到 Li_3InCl_6 的特征峰（56.7 eV）和 54.2 eV 处的一个较弱的峰，该峰可能为 Li_2CO_3 或 LiOH；随着时间推移，Li_3InCl_6 的峰强度减弱，Li_2CO_3 或 LiOH 的峰强度增加，并且出现了 Li_2O 的特征峰（54.3eV）；锂沉积 1h 后，分解产物更加明显，表明副反应在持续进行。

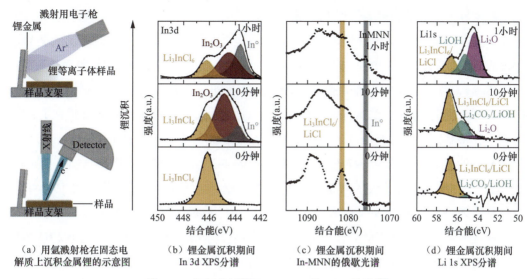

（a）用氩溅射枪在固态电解质上沉积金属锂的示意图　（b）锂金属沉积期间 In 3d XPS 分谱　（c）锂金属沉积期间 In-MNN 的俄歇光谱　（d）锂金属沉积期间 Li 1s XPS 分谱

图 5-23　锂沉积过程及 Li_3InCl_6 的 XPS 能谱 [32]

（10）冷冻电镜（Cryo-Electron Microscopy，Cryo-EM）。固态电解质材料及其充放电过程中的反应中间体，如锂金属、硫化物电解质和氧化物固态电解质等，对空气、水分和电子束非常敏感，具有高反应活性。这为材料的表征带来了挑战。受生物学的启发，冷冻电镜（Cryo-EM）提供了一种在纳米 / 原子尺度上保持样品真实状态并对循环电池材料进行成像的方法。传统冷冻方法会在样品中形成冰晶，产生强烈的电子衍射干扰成像信号。冷冻电镜使用液态乙烷作为冷冻剂，样品以 104 ~ 105 K/s 的速度迅速冷却。水分子会凝结为无定型的非晶玻璃态冰，样品结构得到保持和固定，同时玻璃态冰不会在真空环境中挥发，一定程度上保护了样品免受电子辐射的损伤。图 5-24 所示为冷冻电镜样品制备示意图 [33]。

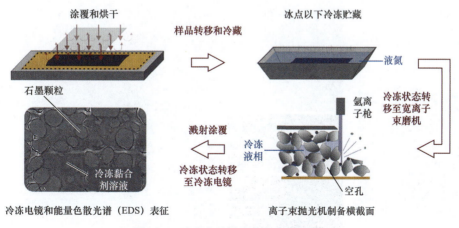

图 5-24　冷冻电镜样品制备示意图 [33]

对于常规样品，随着电子剂量的增大，透射电镜的成像质量也随之提高。但是，辐射对试样的损伤程度与其所受辐射总剂量有关，即当辐射剂量较大时，高分辨率图像的失真程度较大。因此，需要采用低剂量的辐射成像方法，检测过程尽量避免损伤样品，以获得更多的真实信息。使用冷冻电镜可以有效地对脆弱、不稳定的电池材料进行高分辨率表征，保持它们在真实电池中的原始状态，可用于对电池中锂负极材料和界面的表征。

Cheng D 等人[34]使用冷冻电镜结合聚焦离子束（FIB）和扫描透射电子显微镜（STEM）分析了 Li/LiPON 界面层的结构与化学性质。他们将 1.5 mm 厚的锂金属沉积在 LiPON 薄膜上，将其减薄至 120 nm 以下，提取出含有 Li/LiPON 界面层的薄片。Li/LiPON 样品横截面的低温聚离子束扫描电子显微镜（Cryo-FIB-SEM）照片如图 5-25（a）所示。图 5-25（b）展示了 Li/LiPON 界面的 Cryo-STEM 暗场（DF）照片，从图 5-25（b）中可以清楚地区分出 Li 和 LiPON 的界面。对该区域进行 EDS 能谱分析，结果显示，在锂金属区域观察到 P 和 N 元素的存在。为了进一步探究界面层结构演变与成分浓度梯度的相关性，对 Li/LiPON 界面进行 Cryo-HRTEM 分析 [见图 5-25（c）]，通过与相应物质的晶格间距对比，快速傅里叶变换（Fast Fourier Transform，FFT）图谱证实该探测区域内锂金属、Li_2O、Li_3N 和 Li_3PO_4 四相共存。作者挑选 4 个区域 [见图 5-25（c）中的 4 个黄色方框] 逐步研究从锂金属区域到 LiPON 区域的成分演变。4 个区域的 FFT 结果显示，锂金属附近的区域 1 存在锂和 Li_2O，代表界面相的开始；区域 2 存在 Li_2O、Li_3N 和少量锂金属；区域 3 存在 Li_2O、Li_3N 和 Li_3PO_4，未观察到锂金属，该区域的物质被认为是 LiPON 的分解产物；区域 4 为 LiPON 的非晶结构。进一步地，研究团队从界面层的 10 个不同区域提取了 3 种层间结构（$Li+Li_2O$、$Li+Li_2O+Li_3N$、$Li_2O+Li_3N+Li_3PO_4$）的厚度，并记录各层深度，绘制在图 5-25（d）中。$Li+Li_2O$、$Li+Li_2O+Li_3N$ 和 $Li_2O+Li_3N+Li_3PO_4$ 层的平均厚度分别为 21.1 nm、11.6 nm 和 43.7 nm，组成一个平均厚度为 76.4 nm 的界面层。

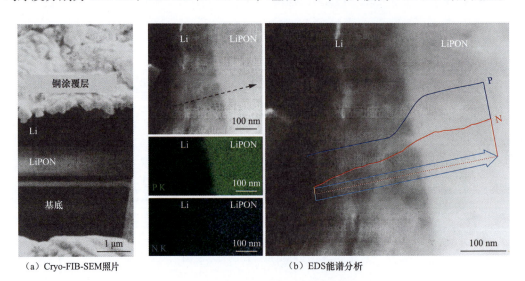

（a）Cryo-FIB-SEM照片　　　　　　　　（b）EDS能谱分析

图 5-25　Li/LiPON 样品横截面的 Cryo-FIB-SEM 照片和 EDS 能谱分析、Li/LiPON 的 Cryo-HRTEM 照片及界面层间不同成分的深度分布与平均厚度 [34]（一）

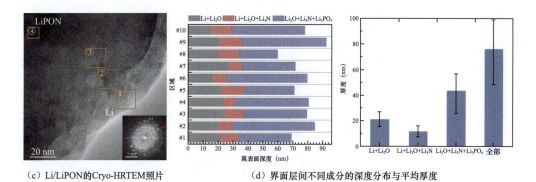

（c）Li/LiPON的Cryo-HRTEM照片　　（d）界面层间不同成分的深度分布与平均厚度

图 5-25　Li/LiPON 样品横截面的 Cryo-FIB-SEM 照片和 EDS 能谱分析、Li/LiPON 的 Cryo-HRTEM 照片及界面层间不同成分的深度分布与平均厚度 [34]（二）

　　斯坦福大学崔屹教授团队 [35] 使用冷冻电子显微镜技术观察锂离子电池负极材料界面，获得了原子级分辨率的锂枝晶电镜照片。锂元素活性高，对环境敏感，在原子层级上研究锂枝晶的形成具有挑战性，而高分辨率冷冻电镜能够有效保持界面处的枝晶结构，成功还原了锂枝晶的结构图像。如图 5-26 所示，高分辨率电子显微镜下，锂枝晶呈条状的完美六面晶体，具有明显的 <111> 择优取向，即在生长过程中存在"拐弯"现象而不会产生晶格缺陷。

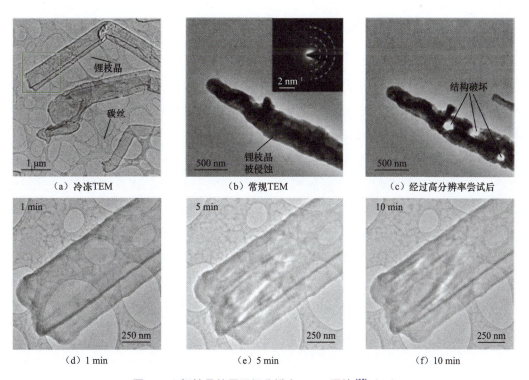

（a）冷冻TEM　　　　　　　　　（b）常规TEM　　　　　　　　（c）经过高分辨率尝试后

（d）1 min　　　　　　　　　　（e）5 min　　　　　　　　　　（f）10 min

图 5-26　锂枝晶的原子级分辨率 TEM 照片 [35]（一）

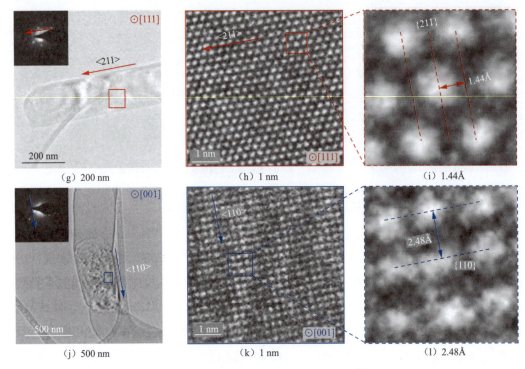

（g）200 nm　　　　　　　（h）1 nm　　　　　　　（i）1.44Å

（j）500 nm　　　　　　　（k）1 nm　　　　　　　（l）2.48Å

图 5-26　锂枝晶的原子级分辨率 TEM 照片 [35]（二）

5.1.2　固态锂离子电池表征技术

1. 固态锂离子电池电化学表征技术

电化学表征技术是研究固态锂离子电池性能的重要技术手段。常用的电化学表征技术与测试方法包括循环伏安测试、交流阻抗测试、倍率性能测试、高低温性能测试、室温 / 高温容量保持与恢复测试和循环性能测试等。

（1）循环伏安法。循环伏安法（Cyclic Voltammetry，CV）是一种常用的电化学研究方法。该法控制电极电势以不同的速率，随时间以三角波形一次或多次反复扫描，电势范围是使电极上能交替发生不同的还原和氧化反应，并记录电流 - 电势曲线。根据曲线形状可以判断电极反应的可逆程度，中间体、相界吸附或新相形成的可能性，以及偶联化学反应的性质等。常用来测量电极反应参数，判断其控制步骤和反应机理，并观察整个电势扫描范围内可发生哪些反应。

循环伏安法被广泛应用于固态锂离子电池的电化学性能研究。Song G W 等人 [36] 合成了磷酸钛铝锂（$Li_{1.3}Al_{0.3}Ti_{1.7}PO_4$，LATP）包覆六系镍钴锰三元材料（$LiNi_{0.6}Co_{0.2}Mn_{0.2}O_2$，NCM-622）的复合正极材料（LATP@NCM-622），用循环伏安法研究了 LATP 包覆对三元材料循环稳定性的影响。文中固态锂离子电池的正极为 LATP@NCM-622，负极为锂金属，以 0.1mV/s 的扫描速度在 2.6 ～ 4.3 V 的电压区间内分别测试了 NCM-622 和 LATP@NCM-622 电池循环前后的 CV 曲线，其结果如图 5-27 所示。

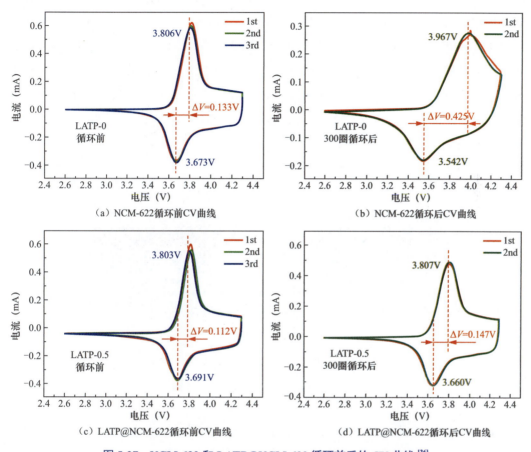

图 5-27　NCM-622 和 LATP@NCM-622 循环前后的 CV 曲线 [36]

从图 5-27 中可以看出，不论有无 LATP 包覆，NCM-622 为正极组装的电池均在 2.6 ～ 4.3 V 区间内有一对氧化还原峰，对应的反应为 Ni^{2+}、Ni^{3+} 与 Ni^{4+} 之间的转换。对比循环前后氧化峰和还原峰的电位差可以得出，无 LATP 包覆的 NCM-622 组装的电池，电位差从 0.133 V 增加到 0.425 V，而有 LATP 包覆的 NCM-622 材料组装的电池，峰电位差仅从 0.112 V 增加到 0.147 V，说明 LATP 包覆的 NCM-622 的循环稳定性更佳。

（2）交流阻抗法。交流阻抗法（EIS）也是常用的电化学测试方法。其原理是在电极上输入一个频率变化的小幅正弦电流或者电压信号，通过测试电压反馈或电流反馈来计算电极的电化学参数。由于输入信号为小幅度交流信号，在高频段，每半周期持续时间很短，可以视为电极上不发生浓差极化，由此可以用于研究电极的欧姆极化和电化学反应极化；在低频段，电极表面发生浓差极化，因此低频段的数据可以用于研究电极表面的离子扩散过程。

在固态锂离子电池的研究中，交流阻抗法也是常用的电化学分析手段。Yoshinari 等人 [37] 组装了以 $LiNi_{0.8}Co_{0.1}Mn_{0.1}O_2$（NCM-811）/$\beta$-$Li_3PS_4$（LPS）复合材料和 NCM-811/$Li_{1.5}Al_{0.5}Ti_{1.5}(PO_4)_3$（LATP）复合材料为正极的固态锂离子电池，并用交流阻抗法对正极界面进行研究。固态锂离子电池的结构示意图如图 5-28 所示。图 5-28（a）的正极为 NCM-811 和 LPS 复合材料，电解质层为 LPS，负极为 $Li_4Ti_5O_{12}$（LTO）和 LPS 复合材料。图 5-28（b）的正极为 NCM-811 和 LATP 复合材料，电解质层为 LPS，负极为 LTO 和 LPS 复合材料。

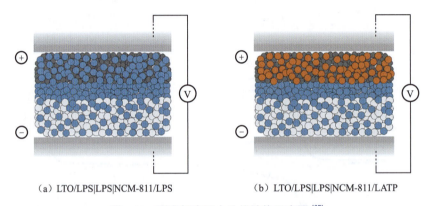

（a）LTO/LPS|LPS|NCM-811/LPS   （b）LTO/LPS|LPS|NCM-811/LATP

图 5-28　固态锂离子电池的结构示意图 [37]

研究团队测试了 LTO/LPS|LPS|NCM-811/LPS 和 LTO/LPS|LPS|NCM-811/LATP 两种电池在不同温度下的 EIS 曲线，并通过对 EIS 曲线的拟合分析了电池中存在的三种不同性质的阻抗，EIS 数据如图 5-29 所示。图 5-29（a）和 5-29（b）给出了两种固态锂离子电池在不同温度条件下的 Nyqusit 图，通常采用图 5-29（c）和 5-29（d）中的等效电路对固态锂离子电池的 Nyqusit 曲线进行拟合。图 5-29（c）和图 5-29（b）中左边的电阻和电容组成的电路（RC 电路）模拟固态电解质（LPS）晶界导致的阻抗变化，对应 Nyquist 曲线的中频区域，用 $R_{SE,gb}$ 表示；右边的 RC 电路模拟固态电解质（LPS 或者 LATP）和电极活性物质之间的界面导致的阻抗变化，对应 Nyquist 图的低频区域，用 $R_{interface}$ 表示；而 Nyquist 图的高频区对应的是固态电解质（LPS）的本体阻抗，用 $R_{SE,bulk}$ 表示。该工作中，由于固态电解质的本体阻抗只有在 25℃ 的时候才能检测到，温度上升后其所需的频率范围过高导致无法测量，因此只测试了 25℃ 条件下的本体阻抗，在该温度的等效电路中用恒电势元件来模拟本体阻抗，图 5-29（c）和 5-29（d）中的等效

电路适用于超过 25℃的情况。实验结果显示，界面阻抗随温度升高下降很快，并且在 150℃条件下，NCM/LATP 的界面阻抗低于 NCM/LPS 的界面阻抗。

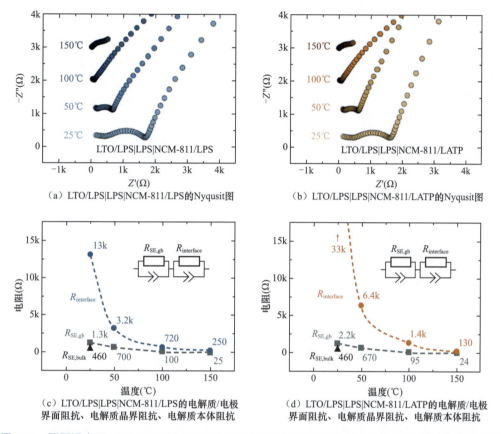

（a）LTO/LPS|LPS|NCM-811/LPS 的 Nyqusit 图　　　（b）LTO/LPS|LPS|NCM-811/LATP 的 Nyqusit 图

（c）LTO/LPS|LPS|NCM-811/LPS 的电解质/电极
界面阻抗、电解质晶界阻抗、电解质本体阻抗

（d）LTO/LPS|LPS|NCM-811/LATP 的电解质/电极
界面阻抗、电解质晶界阻抗、电解质本体阻抗

图 5-29　不同温度下，**LTO/LPS|LPS|NCM-811/LPS** 和 **LTO/LPS|LPS|NCM-811/LATP** 的 **EIS** 数据

（3）电性能测试。衡量电池性能的指标很多，对于普通锂离子电池而言，根据其不同的使用场景，规范化地设置了一系列国家标准和行业标准，用于定量评价一款电池的性能。常用的电池电性能指标包括初始容量、倍率性能、高低温性能、存储性能、标准循环性能等。固态锂离子电池由于其产业发展时间较晚，尚未形成相应的国家标准，目前大部分固态锂离子电池企业仍然使用的是普通锂离子电池的国标或者行业认可度较高的团体标准。表 5-1 汇总了《聚合物准固态电解质动力电池性能指标及测试方法》（T/GDCKCJH 025—2020）[38]、《电动汽车用动力蓄电池电性能要求及试验方法》（GB/T 31485—2015）[39] 和《电动汽车用动力蓄电池循环寿命要求及试验方法》（GB/T 31484—2015）[40] 对单体电池电性能的测试方法与要求。

表 5-1　动力电池单体电性能测试标准

测试项目	T/GDCKCJH 025—2020[38]	GB/T 31485—2015[39] GB/T 31484—2015[40]
单体电池标准充电	室温下，动力电池单体以 1 C 的电流充电至制造商规定的充电截止电压，转恒压充电，至充电电流降低至 0.05 C，搁置 1 h	室温下，单体电池以 1 C 恒流充电至企业技术条件中规定的截止电压，转恒压充电，截止电流为 0.05 C，充电后搁置 1 h
单体电池室温初始容量	新出厂的动力电池，在室温下，以标准充电方法完全充电后，以 1 C 电流放电至制造商规定的放电终止条件时所放出的容量（Ah）。电池单体室温放电容量应不低于额定容量，并且不超过额定容量的 110%，同时所有测试对象初始容量极差不大于初始容量平均值的 5%	单体电池以标准充电方法完全充电后，室温下，电池以 1 C 电流放电至企业技术条件中规定的放电截止电压，计算放电容量（Ah），重复充放电 5 次，当连续 3 次实验结果的极差小于额定容量的 3% 时，可提前结束试验，取最后 3 次实验结果平均值。电池单体室温放电容量应不低于额定容量，并且不超过额定容量的 110%，同时所有测试对象初始容量极差不大于初始容量平均值的 5%
单体电池标准循环寿命测试	（1）电池单体以 1 C 恒流放电至制造商规定的放电终止电压。（2）电池单体搁置 30 min（或制造商提供的不大于 30 min 的搁置时间）。（3）电池单体按照标准充电方法充电。（4）电池单体搁置 30 min（或制造商提供的不大于 30 min 的搁置时间）。（5）1 C 恒流放电至制造商规定的放电终止电压，记录放电容量。（6）按照（2）～（5）连续循环 500 次，若放电容量低于初始容量的 90%，则终止试验；若放电容量高于初始容量的 90%，则继续循环 500 次。（7）计量室温放电容量和放电能量。按照上述方法测试，循环次数达到 500 次时放电容量应不低于初始容量的 90%，或者循环次数达到 1000 次时，放电容量应不低于初始容量的 80%	（1）电池单体以 1 C 恒流放电至企业规定的放电终止电压。（2）电池单体搁置不低于 30 min 或企业规定的搁置条件。（3）电池单体按照标准充电方法充电。（4）电池单体搁置不低于 30 min 或企业规定的搁置条件。（5）电池单体以 1 C 恒流放电至企业规定的放电终止电压，记录放电容量。（6）按照（2）～（5）连续循环 500 次，若放电容量低于初始容量的 90%，则终止试验；若放电容量高于初始容量的 90%，则继续循环 500 次。（7）计量室温放电容量和放电能量。按照上述方法测试，循环次数达到 500 次时放电容量应不低于初始容量的 90%，或循环次数达到 1000 次时，放电容量应不低于初始容量的 80%

从表 5-1 可以看出，T/GDCKCJH 025—2020 参考了 GB/T 31485—2015、GB/T 31484—2015 的测试标准，并且聚合物固态锂离子电池单体性能的指标仅规定了室温初始容量和室温标准循环两项，并未对电池的倍率、高低温等基础电性能进行规范，这说明目前国内对固态锂离子电池单体性能指标的行业规范尚未形成统一的共识。

单体电池的基础电性能是衡量电池性能的重要指标，固态锂离子电池根据其使用场景，应该分别满足对应使用场景的国家标准。综合目前动力和储能锂离子电池的国家标准《电动汽车用动力蓄电池电性能要求及试验方法》（GB/T 31485—2015）[39] 和《电力储能用锂离子电池》（GB/T 36276—2023）[41]，结合实际应用情况，表 5-2 给出了固态锂离子电池的电性能测试方法，以供参考。

表 5-2　固态锂离子电池电性能测试方法

测试项目	测试方法
标准充电	室温下，电池单体以标准充电电流（动力电芯 0.33 C，储能电芯 0.5 C）充电至制造商规定的充电截止电压时转恒压充电，至充电电流降低至 0.05 C，静置 1 h

续表

测试项目	测试方法
室温放电容量	新出厂的电池，在室温下，以标准充电方法完全充电后，以标准放电电流（动力电芯 0.33 C，储能电芯 0.5 C）放电至制造商规定的放电终止条件时所放出的容量（Ah）。放电容量应不低于额定容量并且不高于额定容量的 110%
室温倍率放电容量	（1）室温下，电池单体按标准充电方法充满电。 （2）室温下，电池单体以指定倍率（0.33 C、0.5 C、1 C、2 C 和 3 C）恒流放电至制造商指定的截止电压，静置 1 h。 （3）计量 0.33 C、0.5 C、1 C、2 C 和 3 C 放电容量（以 Ah 计）
室温倍率充电容量	（1）室温下，电池单体以标准放电电流恒流放电至制造商规定的截止电压，静置 1 h。 （2）室温下，电池单体以指定倍率（1 C、2 C 或 3 C）恒流充电至制造商规定的截止电压后转恒压充电，截止电流为 0.05 C，静置 1 h。 （3）室温下，电池单体以标准放电电流恒流放电至制造商规定的截止电压，静置 1 h。 （4）计量放电容量（以 Ah 计）
DCR 测试	（1）电池单体按标准充电方法充满电。 （2）电池单体 0.5 C 放电至制造商规定的截止电压，放电容量记为 C_0，静置 1 h。 （3）电池单体按标准充电方法充满电，静置 5 min，以 $0.5C_0$ 恒流放电 1 h。在 25℃ 下静置 1 h，记录静置末端电压 U_1，随后以 $2C_0$ 恒流放电 30 s，记录放电末端电压 U_2，静置 40 s，记录静置末端电压 U_3，再以 $1.5C_0$ 恒流充电 30 s，记录充电末端电压 U_4，$2C_0$ 和 $1.5C_0$ 数据以 0.1 s 为时间间隔记录。 （4）电池单体的放电 DCR=（U_1-U_2）/（$2C_0$），充电 DCR 为（U_4-U_3）/（$1.5C_0$）
高温放电容量	（1）室温下，电池单体按标准充电方法充满电。 （2）电池单体在指定温度（45℃ ±2℃ 或 55℃ ±2℃）下搁置 24 h。 （3）电池单体在指定温度（45℃ ±2℃ 或 55℃ ±2℃）下，以标准放电电流放电至制造商规定的截止电压。 （4）计量放电容量（以 Ah 计）
低温放电容量	（1）室温下，电池单体按标准充电方法充满电。 （2）电池单体在指定温度（−20℃ ±2℃ 或 −10℃ ±2℃）下搁置 24 h。 （3）电池单体在指定温度（−20℃ ±2℃ 或 −10℃ ±2℃）下，以标准放电电流放电至制造商规定的截止电压的 80%。 （4）计量放电容量（以 Ah 计）
常温荷电保持与容量恢复能力	（1）室温下，电池单体按标准充电方法充满电。 （2）电池单体以标准放电电流恒流放电至制造商规定的截止电压，静置 1 h，记录容量 C_1。 （3）在环境温度为 25℃ ±2℃ 的条件下将满电电芯静置 28 天。 （4）电池单体以标准放电电流恒流放电至制造商规定的截止电压，静置 1 h，记录容量荷电保持容量 C_2。 （5）电池单体按标准充电方法充满电。 （6）电池单体以标准放电电流恒流放电至制造商规定的截止电压，静置 1 h，记录恢复容量 C_3
高温荷电保持与容量恢复能力	（1）室温下，电池单体按标准充电方法充满电。 （2）电池单体以标准放电电流恒流放电至制造商规定的截止电压，静置 1 h，记录容量 C_1。 （3）在 60℃ ±2℃ 环境下存储 7 d，储存结束后在室温下搁置 5 h。 （4）室温下，电池单体以标准放电电流恒流放电至制造商规定的截止电压，静置 1 h，记录荷电保持容量 C_2。 （5）电池单体按标准充电方法充满电，静置 1 h。 （6）电池单体以标准放电电流恒流放电至制造商规定的截止电压，静置 1 h，记录恢复容量 C_3
常温循环	（1）电池单体以标准放电电流恒流放电至制造商规定的放电终止电压。 （2）搁置 30 min（或者制造商提供的不大于 30 min 的搁置时间）。 （3）电池单体按照标准充电方法进行充电。 （4）单体搁置 30 min（或者制造商提供的不大于 30 min 的搁置时间）。 （5）以标准放电电流恒流放电至制造商规定的放电终止电压，记录放电容量。 （6）按照（2）～（5）连续循环，直至放电容量低于初始容量的 80%，终止试验。 测试样品按照上述方法测试，循环次数达到 500 次时放电容量应不低于初始容量的 90%，或者循环次数数达到 1000 次时，放电容量应不低于初始容量的 80%

2. 固态电池安全性能表征技术

安全性是固态锂离子电池最为重要的优势，固态电解质取代易燃的碳酸酯类电解液，可以有效降低电池热失控的风险。常见的固态锂离子电池安全性能表征方法包括过放电、过充电、外部短路、高温热箱、热失控、挤压、火焰燃烧、重物冲击和跌落等测试。根据《电动汽车用动力蓄电池安全要求》（GB 38031—2020）[42]和《电力储能用固态锂离子电池安全要求及试验方法》（T/CEC 678—2022）[43]，表 5-3、表 5-4 和图 5-30 给出了适用于部分固态锂离子电池体系的安全性能测试方法。

表 5-3　固态锂离子电池安全性能测试方法

测试项目	测试方法
过放电	电池充满电后，以 1 C 电流放电 90 min 或者电压达到 0 V，在实验环境温度下观察 1 h，电池应不起火、不爆炸
过充电	电池充满电后，以制造商规定且不小于 1/3 C 的电流恒流充电至制造商规定的充电终止电压的 1.5 倍或 115% 荷电状态（State Of Charge，SOC）后，停止充电，在实验环境温度下观察 1 h，电池应不起火、不爆炸
外部短路	电池充满电后，将正极端子和负极端子经外部短路 10 min，外部线路电阻应小于 5 mΩ，完成以上步骤后，在试验环境温度下观察 1 h，电池应不起火、不爆炸
高温热箱	电池充满电后，将电池以 5℃/min 的升温速率由环境温度升至 150℃ ±2℃，并保持 30 min 后停止加热，在试验环境温度下观察 1 h，电池应不起火、不爆炸
热失控	（1）电池单体充满电后，继续 1 C 恒流充电 12 min。 （2）启动加热装置，并以其最大功率对测试对象持续加热，加热装置加热功率应符合表 5-4 的规定。加热装置的尺寸规格不应大于电池单体的被加热面；安装温度监测器，监测点温度传感器布置在远离热传导的一侧，即安装在加热装置的对侧（参见图 5-30），温度数据的采样间隔不应大于 1 s，准确度应为 ±2℃，温度传感器尖端的直径应小于 1 mm。 （3）当发生热失控或监测点温度达到 300℃时，停止触发，关闭加热装置。 （4）记录试验结果
挤压	电池充满电后，将电池单体挤压（挤压方向为垂直于极片方向，挤压板形式：半径 75 mm 的半圆柱体，半圆柱体的长度 L 大于被挤压电池单体的尺寸）至电压达到 0 V，或变形量达到 50%，或挤压力达到 150 kN ± 5 kN 时停止挤压，保持 10 min，在试验环境温度下观察 1 h，电池应不起火、不爆炸
火焰燃烧	（1）电池单体充满电。 （2）在烷气火焰灯上方 150 ～ 200 mm 处放置钢丝网，并调节烷气和空气的流量，使钢丝网发出明亮的红色。 （3）关闭烷气火焰灯，将试样置于钢丝网上。为防止电池单体样品在试验过程中脱离钢丝网，可用直径 1 ～ 2 mm 的铁丝将之固定，或将电池单体样品悬挂于烷气火焰灯上方。然后在最短的时间内调节好烷气火焰灯，使火焰灼烧电池单体样品 130 s。 （4）观察 1 h。 （5）电池应不起火、不爆炸
重物冲击	（1）电池单体充满电。 （2）将试样置于水泥地面上，在电池单体的中部横放一根长度大于样品尺寸、直径为 15.8 mm 的钢棒，使 9.1 kg 的铁锤从 610 mm ± 25 mm 高度自由跌落在钢棒上。圆柱形或矩形电池单体在经受重物撞击时，其纵轴应平行于平板，并垂直于放在试样上中部位置的钢棒的纵轴。矩形固态锂离子电池单体样品还应绕其纵轴旋转 90° 以保证其宽、窄两面均经受重物撞击。 （3）观察 1 h。 （4）电池应不起火、不爆炸
跌落	（1）电池单体充满电。 （2）将电池单体的正极或负极端子朝下从 1.5 m 高度处自由跌落到水泥表面上 1 次。 （3）观察 1 h。 （4）电池应不起火、不爆炸

表 5-4　热失控测试加热装置功率选择

测试对象能量 E（Wh）	加热装置最大功率（W）
$E<100$	$30\sim300$
$100\leqslant E<400$	$300\sim1000$
$400\leqslant E<800$	$300\sim2000$
$E\geqslant800$	>600

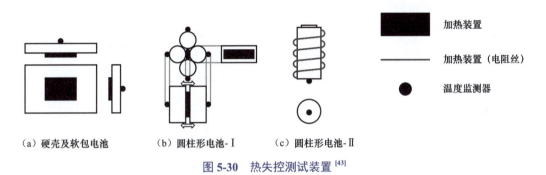

（a）硬壳及软包电池　　　（b）圆柱形电池-Ⅰ　　　（c）圆柱形电池-Ⅱ

图 5-30　热失控测试装置 [43]

5.2　固态锂离子电池制备工艺

　　固态锂离子电池产业化面临的核心挑战在于其复杂的制备工艺，随着技术迭代与市场需求增长，固态锂离子电池制备技术正不断革新与优化。本节内容主要介绍半固态与全固态锂离子电池制备流程，详细介绍其关键步骤和技术要点。此外，通过对比固态与液态锂离子电池在制备工艺上的异同点，分析固态锂离子电池制备可行性策略，为固态锂离子电池的研发和产业化应用提供参考。

5.2.1　半固态锂离子电池制备工艺介绍

半固态锂离子电池制备工艺技术路线：

1. 氧化物半固态锂离子电池

　　在制备氧化物半固态锂离子电池的过程中，含氧化物固态电解质的浆液或溶液被精确注入至多孔基材内部，随后去除其中的溶剂及惰性有机成分，从而制得氧化物固态电解质薄膜。再向电解质薄膜中注入适量的电解液，最终完成氧化物半固态锂离子电池的构造。此过程中，固态电解质膜的厚度直接受多孔基材的微观结构所决定，而离子电导率则显著受到固态电解质材料性质及基材特性的共同影响。为进一步优化电池性能，特别是提升离子电导率，需选用具有适当孔隙率的衬底材料，以减小衬底对离子传输的阻碍作用。同时，基板作为承载电解质薄膜的重要组件，需具备耐热性能，以承受制备过程中的高温处理，并在退火条件下保持其必要的柔韧性，确保电池结构的完整性与可靠性。

2. 原位聚合制备聚合物半固态锂离子电池

原位聚合技术作为解决固固界面问题的较为常用的手段，在制备工艺中展现出高度的兼容性与效率优势。该技术不仅与传统锂电池的制备流程高度契合，还通过一种独特的工艺路径，即将单体（如碳酸酯、丙烯酸酯等）与引发剂充分混合后注入系统，随后在精确控制的加热条件下引发聚合反应，使液态前驱体逐步固化成为聚合物。此过程中，可流动的液态前驱体能够充分渗透并浸润电极与电解质之间的微小空隙，确保两者之间的紧密接触。随着聚合反应的进行，这些前驱体在填充区域内转化为固态物质，形成稳定的界面结构，同时保留了少量不连续的液相，以优化电池内部的离子传输效率。这一设计显著提升了电池的能量密度与安全性，为实现更高性能的电池产品提供了有力支持。原位聚合技术的实施也面临挑战，其中最为关键的是聚合过程中的热控制难题。需确保加热条件既能有效触发聚合反应，又不至于引发过热或温度不均等问题，进而影响固化的均匀性与质量。因此，在工艺设计与实施过程中，必须采取精细化的热管理措施，通过精确的温控系统与实时监测技术，确保整个聚合固化过程在最优条件下进行，以最终实现半固态锂离子电池的高品质制备。

3. 聚合物涂层制备半固态锂离子电池

在制备半固态锂离子电池的过程中，将聚合物浆料直接涂覆在正负极或隔膜表面得到正负极或隔膜支撑的固态电解质，然后注入电解液，得到半固态锂离子电池。相较于传统方法中将自支撑固态电解质直接涂覆于惰性基材上的做法，此方法明显减少了固态电解质的厚度，由超过 30 μm 降低至仅 5 ~ 10 μm 范围内，这一改进确保了固态电解质的机械完整性与稳定性。该工艺还进一步优化了电极与固态电解质之间的界面接触，有效降低了界面电阻，从而显著提升了电池的电化学性能。

半固态锂离子电池能够最大限度地利用现有的生产设备、工艺流程及材料体系，极大地缩短了技术转化与市场推广的周期。半固态锂离子电池的生产过程中主要包括固态电解质膜的引入、原位聚合固化工艺的实施以及负极一体化工艺的应用等。以目前较为成熟的半固态电芯的制备工艺流程为例，该工艺充分利用了原位聚合技术的优势，通过精细化的工艺控制与优化，实现了半固态锂离子电池的高效、稳定生产。

如图 5-31 所示，相比于液态锂电池，半固态锂离子电池的制备工艺主要增加固态电解质膜、原位聚合以及特殊化成几个阶段。该工艺采取的是氧化物固态电解质。氧化物固态电解质辊压成膜后，将正极片、电解质膜、隔膜、电解质膜、负极片依次通过卷绕机卷成单个卷芯。卷芯入壳后将单体（碳酸酯、丙烯酸酯等）与引发剂混合后注液，放入真空箱中抽真空，加速电解液浸润极片，进行几次循环，取出电芯进行称重，计算注液量是不是符合设计值。然后通过加热等方式聚合固化（变为聚合物）。最后，按照传统液态锂电池的成熟工艺流程，继续完成后续的封装、检测等工序，最终获得半固态锂离子电池产品。

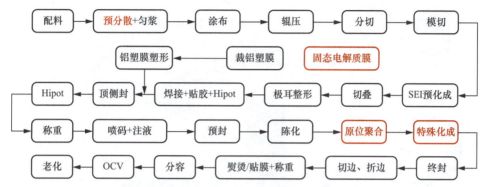

图 5-31　半固态电芯制备工艺流程（红色部分为半固态锂离子电池相对于传统液态锂离子电池特有的工艺流程）

5.2.2　全固态锂离子电池制备工艺介绍

1. 固态电极制备工艺

（1）干法电极制备工艺。全固态锂离子电池的产业化主要受固态电解质、界面问题、电极加工等三方面影响。能量密度要想突破 400 Wh/kg，在现有化学体系下，传统的液态锂离子电池电极加工技术因存在脆性、溶剂敏感性等很难满足相应厚电极加工需求。而干法电极制备工艺直接由固体颗粒粉末直接制备电极薄膜，省去多个制造环节，简化制造工艺，重构电极微观结构，并提高材料相容性，因此，干法电极制备工艺在全固态锂离子电池领域具有广阔的应用前景，有望成为推动其产业化进程的关键技术之一。

1）一般来说，干法电极制备工艺包括干混、干法涂布、压延等过程。不同的活性物质材料和黏结剂在混合和涂覆过程中表现出不同的性质，具体制备工艺也会呈现出独特的技术路线。干法电极制备工艺的主要工序类型如图 5-32 所示[44]。

a. 干混：主要利用机械物理的方法将正 / 负极活性物质材料、固态电解质、少量黏结剂和导电剂混合均匀，混合过程中要避免团聚。目前能实现干混的方法有双刀片研磨[45-46]、球磨[47]、循环混合[48] 以及其他的机械干混方法等。干混是固态锂离子电池制造的关键技术，决定了电池电极质量和生产效率。硫化物电解质粉体杨氏模量在 20 GPa 左右，附着力大、可压缩性大，易发生塑性形变，冷压成型后晶界阻抗小，因此在正极层制备时，适合与正极粉体进行直接干混。干混时可在研钵中同时加入导电剂、硫化物电解质、正极材料、黏结剂后，进行手工研磨，或在搅拌器中进行机械混合操作。

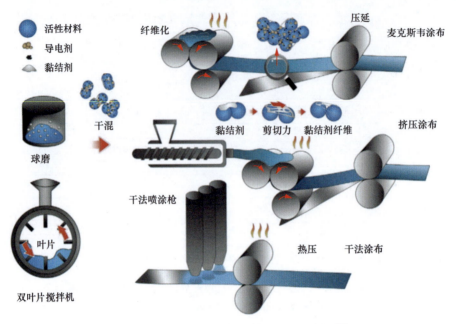

图 5-32　干法电极制备工艺的主要工序类型 [44]

　　b. 干法涂布：作为干法制备工艺中由粉末到薄膜过程的关键步骤，其基本类型有如下两种：其一，Maxwell 型干法电极工艺由于其独特的成膜机制而成为最具代表性的工艺之一，该机制由 Maxwell 开发，并布局了包括干法混合、干法原纤化、干法压实 / 压延以及黏合等相关专利 [49-51]，而这些工艺与辊对辊生产线兼容性较强。如图 5-32 所示，Maxwell 干电极技术需要具有较好塑性的聚合物黏结剂（如聚四氟乙烯 [PTFE]），该黏结剂在剪切力的作用下能够形成纤维状结构，有效连接电极颗粒。干混合可以通过传统的球磨或先进的混合设备进行，以剪切黏结剂，形成具有电极成分的面团状混合物。在干原纤化过程中，通过轧制或压延产生连续的剪切力，黏结剂将完全原纤化。干原纤化过程可能需要朝向具有不同程度的黏结剂聚合的黏结剂进行热轧 / 压延。许多研究小组用该技术制造基于固态电解质（SSE）的大薄片硫化物和氧化物电解质 [47, 52]。无机物（包括氧化物固态电解质、硫化物电解质及活性材料）因缺乏独立成膜能力，需借助高比表面积原纤化黏结剂的黏结力，方能实现有效成膜。在此应用中，对黏结剂的性能要求极为严苛，Maxwell 法列举了采用高分子量 PTFE（分子量范围 106 ～ 107 g/mol）[52-54] 作为黏结剂的成功案例，其加工温度设定为 80℃，并辅以精细的压延工艺，以精确调控电极厚度并显著降低孔隙率。尽管 PTFE 被广泛应用于干法技术中，但针对 Maxwell 法的适用黏结剂种类仍显局限，从而限制了该技术在多元化电池体系中的广泛应用。另一种干法涂布技术干粉喷涂技术通过干混工艺将混合物转化为流动性良好的颗粒，并采用喷涂方式将颗粒均匀沉积于集流体表面，形成薄膜 [55-56]。静电喷涂技术较为理想，其利用静电场效应显著提升了喷涂沉积的附着力和效率。随后，通过热压处理，促使黏结剂熔化并牢固黏附于集流体上，进而形成结构稳定的刚性电极[57-59]。此外，采用特殊黏结剂并辅以 UV 固化技术[60]，可进一步增强黏结强度。干喷涂沉积技术展现了对多种颗粒材料（大多数未无机材料）[61]的广泛适用性，其黏结剂选择范围相较于 Maxwell 型干法更为宽泛，即便是传统 PVDF 也可通过外部条件（如热处理、紫外线固化）实现有效固化。然而，干法喷涂技术也面临挑战，主要在于负载量、厚度及均匀性的精确控制方面仍需进一步突破。

c. 压延：压延分为热压和熔融挤出，热压或熔融挤出适用于固态聚合物电解质（SPE）全固态锂离子电池的制造，将聚合物与锂盐在室温下干燥混合后，聚合物 / 锂盐混合物可以很容易地融合在一起，再通过挤压或热压成型[61]。可流动的聚合物电解质可以填充多孔结构，可实现无缺陷的界面接触。Bollore[62]开发了一项用于工业生产 SPE 的电极和电解质极片的挤出方法专利。热压和熔融挤出在聚合物体系中是有效的。然而，通过热压或熔融挤出制备具有非常低的聚合物含量和高颗粒质量负载的电极 / 硫化物电解质层是具有挑战性的。此外，挤出过程对颗粒尺寸很敏感，要求精确控制剪切速率、温度和挤出时间。黏结剂类型也表现出与其他干法制备方法的差异。聚氧化乙烯（PEO）、聚丙烯（PP）、石蜡和硬脂酸已被用作热压和熔融挤出的黏结剂[63]。

2）整体而言，干法电极工艺有一定的技术优势，比如节省去溶剂工艺制备成本及节约制备周期、避免溶剂与硫化物等溶剂敏感型电解质的副反应、干法电池性能更稳定、便于制备厚电极以提升能量密度，为固态锂离子电池的预锂化提供潜在解决方案等，但目前还存在相当的挑战。

a. 对黏结剂要求高：锂电池电极材料比表面积小，干电极技术对黏结剂的要求较为苛刻。

b. 混料工艺复杂：锂电池电极材料成分复杂，给料粒径、配比及挤出机温度、转速等条件需要大量摸索。

c. 极片活性物质含量降低：干电极技术中黏结剂或固态电解质含量可能高于液态，需降低电极活性材料含量。

d. 生产效率较低：生产效率与液态工艺存在差距，工艺尚未成熟，且缺少可用的量产设备。

（2）湿法电极制备工艺。

1）全固态锂离子电池的湿法电极制备工艺与传统的液态锂离子电池制备工艺相当，流程主要工序如图 5-33 所示，总结如下：

a. 制浆：采用专用的溶剂和黏结剂分别与正负极活性物质、硫化物电解质混合，经一定的工艺高速搅拌均匀后，制成浆状的正负极物质混合物。

b. 涂覆：将制好的浆料均匀地涂覆在金属箔材的表面，烘干，经过一定的辊压、裁切，分别制成正、负极极片。

c. 组装：按正极极片 - 电解质层 - 负极极片 - 电解质层自上而下的顺序放置好，重复循环叠成电芯，再经过装配封口等工艺过程，即制成成品电池。

d. 测试：用专用的电池充放电设备对成品电池进行充放电测试，对每一只电池都进行检测，筛选出合格的成品电池，待出厂。

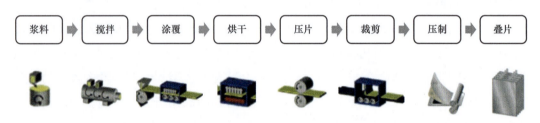

浆料 ➡ 搅拌 ➡ 涂覆 ➡ 烘干 ➡ 压片 ➡ 裁剪 ➡ 压制 ➡ 叠片

图 5-33　湿法制备电极工艺流程图

2）全固态锂离子电池湿法制备工艺中，由于固态电解质的加入，在湿法工艺中溶剂的选择和相关的工艺会有一定的变动，同时聚合物黏结剂和电极中柔性聚合物的存在可以有效地缓冲在反复充放电循环由此产生的应力和应变，并减轻例如裂纹的形成和颗粒的脱落等问题，因而能够满足高通量卷对卷工艺所需要的力学性能，更适宜于放大和规模化量产，但也有以下几个要求。

a. 环境要求：由于硫化物电解质极易与空气中的水分发生水解反应，生成有毒的 H_2S 气体，导致其晶体结构发生变化，极大地影响材料的离子传导率，降低电化学性能[64]。因此在整个硫化物锂离子电池的生产过程中，环境湿度的要求特别高，通常要比传统的液态锂离子电池更为严苛。

b. 包覆处理：过渡金属氧化物和硫化物电解质之间的本征化学势差和电化学窗口的不匹配，造成了界面化学 / 电化学的不稳定性，通常需要在正极表面引入包覆层，避免硫化物电解质和正极的直接接触，稳定硫化物 / 正极界面[65]。

c. 溶剂要求：在混料工艺中加入硫化物固态电解质，而该固态电解质与传统 N- 甲基吡咯烷酮（NMP）等极性溶剂反应，因此需要采用既能够溶解聚合物黏结剂，同时又不与硫化物电解质发生反应的非极性或者极性较小的溶剂（例如二甲苯）等。

d. 黏结剂要求：应使用黏合能力强和具有较高柔性的聚合物黏结剂，否则过量的聚合物将对电导率、电解质 / 电极的热稳定性带来不利影响。像聚苯乙烯（PS）和聚甲基丙烯酸甲酯（PMMA）之类的聚合物虽可以溶解在二甲苯中，但是在溶剂干燥后它们极其坚硬，会使得电解质 / 电极粉碎，故大多数工作选择了丁腈橡胶（NBR）和丁苯橡胶等。

硫化物电解质湿法工艺具备一定的潜力，也是实现规模化量产最为可行的方案之一。整体而言，湿法制备工艺具有一定的优势，比如既定的工艺流程以及较高效率的规模化生产，硫化物电解质可以压延和冷轧，但缺点也是同样很明显，比如增加溶剂回收、极片干燥等生产设备，硫化物电解质的溶剂和黏结剂选择受限等。表 5-5 是湿法工艺和干法工艺的比较。

表 5-5　湿法工艺和干法工艺对比

	湿法工艺	干法工艺
设备	涂布机、烘烤设备、辊压机、溶剂回收设备	挤出机、压延机
占地面积	占地面积大	占地面积小
污染情况	有溶剂、需回收溶剂	无溶剂、需控制粉尘
极片厚度	涂布厚度存在限制	易于制备厚极片
制备极片效率	涂布效率高（最大涂布速度≥80m/min，最大有效涂布宽度≥1m）	取决于设备（挤出机或喷涂机等）
物料能耗	小	大
能量消耗	大	小
性能	可能发生溶剂参与的副反应	纯度更高、阻抗更小、电极黏结力和内聚力有所改善
材料选择	难以兼容溶剂敏感型材料	材料选择范围更小

2. 固态电解质层制备工艺

固态电解质层为全固态锂离子电池的独有结构，其取代了液态锂离子电池的隔膜和电解液，主体为固体电解质。固态电解质层制备工艺是全固态锂离子电池生产制造的核心工艺。不同的制备工艺会直接导致电解质层厚度的差异以及离子电导率的变化：若电解质层过厚，虽能增强机械稳定性，但会不可避免地降低电池的质量能量密度与体积能量密度，同时增加电池内部电阻，影响性能表现；反之，若电解质层过薄，虽然有利于提升能量密度和降低内阻，但其机械强度可能会削弱，增加电池短路的风险。因此，优化固态电解质层的制备工艺，以实现厚度与性能的平衡，是全固态锂离子电池技术发展的关键所在。

根据对全固态锂离子电池的性能要求选择合适的制备工艺，固态电解质层制备工艺根据是否采用溶剂分为干法制备工艺和湿法制备工艺。

（1）干法制备工艺。干喷涂作为一种常见的干法制备工艺，其核心步骤在于将热塑性黏结剂与电解质等粉末充分混合后，利用喷涂或筛网技术将混合粉末均匀铺设于集流体表面。随后，通过热轧过程使黏结剂粉末熔化并牢固地黏附在集流体上，进而形成电极片。然而，这种方法的一个显著缺点是需使用大量黏结剂（>5%，wt），这些黏结剂在熔化后易在电极颗粒表面形成绝缘层，对离子和电子的传导构成阻碍。为了克服这一难题，丰田与日立造船公司开发了另一种工艺，利用硫化物固态电解质卓越的机械性能，开发出一种无黏结剂的电极与电解质膜制备新方法。该方法首先使电极粉末带上静电，随后在电场作用下，这些带电的电极粉末在筛网与集流体之间精准沉积，形成均匀的电极层。同样利用电场沉积技术，依次在电极层上铺设电解质层及另一侧的电极层。完成沉积后，对整体结构施加足够的压力，这一过程不仅促进了粉末颗粒间的紧密接触，还使硫化物电解质发生适度变形，从而实现了粉末的有效成型。通过这种创新的膜制备方法，成功制备出了厚度超薄电解质层（<50 μm），进而开发出既拥有高容量又具备优异倍率性能及相对高负载能力的全固态锂离子电池。典型的干法喷涂工艺如图 5-34 所示。

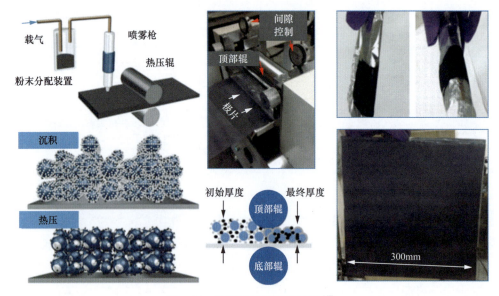

图 5-34 典型的干法喷涂工艺 [67]

干法工艺不采用溶剂，直接将固态电解质和黏结剂混合成膜，不需要烘干，因此节省了溶剂，溶剂蒸发、回收和干燥设备的成本，在电池生产设备的空间、能耗和成本上都更加具有优势；干法工艺中无溶剂残留，在干混过程中由于混合器和颗粒的剪切和摩擦，固态电解质和黏结剂可以均匀地分布，也不存在因溶剂挥发而引起的材料分层，获得更高的离子电导率；干法制备工艺形成的固态电解质层通常厚度偏大，会降低全固态锂离子电池的质量能量密度和体积能量密度，同时增大全固态锂离子电池的阻抗。因此，对硫化物固态电解质层而言，生产薄而均匀的电解质层是具有挑战性的，其工艺参数和放大设备有待进一步研究，目前还处于工艺成熟验证阶段。

（2）湿法制备工艺。湿法制备工艺操作简单，工艺成熟，与现有传统液态涂覆设备类似，易于规模化生产，是目前最有希望实现固态电解质层量产的工艺之一。湿法制备工艺首先要制备固态电解质溶液，将固态电解质、黏结剂、可选添加剂和溶剂进行混合并分散均匀，制成固态电解质溶液，再均匀地涂覆在载体上形成电解质层。此过程中需根据电解质的不同选择合适的溶剂和黏结剂，同时黏结剂的量对离子电导率也有影响。

按照载体不同，湿法工艺可分为模具支撑成膜、正极支撑成膜以及骨架支撑成膜。湿法制备电解质层如图 5-35 所示。

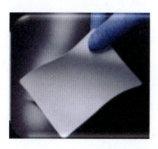

图 5-35　湿法制备电解质层

1）模具支撑成膜。模具支撑成膜常用于制备聚合物电解质膜及复合电解质膜，将固体电解质溶液倾倒在模具上，随后蒸发溶剂，从而获得固体电解质膜，通过调节溶液的体积和浓度来控制膜的厚度。Liu L 等人[68]将高度分散的 ANF/PEO/LiTFSI 溶液滴入聚四氟乙烯 板中，并依次将其置于 30℃、40℃、50℃环境下干燥 12 h，再将其置于 60℃环境下干燥 24h，获得 ANF/PEO-LiTFSI 复合电解质膜。Li 制备的复合固态电解质膜具有 8.8×10^{-5} S/cm 的优异室温电导率，且膜的机械强度、热稳定性、电化学稳定性相较原来均有较大提升。

2）正极支撑成膜。正极支撑成膜常用于无机电解质膜及复合电解质膜的制备，将固体电解质溶液直接浇在正极表面，蒸发掉溶剂后，在正极表面形成固体电解质膜。与模具支撑相比，正极支撑可以获得更薄的固体电解质膜和更好的界面接触。Chen X 等人[69]提出了一种正极支撑的固体电解质膜的方法，并通过简便的流延铸造技术得以实现。首先通过流延制备正极极片［见图 5-36（a）］，除去溶剂后将电解质浆料流延到正极极片上，以形成正极支撑的固体电解质膜［见图 5-36（b）］。

从图 5-36（a）中可以看到，活性材料和其他添加剂在正极内部堆积形成大量孔隙。固体电解质溶液流延后，在正极表面形成固体电解质膜，同时正极内部孔隙被固体电解质填充，从而使固体电解质在正极上具有良好的润湿能力，并增强了正极与固体电解质膜间的界面接触。结果表明，通过此方法获得的 $LiFePO_4$/Li 全固态锂离子电池显示出良好的性能，在室温下 0.1 C 可获得 125 mAh/g 的初始放电容量。

3）骨架支撑成膜。骨架支撑常用于复合电解质膜的制备，将固体电解质溶液注入骨架中，蒸发掉溶剂后，形成具有骨架支撑的固体电解质膜。按照是否具备离子传输能力将骨架分为惰性骨架和活性骨架。

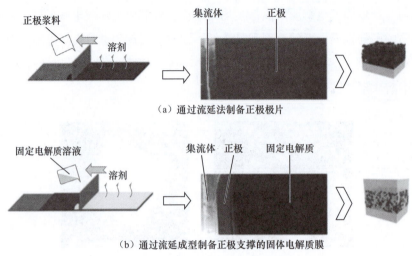

（a）通过流延法制备正极极片

（b）通过流延成型制备正极支撑的固体电解质膜

图 5-36　正极支撑成膜工艺示意 [68]

　　惰性骨架一般由高分子材料构成，不具备离子传输能力，通常用来提高固体电解质膜的机械性能。Wan J 等人 [70] 用厚度为 8.6 μm 的纳米多孔聚酰亚胺（Poly-imide，PI）膜作为支撑主体，PEO/LiTFSI 为固体电解质制备了安全、柔性的固体电解质膜。PI 膜不易燃，且机械强度高，提供的垂直通道可增强聚合物电解质的离子电导率（在 30℃时为 2.3×10^{-4} S/cm）。由 PI/PEO/LiTFSI 固体电解质膜制成的全固态锂离子电池在 60℃的温度下表现出良好的循环性能（在 0.5C 倍率下循环 200 次），并且可以经受弯曲、剪切和针刺等滥用测试（见图 5-37）。

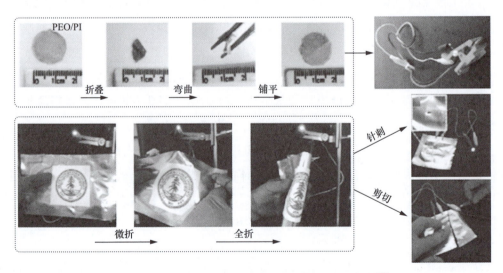

图 5-37　PI/PEO/LiTFSI 固体电解质膜的滥用试验 [70]

　　活性骨架具备离子导电能力。Bae J 等人 [71] 制造了 3D 纳米结构的 $Li_{0.35}La_{0.55}TiO$

（3LLTO）活性骨架。如图 5-38 所示，首先将 LLTO 前驱体与聚乙烯醇混合，并通过交联剂和引发剂凝胶化，以合成 3D 纳米结构 LLTO 水凝胶。将干燥的 LLTO 水凝胶在 800℃的空气中热处理 2h，以形成 3D 骨架，然后将聚合物电解质 PEO 嵌入进骨架中。结果表明通过该方法制备复合固体电解质有效地抑制了填料的团聚，并且对复合电解质的热稳定性和电化学稳定性都有显著的提升，同时 3D 骨架形成连续的锂离子通道，室温下离子电导率接近 10^{-4} S/cm。

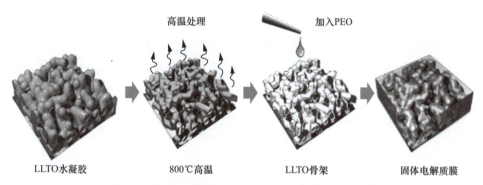

高温处理　　　　　　加入PEO

LLTO水凝胶　　　800℃高温　　　LLTO骨架　　　固体电解质膜

图 5-38　基于 LLTO 骨架的复合电解质膜合成示意 [71]

湿法工艺的要点是黏结剂和溶剂的选择，特别是对硫化物固体电解质 [72]。理想的溶剂应具备低沸点特性，以确保溶剂能够迅速且完全蒸发，同时，所选溶剂还需使固体电解质具有良好的溶解性并保持其化学稳定性。对于聚合物电解质的制备，常选用乙腈、丙酮等具有良好溶解性能的极性溶剂。然而，由于大多数硫化物对极性溶剂不兼容，因此需转而采用非极性溶剂，如甲苯、二甲苯等，以确保硫化物固体电解质的稳定溶解。在湿法工艺中，黏结剂的添加需谨慎考量，因为它虽能增强电解质膜的机械强度，但也会增加膜的阻抗。因此，必须精确控制黏结剂的添加量，在离子电导率与黏结强度之间找到最佳平衡点。湿法工艺采用溶剂体系，也带来了一些挑战，如溶剂可能具有较大的毒性，增加了操作风险及环保成本；同时，溶剂残留问题也可能对固态电解质层的离子电导率产生不利影响，进而影响其整体性能。因此，在湿法工艺中，对溶剂与黏结剂的选择及工艺参数的优化显得尤为重要。

除了传统的干法和湿法之外，还可采用一系列先进的气相法技术来制备固体电解质膜，这些方法包括化学气相沉积、物理气相沉积、电化学气相沉积以及真空溅射等 [73]。这些气相沉积技术能够直接在电极表面形成超薄且均匀的电解质膜，为制造高性能的薄膜型全固态锂离子电池提供了可能。然而，由于气相法的设备和工艺过程相对复杂，导致其成本较高，因此这些方法主要被应用于对膜层厚度和均匀性要求极高的薄膜型全固态锂离子电池的生产中。

3. 固态电芯组装工艺

全固态锂离子电池处于基础研究取得一定成果和产业化早期阶段，大多数试验验证仍需要基于扣式电池［见图 5-39（a）］和模具电池［见图 5-39（b）］[74]这两种测试平台。具体而言，聚合物基全固态锂离子电池由于其材料特性，通常能够较为容易地制备成扣式电池形式进行性能评估；而无机电解质型全固态锂离子电池，则更多采用模具电池进行实验研究，以便更好地模拟实际电池的工作状态。在制备过程中，粉末压制法是一种常用的技术，用于获得致密的固体电解质圆片。这些圆片随后与正极和负极层进行精确贴合，并通过施加适当的压力来确保各层之间形成良好的机械接触，从而提高电池的整体性能。然而，要实现全固态锂离子电池的商业化应用，仅仅停留在实验室阶段的测试是远远不够的。必须进一步开发适配的、可规模化的集成工艺，以满足工业生产的需求。这一过程中，需要解决材料合成、结构设计、工艺优化等多个方面的挑战，以确保全固态锂离子电池在保持高性能的同时，能够实现成本效益和生产效率的最大化。

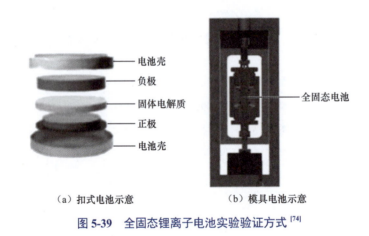

（a）扣式电池示意　　　　　　（b）模具电池示意

图 5-39　全固态锂离子电池实验验证方式 [74]

在全固态锂离子电池与液态锂离子电池的生产工艺对比中，全固态锂离子电池显著的优势在于省去了电解液注入这一复杂且关键步骤，并有可能减少对耗时耗能的化成工艺的依赖。从工艺成熟度、成本控制及生产效率等多维度考量，软包叠片技术因其能够简便地通过正极、固体电解质膜与负极的直接堆叠实现电池组件的一体化集成，被视为全固态锂离子电池制备的最优工艺路径。本文依据裁片与叠片的操作顺序，将叠片工艺细分为分段叠片与一体化叠片两种方式。分段叠片［见图 5-40（a）］沿袭了液态锂离子电池的传统叠片工艺，即将正极、固体电解质层及负极预先裁剪至指定尺寸后，再按既定顺序层层叠加，最后进行封装处理。此方法虽借鉴成熟技术，但在应对全固态锂离子电池特性时，其灵活性与效率尚存提升空间。相比之下，一体化叠片［见图 5-40（b）］则展现出更高的集成度与创新性。该工艺在裁切之前，先将正极、固体电解质膜与负极通过压延技术紧密复合成三层结构整体，随后根据电池设计规格，将此三层复合体裁剪成多个"正极 - 固体电解质膜 - 负极"独立单元，并集中堆叠封装。此方法的优势在于显著简化了生产流程，提高了生产效率。然而，由于裁切前固体电解质膜已与正负极紧密结合，裁切过程中需严加防范正负极材料的交叉污染，规避可能出现的短路风险，确保全固态锂离子电池的安全性与可靠性。

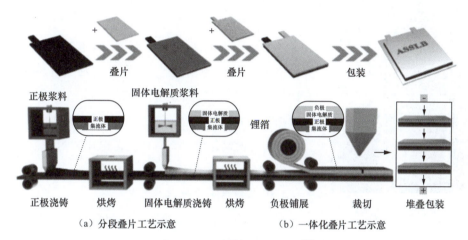

图 5-40　不同叠片工艺示意[75]

以下是关于硫化物电解质基全固态锂离子电池模具装配方法的规范阐述，如图 5-41 所示，其流程严谨地划分为以下几个核心步骤：

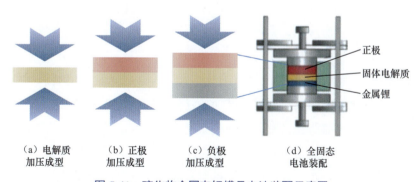

图 5-41　硫化物全固态锂模具电池装配示意图

（1）电解质加压成型：称量一定量的硫化物固体电解质，将其置于模具中，随后将电解质压平，施加压力为 120 ～ 150 MPa。

（2）正极加压成型：在模具电池中，正极极片的制备按照有无溶剂分为干法研磨以及湿法制备的电极极片两种。干法研磨如前文所述，在研钵中称取一定量的正极材料、硫化物电解质以及导电剂后，进行手工研磨，混合均匀。将此混合物料均匀地平铺在固体电解质一侧，置于压片机中冷压成片，施加压力为 120 ～ 150 MPa；采用前文所述湿法制备电极工艺，得到正极复合极片，用冲片机将电极片冲成 ϕ=9 mm 的正极极片，并将此极片平铺在固体电解质一侧，同样置于压片机中冷压紧密接触，施加压力为 120 ～ 150 MPa。

图 5-42　全固态模具电池实物

（3）负极加压成型：将负极贴在固体电解质的另一侧，金属锂施加压力为 120 ～ 150 MPa，石墨施加压力为 250 ～ 350 MPa。

（4）全固态电池装配及测试：将电池螺栓拧合，并密封整个固态锂离子电池。需要注意油压机表头示数应根据实际电池模具形态进行换算，同时在装配时防止电池短路。通常在测试前，需要将全固态锂离子电池静置一段时间，使其达到稳态后再进行电化学测试。

全固态模具电池实物如图 5-42 所示。

4. 固态锂离子电池封装工艺

在全固态锂离子电池中，软包硫化物固态锂离子电池的组装封装工艺与传统的液态锂离子电池相差不大，需经过叠片、焊接、顶侧封等工序。全固态锂离子电池没有液态电解液的存在，不需要进行电解液注液和化成阶段，电池成型和老化的时间将大大缩短。固态锂离子电池的特性决定了其能量传输方式的独特性，只能通过固体与固体之间进行锂离子的传输和电荷的输运，为确保固体电解质与电极极片之间达到理想的接触状态，成为生产工艺开发中的核心挑战与关键议题。这要求我们在材料选择、结构设计、工艺参数优化等方面进行深入的研究与探索，推动全固态锂离子电池技术的成熟与发展。

鉴于聚合物全固态锂离子电池领域的技术发展，针对聚合物电解质膜与正负极间界面电阻的优化问题，已探索出通过适度加热以改善界面导电性的有效策略。而对于氧化物与硫化物等固态电解质膜，则普遍采用压制处理技术，以增强其与电极间的机械接触紧密性，确保电池性能的稳定发挥。传统辊压及陶瓷砖平板压力法虽有一定成效，但易引发应力集中与压力分布不均的问题，进而对电池的综合性能及制造成本构成不利影响。为解决压力分布不均的问题，主要采用等静压技术。该技术基于帕斯卡原理，创新性地将组装完成的单级或多级软包电池置于特制的高压缸内，利用流体压力介质（如水、油或惰性气体如氩气）作为传力媒介，实现压力在电池界面上的均匀分布与高效传递。通过精确控制压力介质的作用，促使电池内部材料发生适度体积变形，从而确保电极与电解质间形成理想化的紧密接触界面，有效规避了局部高压可能导致的缺陷问题。等静压技术作为前沿科技，其在实际应用中仍面临诸多技术瓶颈与挑战，主要包括最佳压制温度、时间与压力参数的精准匹配，以及压实质地均匀性的精确控制等。此外，该技术的生产效率与产品良率相较于传统成熟工艺尚存一定差距，尚处于技术积累与优化的关键阶段。全球范围内仅有少数企业，如韩国三星等，成功实现了等静压技术在软包电池制备中的规模化应用，展现出该技术巨大的应用潜力与广阔的发展前景。未来，随着技术研究的不断深入与工艺的持续完善，等静压技术有望成为推动固态锂离子电池产业高质量发展的重要力量。Lee YG[76] 等将正极、固体电解质膜、负极堆叠包装为软包电池。施加真空将其密封，通过等静压机将对电池施加 490 MPa 的压力（见图 5-43），压制后固体电解质膜厚度由 40 μm 进一步减少至 30 μm，并实现 1000 次稳定循环。

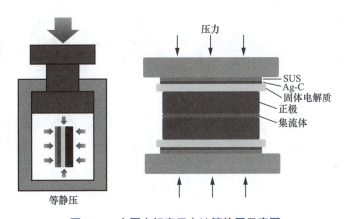

图 5-43　全固态锂离子电池等静压示意图

5.2.3　固态锂离子电池与液态锂离子电池制备工艺对比

传统液态锂离子电池存在圆柱、方形电池和软包电池等多种形态，不同形态生产工艺存在差异，但整体制造工艺相似。以液态软包电池为例，见图 5-44，生产工艺包括前段工艺、中段工艺（叠片工艺或卷绕工艺）、装配、注液工艺、后段工艺。固态锂离子电池在制造初期，即前段工艺，与液态锂离子电池保持高度相似性，均聚焦于基础材料的准备与初步成型。然而，进入中、后段工艺后，固态锂离子电池展现出显著的技术差异，具体表现为需实施加压或烧结等特殊工艺，以完成固态电解质的致密化及电极与电解质的紧密结合，从而省去了液态锂离子电池生产中不可或缺的注液与化成步骤。这一转变也是固态锂离子电池与液态锂离子电池最大的区别。

在前段电极制造环节，传统湿法工艺在固态锂离子电池生产中同样适用，旧产线的混料、涂覆等设备均可以通过技改迁移使用，降低技术转型的成本，在全固态锂离子电池路线中，无需注液化成环节，大大简化生产流程。

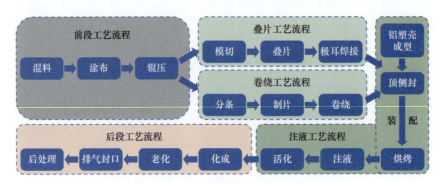

图 5-44　液态软包电池主要制备工艺流程图

液态软包电池制备工艺示意如图 5-45 所示。

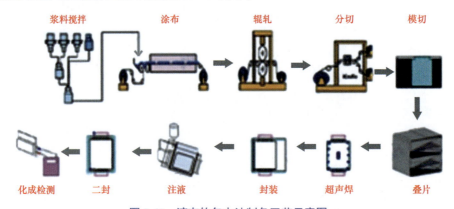

图 5-45　液态软包电池制备工艺示意图

硫化物固态电极的量产化进程中，湿法工艺被视为当前最具可行性的技术路径之一。硫化物电解质展现出卓越的电导性能及良好的柔韧性，其生产过程得以借鉴现有的液态锂离子电池涂布工艺，两者在工艺流程上保持较高的一致性。然而，为优化电池内部的界面接触性能，确保高效能量传输，必须在涂布工艺完成后，实施多次精细的热压处理，并引入缓冲层技术，以强化界面结合力。相较于传统液态锂离子电池，硫化物电解质电池的制备过程对生产环境提出了更为严苛的要求。硫化物电解质对水分具有高度敏感性，即便是微量的空气中的水分也可能引发化学反应，生成有毒的硫化氢气体，这对电池生产车间的环境条件设定了极高的标准。因此，在推进硫化物固态锂离子电池产业化的进程中，必须构建严格的环境控制体系，确保生产环境的绝对干燥与洁净，以保障生产安全、提升产品质量。

硫化物全固态锂离子电池与传统锂离子电池工艺流程图如图 5-46 所示。

液态锂离子电池生产工艺有 20% ～ 60% 可用于固态锂离子电池的生产当中。现阶段固态锂离子电池还未量产，产业化进程仍处于早期阶段，各项制造工艺有很大部分尚处于工艺验证成熟阶段，也面临着很多的困难与挑战，以适应市场的需求，表 5-6 所示为不同电池类型工艺对比。

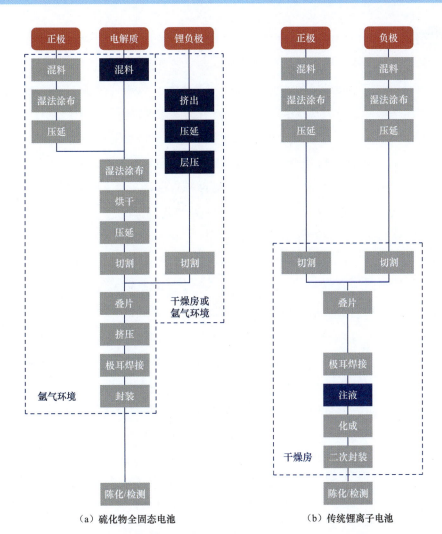

（a）硫化物全固态电池　　　　　（b）传统锂离子电池

图 5-46　硫化物全固态锂离子电池与传统锂离子电池工艺流程图

表 5-6　不同电池类型工艺对比

步骤	液态锂离子电池	氧化物固态锂离子电池	硫化物固态锂离子电池	聚合物固态锂离子电池
阳极	湿法工艺：浆料混合和涂覆、干燥、压延	挤压工艺（锂箔）：挤压、压延、层压	挤压工艺（锂箔）：挤压、压延、层压。 湿法工艺（硅基阳极）：浆料混合和涂覆、干燥、压延	挤压工艺（锂箔）：挤压、压延、层压
阴极复合材料	湿法工艺：浆料混合和涂覆、干燥、压延	湿法工艺：浆料混合和涂覆、干燥、低温烧结	湿法工艺：浆料混合和涂覆、干燥、压延	挤压工艺：挤压、压延
隔膜	挤压工艺：干法PP、湿法PE	湿法工艺：浆料混合和涂覆、高温烧结、层压、低温烧结	湿法工艺：浆料混合和涂覆、干燥、压延	挤压工艺：挤压、压延、
电池组装	堆叠、凸耳焊接和包装、电解液填充、成型、脱气和密封、老化	叠层压制、无电解液填充和脱气、成型和老化时间比 LIB 短	叠层压制、无电解液填充和脱气、成型和老化时间比 LIB 短	叠层压制、无电解液填充和脱气、成型和老化时间比 LIB 短

本章小结

本章对固态锂离子电池的表征技术与制备工艺进行介绍。在固态锂离子电池的表征方面，介绍了常用的表征技术对材料及电池性能的测试评估。循环伏安曲线、电化学阻抗谱等电化学测试方法揭示电极材料的电化学活性、电荷传输过程及界面反应动力学，为电池性能的优化提供关键数据支持。扫描电子显微镜（SEM）、透射电子显微镜（TEM）、X射线衍射（XRD）等结构表征技术，深入研究材料微观形貌、晶体结构及元素组成，为材料设计提供科学依据。过充电、过放电，外部短路等安全性能测试，为固态锂离子电池的安全应用提供保障。

在固态锂离子电池的制备工艺方面，介绍了固态锂离子电池相较于液态锂离子电池的差异性和复杂性。固态锂离子电池的制备工艺主要包括电解质的选择与表面处理、电极的涂覆与薄膜化、电池的组装与封装以及性能测试等多个步骤。其中，固态电解质的成膜工艺是核心环节，其质量直接影响电池的整体性能。干法、湿法等多种成膜技术各有优劣，需根据电解质材料的特性及电池设计要求进行选择。此外，固态锂离子电池在组装过程中，还需特别注意各层材料之间的紧密接触与隔离，以防止短路或漏电现象的发生。

通过表征技术，分析固态锂离子电池的性能特点与材料特性，为制备工艺的优化提供指导；制备工艺的不断完善，逐步提升固态锂离子电池性能，推动固态锂离子电池应用。未来，随着技术的不断进步和市场的不断扩大，固态锂离子电池有望成为主导的电池技术之一，为新能源汽车、储能等领域的发展注入新的活力。

参考文献

[1] 深圳市电源技术学会. T/SPSTS 019—2021 固态锂电池用固态电解质性能要求及测试方法 无机氧化物固态电解质 [S]. 北京：冶金工业出版社，2021.

[2] 黄晓，吴林斌，等. 锂离子固体电解质研究中的电化学测试方法 [J]. 储能科学与技术，2020，9（2）：479-500.

[3] 深圳市电源技术学会. T/SPSTS 020—2021 固态锂电池用固态电解质性能要求及测试方法聚合物及复合固态电解质 [S]. 北京：冶金工业出版社，2021.

[4] Zhang X, Liu T, Zhang S F, et al. Synergistic coupling between $Li_{6.75}La_3Zr_{1.75}Ta_{0.25}O_{12}$ and poly(vinylidene fluoride) induces high ionic conductivity, mechanical strength, and thermal stability of solid composite electrolytes[J]. Journal of the American Chemical Society, 2017, 139(39): 13779-13785.

[5] 王蓉蓉，朱振东，等. 恒电位极化法测量 $LiPF_6$ 基电解液离子迁移数 [J]. 电池工业，2020，24（6）：283-287.

[6]　Chen F, Yang D J, Zha W P, et al. Solid polymer electrolytes incorporating cubic $Li_7La_3Zr_2O_{12}$ for all-solid-state lithium rechargeable batteries [J]. Electrochimica Acta, 2017, 258: 1106-1114.

[7]　Li D, Chen L, Wang T S, et al. 3D fiber-network-reinforced bicontinuous composite solid electrolyte for dendrite-free lithium metal batteries [J]. ACS Applied Materials & Interfaces, 2018, 10(8): 7069-7078.

[8]　Han F D, Zhu Y Z, He X F, et al. Electrochemical stability of $Li_{10}GeP_2S_{12}$ and $Li_7La_3Zr_2O_{12}$ solid electrolytes [J]. Advanced Energy Materials, 2016, 6(8): 1501590.

[9]　Grey C P, Tarascon J M. Sustainability and in situ monitoring in battery development [J]. Nature Materials, 2017, 16: 45-56.

[10]　Tripathi A M, Su W, Hwang B J. In situ analytical techniques for battery interface analysis [J]. Chemical Society Reviews, 2018, 47: 736-851.

[11]　Pu J, Zhong C L, Hao J H, Liu J H, et al. Advanced in situ technology for Li/Na metal anodes: an in-depth mechanistic understanding [J]. Energy & Environmental Science, 2021, 14: 3872-3911.

[12]　Hou P Y, Chu G, Gao J, Zhang Y T, Zhang L Q. Li-ion batteries: phase transition [J]. Chinese Physics B, 2016, 25: 016104.

[13]　Krauskopf T, Dippel R, Hartmann H, et al. Lithium-metal growth kinetics on LLZO garnet-type solid electrolytes [J]. Joule, 2019, 3: 2030-2049.

[14]　Sagane F, Shimokawa R, Sano H, et al. In-situ scanning electron microscopy observations of Li plating and stripping reactions at the lithium phosphorus oxynitride glass electrolyte/Cu interface [J]. Journal of Power Sources, 2013, 225: 245-250.

[15]　Ma C, Cheng Y, Yin K, et al. Interfacial stability of Li metal-solid electrolyte elucidated via in situ electron microscopy [J]. Nano Letters, 2016, 16: 7030-7036.

[16]　Han F D, Westover A S, Yue J, et al. High electronic conductivity as the origin of lithium dendrite formation within solid electrolytes [J]. Nature Energy, 2019, 4: 187-196.

[17]　Wang C W, Gong Y H, Dai J Q, et al. In situ neutron depth profiling of lithium metal-garnet interfaces for solid state batteries [J]. Journal of the American Chemical Society, 2017, 139, 40: 14257-14264.

[18]　Lv S, Verhallen T, Vasileiadis A, et al. Operando monitoring the lithium spatial distribution of lithium metal anodes [J]. Nature Communications, 2018, 9: 2152.

[19]　Kushima A, Mohayman Z. Advanced energy materials characterization: in situ/operando techniques [J]. Encyclopedia of Materials: Electronics, 2023, 3: 323-348.

[20]　Liang Z T, Xiang Y X, Wang K J, et al. Understanding the failure process of sulfide-based all-solid-state lithium batteries via operando nuclear magnetic resonance spectroscopy[J]. Nature Communications, 2023, 14: 259.

[21]　Cai D X, Sun X, Li F, et al. Understanding electrochemical reaction mechanisms of sulfur in all-solid-state batteries through operando and theoretical studies [J]. Angewandte Chemie International Edition, 2023, 62(20): e202302363.

[22]　Rawlence M, Filippin A N, Wäckerlin A, et al. The effect of gallium substitution on lithium-ion

conductivity and phase evolution in sputtered $Li_{7-3x}Ga_xLa_3Zr_2O_{12}$ thin films [J]. ACS Applied Materials & Interfaces, 2018, 10(16): 13720-13728.

[23] Paolella A, Zhu W, Xu G L. Understanding the reactivity of a thin $Li_{1.5}Al_{0.5}Ge_{1.5}(PO_4)_3$ solid-state electrolyte toward metallic lithium anode [J]. Advanced Energy Materials, 2020, 10: 2001497.

[24] Pietsch P, Wood V. X-ray tomography for lithium ion battery research: a practical guide [J]. Annual Review of Materials Research, 2017, 47: 451-479.

[25] Madsen K E, Bassett K L, Ta K, et al. Direct observation of interfacial mechanical failure in thiophosphate solid electrolytes with operando X-Ray tomography [J]. Advanced Materials Interfaces, 2020, 7: 2000751.

[26] Yu L J, Zhi K. C, Liang G Z, et al. Application of in-situ characterization techniques in all-solid-state lithium batteries [J]. Acta Physica Sinica, 2021, V70, 19: 198102

[27] Dixit M B, Park J S, Kenesei P, et al. Status and prospect of in situ and operando characterization of solid-state batteries [J]. Energy & Environmental Science, 2021, 14: 4672-4711.

[28] Zhang L, Fan H L, Dang Y Z, et al. Recent advances in in situ and operando characterization techniques for $Li_7La_3Zr_2O_{12}$ based solid-state lithium batteries [J]. Materials Horizons, 2023, 10: 1479-1538.

[29] Liu X S, Wang D D, Liu G, et al. Distinct charge dynamics in battery electrodesrevealed by in situ and operando soft X-rayspectroscopy [J]. Nature Communications, 2013, 4: 2568.

[30] Li X, Ren Z H, Banis M N, et al. Unravelling the chemistry and microstructure evolution of a cathodic interface in sulfide-based all-solid-state Li-ion batteries [J]. ACS Energy Letters, 2019, 4, 10: 2480-2488.

[31] Sicolo S, Fingerle M, Hausbrand R, et al. Interfacial instability of amorphous lipon against lithium: a combined density functional theory and spectroscopic study [J]. Journal of Power Sources, 2017, 354: 124-133.

[32] Riegger L M, Schlem R, Sann J, et al. Lithium-metal anode instability of the superionic halide solid electrolytes and the implications for solid-state batteries [J]. Angewandte Chemie International Edition, 2021, 60: 6718-6723.

[33] Jaiser S, Kumberg J, Klaver J, et al. Microstructure formation of lithium-ion battery electrodes during drying-an ex-situ study using cryogenic broad ion beam slope cutting and scanning electron microscopy (Cryo-BIB-SEM) [J]. Journal of Power Sources, 2017, 345: 97-107.

[34] Cheng D, Wynn T A, Wang X, et al. Unveiling the stable nature of the solid electrolyte interphase between lithium metal and LiPON via cryogenic electron microscopy [J]. Joule, 2020, 4: 2484-2500.

[35] Li Y, Li Y, Pei A, et al. Atomic structure of sensitive battery materials and interfaces revealed by cryo-electron microscopy [J]. Science, 2017, 358: 505-510.

[36] Song G W, Zhong H, Wang Z, et al. Interfacial film $Li_{1.3}Al_{0.3}Ti_{1.7}PO_4$-coated $LiNi_{0.6}Co_{0.2}Mn_{0.2}O_2$ for the long cycle stability of lithium-ion batteries [J]. ACS Applied Energy Materials, 2019, 2: 7923-7932.

[37] Yoshinari T, Koerver R, Hofmann P, et al. Interfacial stability of phosphate-NASICON solid electrolytes in Ni-rich NCM cathode-based solid-state batteries [J]. ACS Applied Materials and Interfaces, 2019, 11:

23244-23253.

[38] 广东省测量控制技术与装备应用促进会. T/GDCKCJH 025—2020 聚合物准固态电解质动力电池性能指标及测试方法 [S]. 广东：2020.

[39] 国家标准化管理委员会. GB/T 31485—2015 电动汽车用动力蓄电池电性能要求及试验方法 [S]. 北京：中国标准出版社，2015.

[40] 全国汽车标准化技术委员会. GB/T 31484—2015 电动汽车用动力蓄电池循环寿命要求及试验方法 [S]. 北京：中国标准出版社，2015.

[41] 国家标准化管理委员会. GB/T 36276—2023 电力储能用锂离子电池 [S]. 北京：中国标准出版社，2018.

[42] 中华人民共和国工业和信息化部. GB 38031—2020 电动汽车用动力蓄电池安全要求 [S]. 北京：中国标准出版社，2020.

[43] 中国电力企业联合会. T/CEC 678—2022 电力储能用固态锂离子电池安全要求及试验方法 [S]. 2022.

[44] Yang L, Chen Z Z, Hong Y, et al. Dry electrode technology, the rising star in solid-state battery industrialization [J]. Matter, 2022, 5(3), 875-898.

[45] Helmers L, Froböse L, Friedrich K, et al. Sustainable solvent-free production and resulting performance of polymer electrolyte-based all-solid-state battery electrodes [J]. Energy Technol, 2021(9), 2000923.

[46] Park D W, Cañas N A, Wagner N, et al. Novel solvent-free direct coating process for battery electrodes and their electrochemical performance [J]. Journal of Power Sources, 2016(306), 758-763.

[47] Zhang Z, Wu L, Zhou D, et al. Flexible sulfide electrolyte thin membrane with ultrahigh ionic conductivity for all-solid-state lithium batteries [J]. Nano Lett, 2021(21), 5233-5239.

[48] Kawaguchi T, Nakamura H and Watano. Parametric study of dry coating process of electrode particle with model material of sulfide solid electrolytes for all solid-state battery [J]. Powder Technol, 2017(305), 241-249.

[49] Mitchell P, Zhong L and Xi. Recyclable dry particle based adhesive electrode and methods of making same. US7342770 [P]. 2008.

[50] Mitchell P, Xi X, Zou B and Zhong. Dry particle packaging systems and methods of making same. US20060137158 [P]. 2006.

[51] Mitchell P. Zhong L, Xi X and Zou. Dry particle based adhesive and dry film and methods of making same. US7508651 [P]. 2009.

[52] Hippauf F, Schumm B, Doerfler S, et al. Overcoming binder limitations of sheet-type solid-state cathodes using a solvent-free dry-film approach [J]. Energy Storage Mater, 2019(21), 390-398.

[53] Zhang Z, Wu L, Zhou D, et al. Flexible sulfide electrolyte thin membrane with ultrahigh ionic conductivity for all-solid-state lithium batteries [J]. Nano Lett, 2021(21), 5233-5239.

[54] Zhou H, Liu M, Gao H, et al. Dense integration of solvent-free electrodes for Li-ion supercar battery with boosted low temperature performance [J]. Journal of Power Sources, 2020(473), 228553.

[55] Park D W, Cañas N A, Wagner N, et al. Novel solvent-free direct coating process for battery electrodes and their electrochemical performance [J]. Journal of Power Sources, 2016(306), 758-763.

[56] Liu J, Ludwig B, Liu Y, et al. Strengthening the electrodes for Lion batteries with a porous adhesive interlayer through dry-spraying manufacturing [J]. ACS Applied Materials & Interfaces, 2019(11), 25081-25089.

[57] Ludwig B, Liu J, Chen I M, et al. Understanding interfacial-energy-driven dry powder mixing for solvent-free additive manufacturing of Li-ion battery electrodes [J]. Advanced Materials Interfaces, 2017(4), 1700570.

[58] Ludwig B, Zheng Z, Shou W, et al. Solvent-free manufacturing of electrodes for lithium-ion batteries [J]. Scientific Reports, 2016(6), 23150.

[59] Liu J, Ludwig B, Liu Y, et al. Scalable dry printing manufacturing to enable long-life and high energy lithium-ion batteries [J]. Advanced Materials Technologies, 2017(2), 1700106.

[60] Du Z, Janke C J, Li J, Wood III, D L and Danie. Method of solvent-free manufacturing of composite electrodes incorporating radiation curable binders. US2018/0323422A1 [P]. 2018.

[61] Verdier N, Foran G, Lepage D, et al. Challenges in solvent-free methods for manufacturing electrodes and electrolytes for lithium-based batteries [J]. Polymers, 2021, 13, 323.

[62] Gueguen M, Billion M and Majastre H. Method of manufacturing a multilayer electrochemical assembly comprising an electrolyte between two electrodes, and an assembly made thereby. US005593462A [P]. 1997.

[63] Jardiel T, Sotomayor, M E, Levenfeld B, et al. Optimization of the processing of 8-YSZ powder by powder injection molding for SOFC electrolytes [J]. International Journal of Applied Ceramic Technology, 2008(5), 574-581.

[64] Yosef N, Chen J H, Bereket W T, et al. Chemical Stability of Sulfide Solid-state Electrolytes: Stability Toward Humid Air and Compatibility with Solvents and Binders [J]. Energy & Environmental Science, 2022.

[65] Hu J, Yang S, Pei Y, et al. Perspective on powder technology for all-solid-state batteries: How to pair sulfide electrolyte with high-voltage cathode [J]. Particuology, 2024(86), 54-66.

[66] Keller M, Appetecchi G B, Kim G, et al. Electro-chemical Performance of a Solvent-free Hybrid Ceramic polymer Electrolyte Based on $Li_7La_3Zr_2O_{12}$ in $P(EO)_{15}LiTFSI$ [J]. Journal of Power Sources, 2017, 353(15): 286-297.

[67] Yang Zh, Song L, Zaisheng W, et al. Recent technology development in solvent-free electrode fabrication for lithium-ion batteries, Renewable and Sustainable Energy Reviews, 2023(183), 113515.

[68] Liu L, Jing L, Mo J, et al. Comprehensively-upgraded Polymer Electrolytes by Multifunctional Aramid Nanofi-bers for Stable All-solid-state Li-ion Batteries[J]. Nano Energy, 2020, 69(3):104398.

[69] Chen X, He W, Ding L X, et al. Enhancing Interfacial Contact in All Solid State Batteries with a Cathode-Sup-ported Solid Electrolyte Membrane Framework[J]. Energy& Environmental Science, 2019, 12(3): 938-944.

[70] Wan J, Xie J, Kong X, et al. Ultrathin, Flexible, Solid Polymer Composite Electrolyte Enabled with Aligned Nanoporous Host for Lithium Batteries[J]. Nature Nano-technology, 2019, 14(7): 1.

[71] Bae J, Li Y, Zhang J, et al. A 3D Nanostructured Hydro-gel Framework-derived High-performance CompositePolymer Li-ion Electrolyte[J]. Angewandte Chemie Inter-national Edition, 2018, 57(8): 2095-2100.

[72] Lee K, Kim S, Park J, et al. Selection of Binder and Solvent for Solution- processed All- solid- state Battery[J]. Journal of the Electrochemical Society, 2017, 164(9):A2074-A2081.

[73] Hackl G, Gerhard H, Popovskan. Coating of Carbon Short Fibers with Thin Ceramic Layers by Chemical Vapor Deposition[J]. Thin Solid Films, 2006, 513(1-2): 216-222.

[74] Ei X, Yang L, Chen Z Z, et al. Toward the Scale-up of Solid-state Lithium Metal Batteries: The Gaps between Lab-level Cells and Practical Large-format Batteries[J]. Advanced Energy Materials, 2020, 11(4): 2002360.

[75] Yang X F, Adair K R, Gao X, et al. Recent Advances and Perspectives on Thin Electrolytes for High-EnergyDensity Solid-state Lithium Batteries[J]. Energy & Environmental Science, 2020, 14(2): 643-671.

[76] Lee Y G, Fujiki S, Jung C, et al. High-energy Long-Cycling All-solid-state Lithium Metal Batteries Enabled bySilver-carbon Composite Anodes[J]. Nature Energy, 2020(5): 299-308.

第6章

固态锂离子电池行业应用

6.1 重点研究领域概述

6.1.1 相关政策解读

1. 国际政策

国外固态锂离子电池研发起步较早，在 2010 年以前已经对固态锂离子电池进行研发，为了刺激技术的不断进步，以日本、美国、欧盟、韩国为代表的发达地区纷纷以资金的形式支持固态锂离子电池技术创新。日本打造车企和电池厂共同研发体系，政府资金扶持力度超 2 千亿日元（约 100 亿元人民币），力争 2030 年实现全固态锂离子电池商业化，能量密度目标为 500Wh/kg。韩国政府提供税收抵免支持固态锂离子电池研发，叠加动力电池巨头联合推进，目标于 2024—2028 年开发出能量密度 400Wh/kg 的商用技术，2030 年完成装车。欧洲固态锂离子电池政策由德国主导，提出锂电池迭代目标，明确固态锂离子电池技术为研发方向。美国由能源部出资，初创公司主导研发，并与众多车企达成战略合作，目标 2030 年实现固态锂离子电池能量密度 500Wh/kg。国外主要国家和地区固态锂离子电池政策见表 6-1。

表 6-1　国外主要国家和地区固态锂离子电池政策

国家	时间	政策要点
日本	2007 年	NEDO 启动"下一代汽车用高性能蓄电系统技术开发"项目，2030 年能量密度目标为 500 Wh/kg、1000 W/kg、1 万日元 /kWh，远期目标为 700 Wh/kg、1000 W/kg、5 千日元 /kWh
	2010 年	在日本经济产业省、新能源与产业技术开发机构（NEDO）和产业技术综合研究所（AIST）的支持下，成立 LIBTEC 研究中心，负责"下一代电池材料评估技术开发"项目，成员包括丰田、本田、日产、马自达、松下等 35 家企业
	2018 年	NEDO 宣布在未来 5 年内投资 100 亿日元，由丰田、本田、日产、松下等 23 家企业，以及日本理化学研究所等 15 家学术机构联合研发全固态锂电池，到 2022 年全面掌握相关技术
	2021 年	NEDO 部署"电动汽车创新电池开发"项目（2021—2025 年），计划投入 166 亿日元，开发超越锂电池的新型电池（包括氟化物电池、锌负极电池），增强电池和汽车行业的竞争力
韩国	2018 年	LG 化学、三星 SDI、SK 创新联合成立下一代 1000 亿韩元（9000 万美元）电池基金，用于共同研发固态锂离子电池、锂金属电池和锂硫电池等下一代电池技术

续表

国家	时间	政策要点
韩国	2021 年	公布《K-Battery Development Strategy》，政府协助研发固态锂离子电池等新一代电池技术并提供税收优惠，投资设备和投资研发最高可享 20% 及 50% 的税收抵免，在 2025 年推动锂硫电池和 2027 年全固态锂离子电池的实际商业化应用。具体开发： （1）全固态锂离子电池，选择质量轻的硫化物全固态锂离子电池、安全性高的氧化物系全固态锂离子电池，2024—2028 年具备 400 Wh/kg 的商用技术，2030 年完成装车验证。 （2）锂金属电池，2024—2028 年具备 400 Wh/kg 的商用技术，2030 年完成装车验证
	2022 年	到 2030 年，韩国将投资 20 万亿韩元（150 亿美元），用于固态锂离子电池研发。据了解，这项投资将由公共和私营部门共同投资，计划成为世界上第一个将固态锂离子电池商业化的国家
欧洲	2017 年	德国联邦教育和研究部出资 320 万欧元，发起为期三年的凝胶电解质和锂金属负极固态锂离子电池研究项目，由德国系统与创新研究所（Fraunhofer）承担
	2018 年	11 月，德国政府投资 10 亿欧元支持固态锂离子电池技术研发与生产，并支持建立动力电池研发联盟，聚焦固态锂离子电池技术开发，瓦尔塔迈科、巴斯夫、福特德国、大众已加入该联盟。 12 月，公布《电池 2030+》，明确全固态高性能锂离子电池、金属锂空气电池、锂硫电池迭代路线，目标为 2030 年电池实际性能与理论性能差距缩小至少 1/2，耐用性和可靠性至少提升 3 倍
	2019 年	EUROBAT（欧洲汽车和工业电池制造商协会）发布《2030 电池创新路线图》，提出锂电池迭代目标为更高能量密度和更高安全性，明确固态锂离子电池技术为研发方向
	2021 年	EUROBAT（欧洲汽车和工业电池制造商协会）发布《2030 电池创新路线图》，提出锂电池迭代目标为更高能量密度和更高安全性，明确固态锂离子电池技术为研发方向
	2022 年	德国系统与创新研究所发布《固态电池技术路线图 2035+》，预计硅基负极 + 高镍三元 + 硫化物电解质固态锂离子电池能量密度 24 ～ 30 年达 275 Wh/kg、650 Wh/L，35 年达 325 Wh/kg、835 Wh/L，锂金属负极 + 高镍三元正极 + 硫化物电解质固态锂离子电池 30 年能量密度达 340 Wh/kg、770 Wh/L，35 年达 410 Wh/kg、1150 Wh/L。聚合物固态电池（SSB）的年生产能力将从 2 GWh 提高到 10 ～ 50 GWh，硫化物固态电池（SSB）的年生产能力将从 0 提高到 20 ～ 50 GWh，氧化物 SSB 的年生产能力将从 0 提高到 10 ～ 20 GWh
	2023 年	额外 600 万～ 800 万欧元用于解决固态电解质相关问题，并规划更多支持政策，确保欧盟电池产业竞争力
美国	2016 年	发布 Battery500 计划，由美国西北太平洋国家实验室领衔，联合大学和产业界共同攻关，参与者包括斯坦福大学、IBM、特斯拉等。计划 5 年投资 5000 万美元，目标电芯能量密度 500 Wh/kg，循环寿命 1000 次，pack（电池包）成本 150 美元 /KWh，最后过渡至锂金属电池或锂硫电池
	2019 年	能源部宣布资助通用汽车 910 万美元，其中 200 万美元明确用于固态锂离子电池界面问题及硫化物全固态锂离子电池的研究
	2021 年	1 月，能源部宣布资助 800 万美元用于聚合物电解质制造工艺研究项目，目标聚合物电解质成本降低 15%，获超大容量车用固态锂离子电池第三方生产资质。 6 月，美国国防部先进研究计划局（DARPA）宣布启动"形态形成界面"（MINT）计划，MINT 计划将结合应用，从两个方向展开研究工作：第一个方向是开展固 - 固电荷转移界面研究，使固态锂离子电池具有更高的能量密度和循环寿命；第二个方向是开展高性能耐腐蚀涂层和合金的固 - 液、固 - 气界面研究。 6 月，能源部、国防部、商务部、国务院共建的联邦先进电池联盟（FCAB）发布《锂电池 2021—2030 年国家蓝图》，目标为 2025 年电芯成本 60 美元 /kWh，2030 年能量密度 500Wh/kg，pack 成本进一步降低 50%，实现无钴无镍的固态锂离子电池、锂金属电池规模量产。

续表

国家	时间	政策要点
美国	2021 年	10 月，能源部宣布资助 2.09 亿美元支持固态锂离子电池及快充等先进动力电池的技术研究。通过开发新材料和电池架构来增强全固态锂离子电池循环寿命和能量密度；开发 3D 打印制备固态锂离子电池的新工艺；开发高精度的电池模拟仿真系统；针对锂硫电池开发高性能的全固态电解质；针对全固态锂硫电池开发先进的电极涂层材料；围绕锂金属电池开发新型的高性能硒硫正极材料；开发用于全固态锂离子电池的高导电性高化学稳定性的硫代硼酸锂固态电解质；开发高导电性的有机聚合物电解质；开发有机无机复合的固态电解质
	2023 年	1 月，能源部宣布向多个大学、企业资助 4200 万美元用于包括固态锂离子电池的新一代电池技术研究。 4 月，美国能源部拨款 1600 万美元资助固态锂离子电池和液流电池制造，每个项目可获得联邦政府资助上限为 400 万美元，可覆盖项目 20% 的成本，被资助项目的研究目标为： （1）将固态电解质基础研究转化为大幅面 / 大批量生产研发。 （2）提高大尺寸电池中固态锂离子电池的精密加工和制造。 （3）固态锂离子电池可扩展性的检验和验证

2. 国内政策

因传统锂离子电池安全性问题很难根本解决，而且当前液态锂电池的材料体系逐渐达到上限，而固态锂离子电池可从根本解决液态锂离子电池的两大痛点问题。为了鼓励新技术的商业化发展，各级政府非常重视产业政策的扶持和引导，2020 年国务院办公厅发布新能源汽车产业发展规划（2021—2035 年）政策文件，首次将固态锂离子电池列为重点发展技术，并提出了加速研发计划和产业化。2023 年进一步提出加强固态锂离子电池标准体系研究，但是目前尚未出台补贴政策，仍以市场驱动为主。各地方政府为了激发本地创新能力，推动固态锂离子电池产线落地，积极出台固态锂离子电池鼓励政策。我国固态锂离子电池相关政策见表 6-2。

表 6-2 我国固态锂离子电池政策

时间	发布主体	政策 / 规划	内容
2012 年 6 月	国务院	《节能与新能源汽车国家规划（2012—2020 年）》	2020 年：电池模块比能量≥300 Wh/kg，成本≤1.5 元 /Wh
2013 年	工信部、教育部、科技部、人民银行、银保监会、能源局	《关于推动能源电子产业发展的指导意见》	开发安全经济的新型储能电池，加强新型储能电池产业化技术攻关，推进先进储能技术及产品规模化应用；加快研发固态锂离子电池，加强固态锂离子电池标准体系研究
2014 年 11 月	科技部	"十三五"计划——新能源汽车重点研发专项（2015—2020）	产业化锂离子电池能量密度≥300 Wh/kg，成本≤0.8 元 /Wh，电池系统能量密度≥200 Wh/kg，循环寿命≥1200 次，成本≤1.2 元 /Wh；新型锂离子电池能量密度≥400 Wh/kg，新体系电池能量密度≥500 Wh/kg
2015 年 5 月	国务院	《中国制造 2025》	2020 年电池能量密度达到 300 Wh/kg，2025 年电池能量密度达到 400 Wh/kg，2030 年电池能量密度达到 500 Wh/kg

续表

时间	发布主体	政策 / 规划	内容
2015 年 10 月	工信部指导、中国汽车工程学会牵头编制	《节能与新能源汽车技术路线图》	2020 年电池单体比能量 350 Wh/kg、系统 250 Wh/kg，寿命单体 4000 次 /10 年、系统 3000 次 /10 年，成本单体 0.6 元 /Wh、系统 1.0 元 /Wh。 2025 年电池单体比能量 400 Wh/kg、系统 280 Wh/kg，寿命单体 4500 次 /12 年、系统 3500 次 /12 年，成本单体 0.5 元 /Wh、系统 0.9 元 /Wh。 2030 年电池单体比能量 500 Wh/kg、系统 350 Wh/kg，寿命单体 5000 次 /15 年、系统 4000 次 /15 年，成本单体 0.4 元 /Wh、系统 0.8 元 /Wh
2017 年	工信部	《促进汽车动力电池产业发展行动方案》	通过国家重点研发计划、国家自然科学基金等，鼓励高等院校、研究机构、重点企业等协同开展新体系动力电池产品的研发创新，积极推动锂硫电池、金属空气电池、固态锂离子电池等新体系电池的研究和工程化开发，2020 年单体电池比能量达到 400 Wh/kg 以上，2025 年达到 500 Wh/kg
	工信部、国家发展改革委	《汽车产业中长期发展规划》	2020 年电池单体比能量≥300 Wh/kg，力争实现 350 Wh/kg，系统比能量力争 260 Wh/kg，成本≤1 元 /Wh；2025 年电池系统比能量≥350 Wh/kg
2020 年	工信部指导、中国汽车工程学会牵头编制	《节能与新能源汽车技术路线图 2.0》	能量型锂离子电池目标： 2025 年，普及型比能量>200 Wh/kg，寿命>3000 次 /12 年，成本 <0.35 元 /Wh；商用型比能量>200 Wh/kg，寿命>6000 次 /8 年，成本 <0.45 元 /Wh；高端型比能量>350 Wh/kg，寿命>1500 次 /12 年，成本 <0.50 元 /Wh
	国家发展改革委	新能源汽车产业发展规划（2021—2035 年）	实施电池技术突破行动，加快固态动力电池技术研发及产业化
2021 年	天津市政府	《天津市制造业高质量发展"十四五"规划》	加快开发固态锂离子电池生产关键装机及配套工艺、高功率电极的制备工艺、低成本石墨烯材料生产工艺等
	北京市政府	《北京市"十四五"时期国际科技创新中心建设规划》	先进储能领域突破大容量电化学储能材料、组件及系统能量管理技术，推动吉瓦时级固态锂离子电池等规模储能装备研制和产业化
2022 年	国家发展改革委	《"十四五"新型储能发展实施方案》	研发储备液态金属电池、固态锂离子电池、金属空气电池等新一代高能量密度储能技术
2023 年	工信部、教育部、科技部、人民银行、银保监会、能源局	《关于推动能源电子产业发展的指导意见》	开发安全经济的新型储能电池，加强新型储能电池产业化技术攻关，推进先进储能技术及产品规模化应用；加快研发固态锂离子电池，加强固态锂离子电池标准体系研究
	浙江省发展改革委、省经信厅、省科技厅	《浙江省加快新能源汽车产业发展行动方案》	化动力电池产能布局，加快固态锂离子电池、钠离子电池等新一代产品研发和产业化，促进产业集聚引领发展
	深圳市发展改革委	2023 年战略性新兴产业专项资金项目申报指南（第一批）	工程研究中心支持钠离子电池、长寿命高安全性锂离子电池、下一代固态锂离子电池储能、新型液流储能电池、储能系统集成及安全管理、储能控制系统、储能智能装备技术、光储充技术、新能源汽车移动储能九个方向
	广东省政府	《推动新型储能产业高质量发展的指导意见》	开发新型空气电池、固态锂离子电池、镁（锌）离子电池等新型电池技术

6.1.2 专利分布统计

1. 固态锂离子电池专利数目

根据 IncoPat 全球专利数据库统计，2020—2022 年全球固态锂离子电池申请专利数量为 17754 件，2015 年以后，专利申请数量呈现快速增加的态势。从固态锂离子电池专利申请国家来看，主要集中在中国、日本、美国、韩国等国家，随着我国动力电池产业快速发展，创新主体专利保护意识逐步加强，我国固态锂离子电池专利申请数量已经超过日本，占全球比重达到 39.1%，日本和美国排在第二和第三位，占比分别为 33.1% 和 11.5%，韩国排在第四位，占比为 9.6%。固态锂离子电池专利历年申请数量如图 6-1 所示。

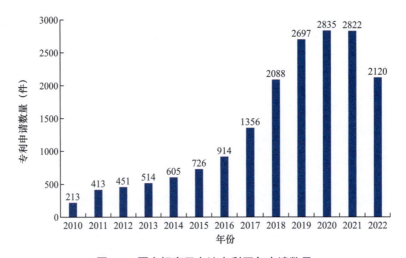

图 6-1   固态锂离子电池专利历年申请数量

2. 固态锂离子电池专利的持有主体情况

在该领域全球专利申请量排名前 10 位的申请人中，其中日本企业 4 家、韩国企业 4 家、中国企业 2 家。日本丰田公司在固态锂电池领域凭借 2330 件专利申请居于首位；韩国 LG 化工和现代汽车在该领域提交的专利申请分别为 543 件和 493 件，排名二、三位。我国上榜企业为蜂巢能源和中南大学，专利申请数量分别为 175 件和 110 件。美国在该领域的技术研发比较分散，专利申请以 Quantum Scape、Solid Power、Sakti3 等初创公司为主。

日本企业在固态锂电池领域具有雄厚的实力和长期的研究史。以丰田公司为例，该公司是最早在固态锂电池领域进行专利布局的企业。从技术布局来看，丰田公司的专利申请涉及固态电解质材料、电池构造、电极材料等方面，特别是对硫化物电解质材料进行了重点专利布局。韩国依托锂电池以及新能源汽车起步较早，重点关注固态电解质、电池制造、电池性能提升等方面。我国在该领域专利申请量排名前 10 位的申请人中，高校和科研院所 4 家，国内外企业 6 家，其中中南大学、中国科学院物理研究所与哈尔滨工业大学等大学与科研机构是我国该技术的主要研发机构。固态锂离子电池专利数量 TOP10 排名见表 6-3。

表 6-3　固态锂离子电池专利数量 TOP10 排名

排名	企业	专利数量（件）
1	日本丰田（包含三井和出光）	2330
2	LG 化学	543
3	现代汽车	493
4	日本村田	422
5	韩国起亚	334
6	日本本田	283
7	三星 SDI	208
8	日本松下	180
9	蜂巢能源	175
10	中南大学	110

6.1.3　标准制定情况

目前固态锂离子电池的发展及应用尚未到达成熟，仅仅局限于某些领域小范围的推广，还没有形成关于固态锂离子电池的国家标准。目前发布的几项标准都为团体标准。

现行的固态锂离子电池团体标准，由深圳市电源技术学会牵头，清华大学深圳国际研究生院、中国科学院物理研究所等多家单位参与起草的《固态锂电池电性能要求及测试方法 全固态锂电池》（T/SPSTS 023—2022）与《固态锂电池电性能要求及测试方法 固液混合锂电池》（T/SPSTS 024—2022），于 2022 年 11 月 8 日发布并实施，两项标准分别规定了全固态锂离子电池与半固态锂离子电池的电性能要求及测试方法。其中 T/SPSTS 023—2022 规定了固态电解质体系为聚合物电解质、无机固态电解质及两者复合固态电解质的全固态锂电池的电性能要求、试验方法和检验规则、标志、包装、运输、贮存与质量说明书以及订货单（或合同）内容。此标准适用于车载动力全固态锂电池、3C 产品用全固态锂电池以及其他全固态锂电池。T/SPSTS 024—2022 规定了固液混合锂电池的电性能要求、试验方法、检验规则和标志、包装、运输、贮存的要求。此标准适用于车载动力固液混合锂电池、3C 产品用固液混合锂电池以及其他固液混合锂电池。

在电力储能领域，由中国电力企业联合会牵头，中国电力科学研究院有限公司、北京卫蓝新能源科技有限公司等单位参与起草的《电力储能用固态锂离子电池安全要求及试验方法》（T/CEC 678—2022），于 2022 年 10 月 26 日发布，2023 年 2 月 1 日实施。此标准适用于电力储能用固态锂离子电池单体，规定了电力储能用固态锂离子电池安全要求、试验方法以及检验规则。

此外，由广东省测量控制技术与装备应用促进会牵头，广州广电计量检测股份有限公司等单位起草的两项团体标准。《聚合物准固态电解质动力电池性能指标及测试方法》（T/GDCKCJH 025—2020）于 2020 年 8 月 24 日发布，2020 年 10 月 1 日实施。T/GDCKCJH 025—2020 规定了聚合物准固态电解质动力电池单体及模块的电性能指标要求，对聚合物准固态电解质动力电池单体及模块的电性能参数测试做了详细规范，包括室温放电容量、交流内阻、高低温放电容量、标准循环寿命等，并规范了动力电池性能试验程序及试验需要用到的动力电池数目，适用于装载在电动汽车上的聚合物准固态电解质动力电池单体和模块性能指标测试。《聚合物准固态电解质动力电池安全性要求与测试方法》（T/GDCKCJH 034—2021）于 2021 年 7 月 12 日发布，2021 年 8 月 1 日实施，T/GDCKCJH 034—2021 规定了聚合物准固态电解质动力电池的术语与定义、安全性要求、试验条件、测试方法，适用于电动汽车用的聚合物准固态电解质动力电池。

综上所看，目前的固态锂离子电池的标准仅有团体标准，但是涉及的范围仍然较大，包含了全固态锂离子电池、半固态锂离子电池、聚合物固态锂离子电池、无机固态锂离子电池、聚合物 - 无机复合固态锂离子电池。在应用领域，包含了 3C 产品领域、电动汽车领域、储能领域。在内容上，包含了电池性能测试及要求，安全性能测试及要求，以及包装、运输、存储等。依据上述的团体标准，为固态锂离子电池在行业的应用提供了一定的参考依据，但是，随着固态锂离子电池行业的发展，团体标准仅仅适用于某些场景，存在一定的局限性，制定固态锂离子电池国家标准势在必行。

6.2 行业发展与应用现状

6.2.1 行业发展现状

从固态锂离子电池发展路径看，预计将呈现半固态→准固态→全固态逐步发展的趋势，如表 6-4 所示。第一阶段，引入固态电解质，保留少量电解液，正极材料仍为三元镍钴锰 / 镍钴铝或磷酸铁锂，负极材料仍为石墨 / 硅碳，并采用负极预锂化等技术提高能量密度。第二阶段，固态电解质逐步取代电解液，金属锂取代石墨 / 硅碳负极。第三阶段，逐渐减薄固态电解质的厚度，并用硫化物 / 镍锰酸锂 / 富锂锰基等正极材料取代磷酸铁锂和三元镍钴锰 / 镍钴铝。

表 6-4　固态锂离子电池技术发展历程

发展阶段		电解液	隔离膜	负极	正极	商业化
第一阶段	半固态	液态电解质质量百分比 <10%	不变	石墨/硅碳预锂化技术	NCM/NCA/LFP	2023 年
	准固态	液态电解质质量百分比 <5%	不变	石墨/硅碳预锂化技术	NCM/NCA/LFP	2025 年
第二阶段	全固态	固态电解质	取消	金属锂	NCM/NCA/LFP	2027 年
第三阶段	全固态	固态电解质	取消	金属锂	硫化物/镍锰酸锂/富锂锰基	2030 年

　　根据中关村储能产业技术联盟的研究，2023—2025 年：锂电池电解质逐渐由液态/凝胶态向半固态、准固态转变；负极材料逐渐由石墨负极向石墨/硅复合负极材料发展，准固态电解质以聚合物电解质为主，2025 年前能量密度达到 300～400 Wh/kg，使用温度由 55℃逐渐提高到 80℃左右，进而继续升高至 150℃左右。2025—2030 年：由准固态锂离子电池逐步过渡到全固态锂离子电池，负极材料由复合负极材料转变为金属锂负极，薄膜固态锂离子电池以氧化物复合电解质为主，全固态锂离子电池以硫化物复合电解质为主，2030 年前能量密度将高于 400 Wh/kg，使用温度由 150℃进一步升高至更高的范围。2030 年以后，全固态锂离子电池进一步发展，燃料/锂硫/空气电池也逐步进入使用阶段，能量密度达到 500 Wh/kg 以上。

　　半固态锂离子电池通过减少电解液的含量、增加固态电解质涂覆，兼具安全性、能量密度和经济性，将会率先进入量产。全固态锂离子电池工艺并不成熟，仍处于实验室研发阶段。国内短期聚焦于更具兼容性、经济性的聚合物以及氧化物的半固态路线，2020 年已实现首次装车，能量密度在 260 Wh/kg 水平，性能提升有限。2023 年发布的 360 Wh/kg 半固态锂离子电池已实现装车，2024 年开始规模放量。代表厂商为北京卫蓝新能源科技有限公司、清陶（昆山）能源发展集团股份有限公司、辉能科技有限公司等，同时传统锂离子电池企业如江西赣锋锂电科技股份有限公司、比亚迪股份有限公司、宁德时代新能源科技股份有限公司等也已进军固态锂离子电池。从全球企业固态锂离子电池的研发布局来看，欧美企业偏好氧化物与聚合物体系，而日韩企业则多致力于解决硫化物体系的产业化难题，其中以丰田、三星等巨头为代表，直接生产全固态锂离子电池，目前部分企业已实现 A 样的交付，2025 年实现全固态锂离子电池的批量生产，2028 年实现规模化量产。全球主流车企纷纷绑定电池厂，提前布局固态锂离子电池技术，其中日系车企布局较早。在日本，受政策驱动，通常以企业与机构联合研发的形式推进，主攻硫化物电解质。欧美车企则通过投资初创企业进行布局，着重于推动电动车产业链本土化，技术路径多为聚合物电解质和氧化物电解质，商业化进程较快。国内车企同样积极同固态锂离子电池企业合作，如上海蔚来汽车有限公司蔚来与北京卫蓝新能源科技股份有限公司北京卫蓝合作，北京汽车集团有限公司北汽、上海汽车集团股份有限公司上汽、广州汽车集团股份有限公司投资清陶（昆山）能源发展集团股份有限公司等。车企入局为固态锂离子电池企业提供了资金、技术、客户多重保障，有助于推进固态锂离子电池商业化进程。

6.2.2 行业应用现状

传统的固态锂离子电池开发主要包括聚合物固态锂离子电池、薄膜固态锂离子电池、硫化物固态锂离子电池、氧化物固态锂离子电池四种技术路线，这些技术路线基于不同种类的固态电解质材料，各自具备不同的优势和挑战。其中薄膜固态锂离子电池虽然已经实现商业应用，但其容量仅能达到 μAh 级别；氧化物固态锂离子电池很难做成大容量的动力或者储能电池；聚合物固态锂离子电池体系受限于现有的 PEO 材料体系，无法在室温下工作且难以兼容高电压正极；硫化物固态锂离子电池则面临电解质对空气敏感、制造条件苛刻、原材料昂贵等问题。

1. 聚合物体系

聚合物全固态动力电池早在 2011 年就已经在法国实现装车应用，电池基于聚环氧乙烷（PEO）的固体电解质材料，由法国 Bolloré 集团旗下的子公司 Blue Solutions 生产，主要用于小型出租车和公共巴士上。这种固态锂离子电池的主要优点是电解质具有柔性、容易加工，兼容现有的锂离子电池卷对卷的制备工艺，易于实现量产。但是，其缺点同样不可忽视，目前聚合物固态锂离子电池有以下三个缺点。

（1）室温离子电导率低：必须加热到 60℃ 以上，离子电导率才会提升，接近 10^{-3} S/cm，电动车必须配备加热系统。

（2）容易发生内短路：由于聚合物较为柔软，锂枝晶容易刺穿聚合物固体电解质，造成内短路。

（3）能量密度有局限：目前基于 PEO 的聚合物电解质的电化学窗口不够高，与磷酸铁锂正极的兼容性尚可，但无法匹配 4 V 以上正极材料（如三元正极材料），导致电池的能量密度难以提升。

全球固态锂离子电池应用聚合物体系的企业和研发机构有 Bollore、宁德时代等，如表 6-5 所示。

表 6-5 聚合物体系企业和研发机构

企业 / 研究机构	负极材料	固体电解质	正极材料	发展情况
Bollore	锂金属	PEO+Li 盐	LFP	已搭载于商业化汽车的固态锂离子电池，总体应用超 3000 辆
SEEO	锂金属	PEO+Li 盐	LFP、NCA	开发 PEO 薄膜量产技术

续表

企业 / 研究机构	负极材料	固体电解质	正极材料	发展情况
宁德时代	锂金属	PEO+Li 盐	LFP	制备 325mAh 实验产品，安全性能良好

2. 氧化物体系

氧化物电解质的室温导电率高于聚合物，离子电导率可达到 10^{-4} S/cm，通过掺杂能够达到 10^{-3} S/cm 的级别，但仍不及液态电解液。典型代表有锂镧锆氧（LLZO）、锂镧钛氧（LLTO）、磷酸钛铝锂（LATP）、磷酸锗铝锂（LAGP）等，这些电解质的热稳定性良好，且具有较高的机械强度，能够在一定程度上抑制锂枝晶的生长。氧化物全固态锂离子电池同样面临挑战。

氧化物电解质必须制备成致密度较高的陶瓷片才能实现较高的表观离子电导，然而大面积陶瓷片难以制备，且容易脆裂。

氧化物固体电解质不具备柔性，与电极材料之间从面接触变成了点接触，导致界面阻抗过大。

以上缺点导致大容量氧化物固态锂离子电池难以制备，氧化物固体电解质只能与电解液或者聚合物配合使用，弥补其短板。

全球固态锂离子电池应用氧化物体系的企业和研发机构有台湾辉能、日本特殊陶业、江苏清陶等，如表 6-6 所示。

表 6-6　氧化物体系企业和研发机构

企业 / 研究机构	负极材料	固体电解质	正极材料	发展情况
台湾辉能	未公开	非薄膜型氧化物	未公开	推出消费电池领域商用产品
日本特殊陶业	未公开	非薄膜型氧化物 LLZO	未公开	产品导电率达 1.4×10^{-3}S/cm
Quantumscape	未公开	非薄膜型氧化物	未公开	大众投资多轮
江苏清陶	未公开	非薄膜型氧化物 LLZO、LLTO	未公开	—
Sakti3	锂金属锂合金	薄膜型氧化物	未公开	戴森收购
KAIST	未公开	薄膜型氧化物	$LiCoO_2$	研发了可弯曲柔性薄膜电池

薄膜氧化物全固态锂离子电池技术相对成熟，应用较早，现在，薄膜型全固态锂离子电池应用市场仍在逐步扩大。根据 NanoMarkets 公司发布的 2014—2022 年薄膜电池和印刷电池市场报告显示，随着智能卡、包装、消费类电子产品、可穿戴设备以及物联网的迅速发展，薄膜电池在这些领域的市场从 2015 年的 3400 万美元增长到 2018 年的 1.83 亿美元，于 2022 年最终将达到 11 亿美元。在微电子领域，薄膜型全固态锂离子电池是计算机电系统唯一匹配的能源形式，随着计算机电系统的发展，其需求也将进一步增大。在柔性电子领域，具有高安全性和柔性的薄膜型全固态锂离子电池是可穿戴电

子设备的理想电源。根据 Markets and Markets 发布的全球柔性电池市场预测研究报告显示，2014—2020 年期间，全球柔性电池市场以 46.6% 的复合年增长率增长，到 2020 年达 9.58 亿美元。氧化物全固态锂离子电池可以应用在充电宝、传感器、无人机、家用电器、植入式医疗设备、无线传感器和穿戴设备等领域，在我国，北京卫蓝新能源科技有限公司（卫蓝新能源）研发的固态锂离子电池产品已经使用在无人机上，江西赣锋锂电科技股份有限公司旗下消费类产品也有搭载氧化物固态锂离子电池。

此外，氧化物半固态锂离子电池也正在进行开发和应用。氧化物固态电解质主要是涂覆在隔离膜上、包覆在正负极上进行应用。相比于液态锂离子电池，氧化物半固态锂离子电池具备能量密度高、安全性高、低温性好等优点，在新能源汽车领域具有良好的应用前景。北京卫蓝新能源科技有限公司为上海蔚来汽车有限公司供货 360 Wh/kg 氧化物半固态锂离子电池，已完成交付。氧化物半固态锂离子电池可以应用在各种储能设备，如家用储能系统、工业储能电站等。此外，国内氧化物半固态锂离子电池已经开始进入电力储能领域，如坐落于乌兰察布"源网荷储"技术研发试验基地的兆瓦时级固态锂离子电池储能系统项目，该项目是由中国长江三峡集团有限公司联合北京卫蓝新能源科技有限公司共同研制。该固态锂电池是基于氧化物固态电解质体系的原位固化固态锂离子电池技术、结合原子级键合技术、离子导电膜技术生产制造的新型电池储能装备。该项目不仅可以提升电池的稳定性，还可以有效抑制循环过程中电池的体积膨胀，维持 SEI 膜热稳定性，大幅提高电池系统安全，同时提升了系统级别的能量密度。

3. 硫化物体系

硫化物固体电解质是目前所发现的各类固体电解质材料中离子电导率最高的一类材料，个别硫化物电解质的离子电导率甚至超过了液态电解质的水平。硫化物全固态锂离子电池是全固态动力电池当中较有潜力的技术路线，但是其成本非常高，且空气稳定性较差。硫化物化学活性很强，易与空气、有机溶剂、正负极活性材料发生反应，尤其是与水接触后直接产生具有剧毒的 H_2S 气体，导致其生产、运输、加工等环节都十分困难。硫化物固态锂离子电池的开发主要以丰田汽车公司（丰田）、三星集团（三星）、本田技研工业株式会社（本田）以及宁德时代新能源科技股份有限公司（宁德时代）为代表，如表 6-7 所示。其中以丰田技术最为领先，其发布了安时级的 Demo 电池，同时，还以室温电导率较高的 LGPS 作为电解质，制备出较大的电池组。

表 6-7　硫化物体系企业和研发机构

企业 / 研究机构	负极材料	固体电解质	正极材料	发展情况
三星	石墨 / 锂金属	硫化物	NCM 表面包覆 Li_2ZrO_3	—
松下 + 丰田	石墨 / 钛酸锂、锂金属	硫化物	LCO、NCA、LNMO	—

续表

企业 / 研究机构	负极材料	固体电解质	正极材料	发展情况
日历造船 + 本田 + 东芝	石墨 / 锂金属	硫化物	NCA、LNMO	生产销售一批试制品
Sony	石墨	硫化物	NCM	电解质厚度做到 35 cm

氧化物、卤化物、硫化物等无机固态电解质中，硫化物电解质由于电导率高且其电池应用加工工艺相对简单并与现有电池工艺具有很好的兼容性，因此硫化物基全固态锂离子电池是一些国家规划和工业界主要的开发方向。真正要实现硫化物全固态锂离子电池方向的突破，一定要解决好硫化物电解质和硫化物全固态锂离子电池两个方面的问题。

日本和韩国是推进硫化物全固态锂离子电池研发的两个典型代表，尤其是日本。日本目前正在举全国之力推进硫化物全固态锂离子电池的开发，具体由日本新能源与工业技术发展机构（NEDO）组织开发。日本丰田开始硫化物全固态锂离子电池的研究已经超过二十年，早在 2008 年就申请了硫化物全固态锂离子电池专利，目前已在硫化物全固态锂离子电池领域布局了包括正极、负极、固态电解质、固态锂离子电池构造、回收等全产业链的专利。丰田公司也是目前为止全世界范围内在硫化物固态锂离子电池领域申请专利最多的公司，2025 年预计丰田公司会形成批量化硫化物全固态锂离子电池的制备能力。日本出光兴产株式会社（出光兴产）、日立造船株式会社（日立造船）、松下集团（松下）也都专注于硫化物全固态锂离子电池研发。日立造船的硫化物全固态锂离子电池"AS-LiB"已经应用到航空航天领域。三井金属对其硫化物材料进行供应，2021 年 10 月报道建成了年产 10t 的硫化物电解质材料生产线。整体来说，日本是举全国之力在投入硫化物全固态锂离子电池的研发，而且产业化脚步推进也比较快。

韩国也是硫化物全固态锂离子电池领域布局较领先的国家，包括 LG Chem（LG 化学）、三星集团（三星）、现代汽车公司（现代）等公司在全固态锂离子电池做了许多工作。韩国梨花化学（isu chemical）2021 年曾报道将会在 2022 年建立硫化物电解质用原材料 Li_2S 量产能。韩国浦项制铁集团公司在 2022 年也宣布了其计划建立年产 24t 硫化物电解质试制线计划。2021 年，韩国三星集团的科学家报道了基于硫银锗矿型的固态电解质 Li_6PS_5Cl 的全固态原型电池，电池能量密度达到了 900 Wh/L，库伦效率高达 99.8% 以及 1000 圈的循环寿命。SAMSUNG SDI（三星 SDI）2024 年上半年在水原研究所完成全固态锂离子电池试生产线的竣工后，开始制作小型电池。2025 年将电芯大型化，2027 年开始量产。LG 化学的目标是硫化物全固态锂离子电池 2030 年实现商用化。

美国在国家层面给予硫化物全固态锂离子电池包括电解质、电极材料、电池设计和工艺等项目资助外，更多的是依靠初创企业的工作，Solid Power 就是其中的典型代表。Solid Power 不仅在硫化物全固态锂离子电池进行了布局，也在硫化物电解质方面做了许多工作，Solid Power 吸引了包括宝马、福特、现代等合作。按照规划，Solid Power 计划高硅含量全固态锂离子电池 2022 年完成 Pre-A 样开发，2023 年完成 A 样开发，2024 年完成 B 样开发，2024 年完成 C 样开发，2025 年完成 D 样开发进入 SOP 阶段。而按照其公开报道的数据，硅基负极材料在 3 mAh/cm² 面容量的条件下已经可以做到 2100 mAh/g（C/5 ～ C/4、0.04 ～ 1.0V、45℃）。

我国固态锂离子电池的基础研究起步较早，在"六五"和"七五"期间，中国科学院就将固态锂电和快离子导体列为重点课题，此外，北京大学、中国电子科技集团天津十八所等立项进行了固态电解质的研究，并在此领域取得了较大的进展，高性能的实验室产品将为产业化奠基。未来，随着产业投入逐渐加大，产品性能提升的步伐有望加速。现阶段固态锂离子电池量产产品很少，产业化进程仍处于早期。国内以车企绑定电池厂共同研发为主，如上海蔚来汽车有限公司与北京卫蓝新能源科技股份有限公司合作，北京汽车集团有限公司、上海汽车集团股份有限公司、广州汽车集团股份有限公司投资清陶（昆山）能源发展集团股份有限公司等。车企入局为固态锂离子电池企业提供了资金、技术、客户多重保障，有助于推进固态锂离子电池商业化进程。

4. 半固态锂离子电池

与液态锂离子电池相比，半固态锂离子电池具有高安全性、高能量密度等优势，半固态锂离子电池将从高端应用市场逐步转向普遍化，有望应用于新能源车船、电网储能、无人机、3C 消费等领域。但无人机和 3C 消费对半固态锂离子电池用量相对较小，半固态锂离子电池应用的主要领域仍是新能源汽车。

半固态锂离子电池的发展历史可追溯到 1993 年 3M Company（3M 公司）与 Hydro Québec 联合开发的以锂箔为负极、PEO 基电解质和钒氧化物为正极的动力电池，能量密度可达 155Wh/kg。但没有大的突破，锂聚合物电池计划被搁置很长一段时间。法国 Bolloré 旗下的子公司 Blue Solutions 在 2012 年就开始建立第一条 PEO 基聚合物固态锂离子电池的生产线，并应用在 Bolloré 的共享电动汽车 Blue Car 上，并逐渐扩大应用至电动大巴 Bluebus 上，后与戴姆勒 - 克莱斯勒集团公司合作，为大巴 e Citaro 提供固态锂离子电池。该聚合物固态锂离子电池循环次数可达 3000 次，电芯能量密度超过 250 Wh/kg，但是需要在 50 ～ 80℃温度区间使用，商业化应用难度较大。

在国外商用锂离子电池领域，SONY（索尼公司）又推出胶体聚合物半固态电解质。我国的 ATL 公司通过改进的方法实现了软包装聚合物电解质锂离子电池大规模工业化生产，并成为苹果等智能手机的主要电池供应商。

当前半固态锂离子电池产业化加速，国内主流厂商已提前积极布局固态锂离子电池相关研发生产线，我国主要走的是氧化物和聚合物复合技术路线，目前国内的半固态锂离子电池开发商主要有北京卫蓝新能源科技股份有限公司（卫蓝新能源）、赣锋锂业集团股份有限公司（赣锋锂业）、孚能科技股份有限公司（孚能科技）、国轩高科动力能源有限公司（国轩高科）、清陶能源发展集团股份有限公司（清淘能源）、辉能科技有限公司（辉能科技）、重庆太蓝新能源有限公司（太蓝新能源），均已实现半固态锂离子电池产业化。半固态锂离子电池企业研发进程见表 6-8。

表 6-8　半固态锂离子电池企业研发进程

电池企业	进展	产业链合作
赣锋锂业	采用氧化物固态电解质 + 电解液路线。江西新余生产基地具备 2 GW 固态锂离子电池产能。重庆赣锋 20 GWh 固态锂离子电池生产基地正在建设	车企：东风风神 E70、赛力斯。供应商：当升科技
辉能科技	采用氧化物固态电解质 - 液态电解液半固态锂离子电池路线。2021 年，半固态锂离子电池产能达 1 GWh。计划建设 120 GWh 固态锂电池生产基地	车企：奔驰、越南 VinFast。供应商：当升科技、韩国浦项集团
卫蓝新能源	采用氧化物固态电解质 - 液态电解液半固态锂离子电池路线。拥有 2 GWh 的固液混合固态动力电池生产线，可批量生产能量密度为 360 Wh/kg 的固液混合电池。2022 年 2 月，在山东淄博市齐鲁储能谷 100 GWh 固态锂电池项目开工，其中，一期年产混合固液电解质电池和全固态锂离子电池 20 GWh。2022 年 11 月，年产 20 GWh 的半固态锂离子电池项目签约湖州	车企：蔚来、吉利等。供应商：容百科技、当升科技、恩捷股份、溧阳天目先导
清陶能源	采用氧化物固态电解质 - 液态电解液半固态锂离子电池路线。实现了 368 Wh/kg 的能量密度。2023 年 2 月 14 日，开始在成都市郫都区建设 15GWh 储能产业基地，首条生产线设计产能 1 GWh，已在 2022 年建设了 10 GWh 半固态锂离子电池产线	车企：上汽集团、北汽福田。供应商：当升科技、翔丰华、利元亨、科森科技
孚能科技	孚能科技固态锂离子电池研发分为四代，分阶段实现产品产业化，目前公司已有基于态凝胶电解质的半固态产品实现量产装车	车企：东风岚图
太蓝新能源	采用氧化物固态电解质 + 液态电解液半固态锂离子电池路线。2022 年已启动重庆生产制造基地 1.2 GWh 半固态锂电池生产线建设。同年，年产 10 GWh 半固态锂电池生产基地项目签约安徽淮南。目前，半固态锂离子电池能量密度已经达到 300 ～ 350 Wh/kg	—
国轩高科	2022 年 5 月，发布了第一代固态锂离子电池，其容量为 136 Ah，能量密度为 360 Wh/kg	—
Oxis Energy	采用固液复合电解质。已申请了 9 个系列的专利，以保护其准固态和固态锂离子电池知识产权	—

5. 各企业固态锂离子电池的应用现状

（1）孚能科技股份有限公司（孚能科技）。孚能科技第一代半固态锂离子电池，引入半固态凝胶电解质，能量密度为 330 Wh/kg，产品快速充电时间缩短到 18 min（充 70% 电量），产品循环寿命大于 3000 次，2022 年 1 月量产装车。针对半固态锂离子电池产品，孚能科技推出 2.4 C、3 C 和 4 C 三种倍率快充电芯，分别对应带电量 150 kWh、100 kWh 和 75 kWh，对应续航里程 1000 km、800 km 和 600 km，充电 10 min 可补充电量 40%、50% 和 70%，可分别实现 400 km、400 km 和 420 km 的续航里程。2023 年 1 月，东风岚图"追光"首批量产车型正式下线，搭载 82 kWh 半固态锂离子电池包，能量密度为 170 Wh/kg。第二代半固态技术进入产业化开发阶段。

（2）江西赣锋锂电科技股份有限公司（赣锋锂电）。赣锋锂电是赣锋锂业控股的子公司，2014 年公司开始进军动力电池产业，2016 年赣锋锂业结合自身在电池产业链中积累的各方面优势，进行固态锂离子电池布局，2017 年与中国科学院宁波材料所战略合作，共建固体电解质材料工程中心。赣锋锂电走的是氧化物 + 电解液的技术路线，已完成两代产品的开发，在动力、便携储能、可穿戴及 3 C 数码等领域已形成完善的商业化路径。一代产品利用三元正极、柔性固体电解质膜和石墨负极，制造了能量密度为 240 ～ 280 Wh/kg 的混合固液电池；二代固态锂离子电池采用高镍三元正极、固态隔离膜和含金属锂的负极材料，能量密度超过 350 Wh/kg，循环寿命接近 400 次；此外，能量密度超过 420 Wh/kg 的金属锂负极的固态锂离子电池已在特殊领域开始应用。2022 年公司加大了在固态锂离子电池领域的投资，在江西新余规划 2 GWh 固态锂离子电池产线。

赣锋锂电与多家车企达成战略合作协议，共同开发固态锂离子电池。2019 年 4 月，公司与德国大众签订了战略合作备忘录，进行固态锂离子电池的合作。2022 年 1 月，首批搭载赣锋锂电固态锂离子电池的东风 E70 电动车正式完成交付。2022 年 8 月，公司与广汽埃安签署战略合作协议，广汽埃安支持赣锋锂电在新型电池领域的开发，优先引入赣锋锂电新型电池方案。2023 年 2 月，赣锋锂电宣布与赛力斯集团围绕固态锂离子电池装车应用展开深度合作，搭载赣锋锂电三元固液混合锂离子电池的纯电动 SUV 赛力斯 -SERES-5 于 2023 年上市。

（3）北京卫蓝新能源科技股份有限公司（卫蓝新能源）。卫蓝新能源成立于 2016 年，专注于固态锂离子电池的研发与生产，采用氧化物 + 聚合物半固态电解质原位固态化技术。目前，卫蓝新能源已经开发了 150 Wh/kg 的固液混合储能电池，应用于大规模储能，提高电池的本质安全。开发的 270 Wh/kg 高比能混合固液电池，应用于无人机上，开发的 300 Wh/kg 混合固液电池，应用于动力电池。

卫蓝新能源在北京房山、江苏溧阳、浙江湖州和山东淄博拥有 4 大生产基地。2020 年 7 月，溧阳的 1 亿 Wh 固态锂离子电池产线投产；2022 年 2 月，山东淄博的 100 GWh 固态锂电池项目正式开工，总投资 400 亿元，其中一期投资 102 亿元，年产混合固液电解质电池和全固态锂离子电池 20 GWh。2022 年 11 月，卫蓝湖州基地第一颗半固态动力电芯正式下线；2023 年 7 月，总投资 109 亿元的年产 20 GWh 固态锂离子电池项目在湖州正式开工；2023 年 6 月 30 日，卫蓝新能源 360 Wh/kg 锂电池电芯正式交付蔚来汽车。2023 年 7 月，卫蓝新能源新一代高能量密度固态锂离子电池面向无人机市场，2024—2025 年预计会推出 400 ～ 500 Wh 的产品。

（4）清陶（昆山）能源发展集团股份有限公司（清陶能源）。清陶能源成立于 2016 年，公司产品不仅包括固态锂离子电池，还包括许多相关的材料和设备。目前，清陶能源已经研发生产出三代电池，其中第一代半固态锂离子电池在已经量产的基础上持续优化，实现车规级半固态锂离子电池循环寿命超过 1200 次，能量密度 360 Wh/kg；4 C 快充固态锂离子电池（300 Wh/kg）完成客户验收，240 Wh/kg 半固态锂离子电池产品循环寿命超过 5000 次；第二代固态锂离子电池产品能量密度可达 400 ～ 500 Wh/kg，已进入中试准备阶段；第三段全固态锂离子电池产品能量密度大于 500 Wh/kg，正在全力推进突破工艺设备创新，完成可量产性及可靠性论证。

2020 年 7 月，搭载清陶固态锂离子电池的哪吒 U 纯电动样车下线。2021 年 8 月向上海汽车集团股份有限公司（上汽集团）交付电池包，电池单体的能量密度为 368 Wh/kg，电池包能量密度为 255 Wh/kg。2022 年 11 月，与北汽福田联合开发的首套量产商用车半固态锂离子电池系统已完成调试、正式下线。2022 年，半固态能量舱产品交付昆山市第一人民医院新院区和苏州昆山奥体中心项目。

2022 年 7 月，公司与上汽集团共建"固态电池联合实验室"，并已在魔方电池系统匹配、轻量化节能降耗、动力电池及系统安全评价等方面形成创新成果。目前公司固态锂离子电池已建、在建和拟建的产能合计达到 35 GWh。

1）江西宜春年产 10 GWh 固态锂电池生产基地：总投资 55 亿元，项目一期投资 5.5 亿元，建设年产 1 GWh 固态锂电池生产基地，已于 2020 年 7 月投产；二期将进一步增加投资，扩大产能，目前项目正在建设中。

2）江苏昆山 10 GWh 固态动力电池项目：主要面向新能源汽车领域，总投资 50 亿元，2022 年 2 月开工建设，2023 年投产。

3）规划四川成都年产 15 GWh 动力固态锂离子电池储能产业基地项目。

（5）辉能科技有限公司（辉能科技）。辉能科技成立于 2006 年，总部位于中国台湾，是首批切入固态锂离子电池路线的企业之一，发明了全球第一款固态锂陶瓷电池，公司固态锂离子电池采用氧化物固态电解质体系，单层电池良率达 99.9%，多层电池良率达 94%，已经有超过 7300 个 50 ～ 60 Ah 汽车级电池通过认证，并已售出超过 100 万个电池。

第一代为锂陶瓷电解质技术，以氧化物陶瓷电解质取代易燃易爆的液态聚合物电解质，第二代技术为 2018 年发布的 BiPolar+ 技术（双极电池技术），直接于电芯内部将多片由正极、电解质、负极合而为一的电池单元串 / 并联，首度做出单颗电压可达 60 V 或以上的动力锂电池，能够简化电池管理组件并降低成本。第三代技术是 BiPolar+ 三维结构固态锂离子电池包技术，在固态锂离子电池包中纳入了多项创新机构设计，取消了传统软包及圆柱状电芯电池包的组成方式，电芯能量密度达到 270 Wh/kg。

辉能科技 2013 年已经在台湾桃园市建设完成 G1 工厂，是全球首家可以实现固态锂电池卷片生产的产线，在 2018 年在该园区新建 G2 工厂，2023 年底投产，规划产能 1 GWh/ 年。2020 年 7 月，辉能科技大陆区总部及全球产业基地项目落户杭州，项目总投资 380 亿元，内容包括建设 2 GWh、5 GWh 固态锂陶瓷电池芯产业化项目，并考虑与车企合资建置产线等。2023 年 5 月辉能科技计划在法国敦刻尔克建设 48 GWh 固态锂离子电池超级工厂，工厂在 2024 年开始建设，2026 年投产，在未来 10 年内分三期建成。

辉能科技的固态锂离子电池于 2017 年量产后，主要应用于消费电子和可穿戴电子产品市场。之后，正式进军电动汽车市场。技术路线采用氧化物固态电解质，还是以半固态锂离子电池为主，包括少于 10% 的液态电解质。在电极方面，从 2020 年开始调整为高镍三元正极 + 硅氧负极，预期到 2025 年能够达到接近 900 Wh/L 的体积能量密度。2022 年 1 月，梅赛德斯 - 奔驰与辉能科技签署了共同开发下一代电池的技术合作协议。2022 年 6 月，FEV 宣布与辉能科技签订合作意向书。

（6）重庆太蓝新能源有限公司（太蓝新能源）。太蓝新能源成立于 2021 年，目前，已经成功开发出了基于氧化物体系的固态电解质和动力固态锂电池，在北京、广州设有研发中心。

企业生产的第一批半固态锂离子电池即将实现批量交付，其液态电解质的含量在 5% ～ 10%，能量密度最大到 400 Wh/kg；第二代准固态锂离子电池产品，液态电解质含量降至 5% 以下，在 2023 年底量产。太蓝新能源目前投入使用和正在建设的产能已经达到了 12.2 GWh。两江新区的制造基地，一期 0.2 GWh（小型半固态动力电池），二期 2 GWh（车规级半固态动力电池），正在建设安徽淮南工厂 10 GWh。

（7）恩力动力技术有限公司（恩力动力）。恩力动力成立于 2012 年，在中国、美国、日本三地设有材料研发和制造中心。公司固态锂离子电池产品分为三代：

1）三元正极、锂金属负极的固液混合电解体系，已在中试并进入一个无人机项目 B 样，一家车企 A 样阶段。

2）正在开发的固液混合体系置换成硫化物电解质体系的全固态锂离子电池，实现本征安全性，充放电倍率与安全性进一步提升。

3）将三元正极演变为硫化物正极，实现更高能量密度以及正极材料的无钴、无镍、无稀有金属化，该产品还处于实验室研发阶段。

截至 2021 年底，恩力动力研发的第一代产品固液混合电池的中试已基本完成。这款固液混合电池的负极采用了锂合金，但锂合金在充电时容易析出锂枝晶，从而破坏电池结构，为了抑制锂枝晶产生的安全风险，恩力动力采用独特的隔离膜技术将负极进行包覆，产品实测能量密度达 520 Wh/kg，实测体积能量密度达 1100 Wh/L，循环 100 次后，电池保持 89% 的容量。恩力同时与车企合作研发，2022 年建设了 10 ～ 50 MWh 的大中试产能，2024 年将形成吉瓦时量产产能。

（8）宁德时代新能源科技股份有限公司（宁德时代）。与日韩企业路线相似，宁德时代直接重点布局最具潜力的硫化物全固态电解质。宁德时代自 2013 年起申请固态锂离子电池相关专利，具有多年技术储备，其中 9 项专利内容中含有硫化物电解质，专利内容包含基于硫化物的固态电解质、正极极片、固态锂离子电池、电池材料回收等方面。公司目前已有高能量密度的固态锂离子电池实验室样品，但距离实现商业化仍需 5 年以上。

以全固态锂金属电池为发展目标，不断提升能量密度与安全性。针对高端市场，宁德时代将持续投入全固态锂金属等新材料技术的研发，以锂金属负极材料为发展方向，正极材料由传统三元向高压三元、无金属材料迭代升级，通过不断攻关工艺难题与关键技术，争取到 2030 年前后实现真正意义上的超长续航、安全及具成本竞争力的锂电池技术。

2023 年 4 月，宁德时代发布"凝聚态电池"，单体能量密度高达 500 Wh/kg。目前，宁德时代正在进行民用电动载人飞机项目的合作开发，执行航空级的标准与测试，满足航空级的安全与质量要求。同时，宁德时代还将推出凝聚态电池的车规级应用版本。

（9）比亚迪股份有限公司（比亚迪）。比亚迪深耕固态电解质多年，专利数量众多。公司于 2011 年起申请固态锂离子电池相关专利，已获 30 余项专利授权。申请的相关专利覆盖固态电解质材料、正 / 负极材料修饰与改性、电池结构、电池包与模组设计等，专利覆盖范围广泛。结合传统电池包向电池到电池（Cell To Cell, CTC）路线发展的趋势，推测第三代刀片电池可能使用固态软包。比亚迪全固态锂离子电池在重庆生产即将装车试验，该固态锂离子电池使用硅基材料作为固态锂离子电池负极，能量密度达到 400 Wh/kg。

比亚迪研发涵盖多种路线，包含聚合物、氧化物、硫化物和复合固态电解质。其中聚合物路线主要包括聚氧化乙烯和聚烯酸酯类；氧化物、硫化物和复合固态电解质路线研究范围广泛，多种路线同步进行。此外，公司不断优化正 / 负极材料，对三元正极包覆硫化物电解质、钼酸盐等以改善离子传输和循环性能；负极采用硅基核壳结构、锑 / 铋锂合金以提高离子 / 电子电导性和电化学性能。

（10）国轩高科股份有限公司（国轩高科）。国轩高科 2017 年开始研究固态锂离子电池及固态电解质，通过正极材料颗粒表面包覆固态电解质、新型高安全功能隔离膜、高安全液态电解液、硅负极、复合集流体等一系列新材料及新技术，三元材料体系半固态锂离子电池已经装车应用，电池包容量可达 160 kWh，能量密度为 260 Wh/kg，主要应用于新能源汽车。公司研发的 360 Wh/kg 三元半固态锂离子电池将在 2023 年实现量产，同时 400 Wh/kg 的三元半固态锂离子电池在实验室已有原型样品。未来，将推动硅基负极迭代，锂金属负极和预锂技术落地，以实现电池从液态到全固态转变。国轩高科预计，2025 年后将生产出能量密度超过 800 Wh/L、超过 400 Wh/kg、循环 800 次的全固态锂离子电池。

（11）蜂巢能源科技股份有限公司（蜂巢能源）。蜂巢能源原属于长城汽车动力电池部门，2018 年独立。蜂巢能源采用硫化物电解质路线，已研发出安时级全固态锂电池，正极采用镍钴锰材料，负极采用合金 / 锂金属材料，能量密度大于或等于 350 Wh/kg。2021 年 4 月，蜂巢能源与中国科学院宁波材料所共建固态锂离子电池技术研究中心。蜂巢能源全固态锂离子电池实验室研发出国内首批 20 Ah 级硫系全固态原型电芯，该系列电芯能量密度达到 350～400 Wh/kg，一旦量产应用，电动车可实现续航里程达 1000 km 以上。另外，蜂巢能源攻克了来自固体电解质和界面性能等全固态锂离子电池待突破的技术，保持长循环的固 - 固界面的稳定接触。

（12）丰田汽车公司（丰田）。丰田汽车公司总部位于日本。丰田在固态锂离子电池方面的布局，可追溯到 2008 年丰田与英国创业公司伊利卡（Ilika）合作共同研发固态锂离子电池材料，宣布进军固态锂离子电池领域。2017 年与松下建立合作，2020 年与松下合资成立了泰星能源解决方案有限公司（Prime Planet Energy & Solutions，PPES），致力于开发和生产棱柱形锂离子电池以及固态锂离子电池和"下一代"电池。目前公司固态锂离子电池采用硫化物电解质路线，计划用固态锂离子电池取代传统液态锂离子电池，制定具体基础技术应对策略。丰田的固态锂离子电池预计将能够实现高 400 Wh/kg 的能量密度，循环寿命达到 1000 次以上，电池的充电速度预计只需要 15min 即可充满，于 2025 年推出首款固态锂离子电池。

（13）Solid Power。Solid Power 成立于 2012 年，总部位于美国。Solid Power 公司 3 个核心产品为固态电解质、高硅含量全固态锂离子电池、金属锂基全固态锂离子电池。高硅含量全固态锂离子电池 2022 年中完成 Pre-A 样开发，2023 年中完成 A 样开发，2024 年中完成 B 样开发，2024 年底完成 C 样开发，2025 年底完成 D 样开发，进入批量生产阶段。正极侧仍然采用 NCM622 体系，配方优化后材料的容量发挥提高了 10%（154 mAh/g、140 mAh/g），配合 2000 mAh/g 的 Si 负极可以满足 350 Wh/kg 的全电池设计要求。目前采用 0.2 C 的充放电制度进行循环充放电，电池目前循环 800 次，容量保持率达到了 86%，预计可以达到 1000 次的目标。Solid Power 电池仍采用与传统锂电池生产工艺相同的卷对卷生产方式，当前已有 10 MWh 产能的全固态锂离子电池的量产工厂。Solid Power 计划长期出售其硫化物基固体电解质材料，以支持其合作伙伴（包括福特和宝马）的全固态锂离子电池生产，2028 年电解质材料的生产量力将提高到每年 4

万 t，可以为 80 万辆电动汽车提供固态锂离子电池材料。

（14）Quantum Scape。Quantum Scape 于 2010 年创办于美国圣何塞，是斯坦福大学前研究人员于 2010 年成立的风险投资公司。目前正在申请的全固态锂离子电池方面的专利累计达到 200 篇。公司同时开发两个材料体系的全固态锂离子电池电解质，其中一种是以基于与东京工业大学、丰田汽车联合开发的硫化物系材料"LGPS"为基础所开发的电解质材料，另一种是以"$Li_3La_3Zr_2O_{12}$（LLZO）"石榴石型氧化物系材料为基础开发的电解质材料。Quantum Scape 采用硫化物电解质技术的固态锂离子电池能量密度预计能够达到 400 Wh/kg，循环寿命预计将达到 1000 次以上，电池可在 15min 内充电至 80% 的电量。Quantum Scape 得到了比尔盖茨、大众集团、德国马牌集团和上汽集团的投资，目前市值超过 400 亿美元。现在该公司已开始建设生产工厂，于 2023 年开始试产部分固态锂离子电池，2025 年实现大规模量产，公司预计在 2028 年可达到 91 GWh 的总产量。

（15）Solid Energy Systems（SES）。SES 成立于 2012 年，采用固液混合的技术体系，将负极材料替换成了锂金属，在提升能量密度的同时，预计到 2028 年前能降低约 18% 的成本。目前，SES 公布了一款业界领先的电池，其容量高达 107 Ah，重量能量密度为 417 Wh/kg，体积能量密度为 935 Wh/L。2021 年 7 月，SES 上市，在 2022 年提供电动汽车锂金属 A 样品，2024 年提供 C 样品，2025 年量产。SES 公司拥有波士顿和上海两大基地，上海工厂 2024 年竣工，年产能将达到 1 GWh。

（16）Sakti3。Sakti3 成立于 2007 年，2015 年 Sakti3 公司被戴森公司以 1.05 亿美元收购，成为戴森公司旗下子公司，主要以生产研发薄膜型固态锂离子电池产品为主，位于美国密歇根州，生产技术成熟度较高，部分薄膜型固态锂离子电池已经在戴森公司的电吹风和吸尘器上应用。公司固态锂离子电池采用氧化物材料体系，采用真空镀膜的工艺生产薄膜电池，该类工艺对设备要求极高，制备工艺也很复杂，不利于大规模生产，导致生产效率低下。

2014 年，公司宣布生产出能量密度为 400 Wh/kg 的固态锂离子电池；2018 年 Sakti3 宣称研发出了新型电池化学材料，其固态锂离子电池能量密度达到 1143 Wh/L，是当前最优质锂离子电池的两倍，成本却只有当前锂电池的 20%。2023 年 5 月戴森宣布将在新加坡建设一家新工厂，生产具有专利技术的戴森储能电池，工厂计划 2025 年投产。

（17）Factorial Energy。Factorial Energy 成立于 2019 年，总部位于美国马萨诸塞州的沃本（Woburn）市。该公司得到了梅赛德斯 - 奔驰（Mercedes-Benz）、斯特兰蒂斯（Stellantis）和现代起亚（Hyundai-Kia）的投资。Factorial Energy 投资总计 4500 万美元，建立一个试点固态锂离子电池生产基地，位于新英格兰。Factorial 拥有 FEST 技术

（Factorial 电解质系统技术），该技术利用专有的固体电解质材料，通过高压和高能量密度的电极实现安全可靠的电池性能。据介绍，该技术比传统锂离子技术安全，可将续航里程增加 20% ～ 50%，同时具备嵌入式兼容特性，以便轻松集成到现有的锂离子电池制造基础设施中。现代集团投资 Factorial Energy，共同开发和测试 Factorial 的固态锂离子电池技术，计划 2025 年试生产配备固态锂离子电池的电动车，2030 年左右实现全面批量生产。

（18）Ilika Technologies Ltd（ILIKA 科技公司）。ILIKA 科技公司成立于 2004 年，公司总部位于英国，是伦敦证券交易所 AIM 市场上市公司，公司当前已经完全掌握了薄膜电池生产工艺，相关产品在传感器市场、人体植入式医疗设备等领域有应用，电池采用氧化物固态电解质材料，负极采用金属锂。公司薄膜型产品主要采用磁控溅射工艺生产，其中负极采用金属锂。2018 年之前，公司主要以研发生产薄膜电池为主，所研发的固态锂离子电池产品容量较小，容量分布在 10 ～ 100 μAh。2018 年下半年，公司在英国政府资助下，主导英国下一代固态锂离子电池研发计划，开始研发车载大容量固态锂离子电池，采用油墨印刷工艺，电池循环寿命大于 5000 次，单体输出电压为 4.5 V，单体容量为 1.5 Ah，体积能量密度为 750 Wh/L，能量密度为 307 Wh/kg，10 min 充电 90% 荷电状态（SOC）。目前该公司与丰田、本田及电池管理系统（BMS）生产厂家合作，进行固态锂离子电池、管理系统、电池组研发生产，公司在 2022 年评估建设 100 MWh 固态锂离子电池生产线的可行性。

（19）Blue Solutions。Blue Solutions 实现了固态锂离子电池商业化应用，公司总部位于法国，固态锂离子电池采用 Li-PEO-LMP 材料体系，采用卷对卷的生产工艺，单体电池厚度为 100 μm。电池能量密度为 110 Wh/kg，与传统电池系统能量密度相比没有优势。

由于聚合物电解质在室温下难以工作，博洛雷为此电池系统搭配了 200 W 的加热器，发动前需通过加热元件将电池系统升至 60 ～ 80℃。而在面对长时间停车时，加热器也需要一直处于工作状态，停车时需要连接充电器。此外，由于聚合物体系功率密度低，应对紧急起步、紧急加速等场景需配载双电层电容器弥补输出。不仅增加了电池成组成本、能耗，其安全性也值得进一步探究。

2011 年 12 月，博雷诺生产的以 30 kWh 固态聚合物电池 + 双电层电容器为动力系统的电动车驶入共享汽车市场，这也是世界上首次用于电池汽车的商业化固态锂离子电池。目前该公司锂金属聚合物（LMP）电池能量密度超过 250 Wh/kg，循环寿命超过 4000 次，公司目前拥有 3 条每年生产 500 MWh 的生产线，总产能 1.5 GWh。

（20）三星 SDI。三星 SDI 成立于 1970 年，从生产真空管开始，后涉足超大型平板和移动平板产品，1999 年进入锂电池领域，2017 年之前开始布局固态锂离子电池，公司固态锂离子电池电解质主要采用硫化物体系。2020 年三星公司在自然 - 能源（Nature energy）上发表文章，公开采用了 NCM955 高镍材料，负极采用银碳复合材料制备固态锂离子电池能量密度高达 942 Wh/L，原型电池的体积比同样容量传统锂离子电池缩小 50%，循环寿命为 1000 次。目前三星 SDI 正在加快大规模布局固态锂离子电池，2022 年 3 月在其位于韩国水原市的研发中心开始建设这条名为"S 线"的试点生产线，目前已经完成了全固态锂离子电池的试验生产线，并将于 2023 年下半年开始生产样品，当试点生产线完成后，大规模的试生产将成为可能，三星 SDI 力争在 4 ～ 8 年内实现固态锂离子电池大规模生产。

（21）LG 新能源。LG 新能源隶属于韩国 LG 集团，LG 新能源业务涵盖动力电池、小型电池、储能系统三大领域。公司固态锂离子电池研发方向包括聚合物和硫化物两条路线，计划在 2026 年前实现"安全改进型"聚合物基半固态锂离子电池商业化。LG 新能源的全固态锂离子电池基于硫化物体系研发，无需高温烧结工艺，具有更高的离子电导率和软力学性能，全固态产品预计 2030 年商业化。2026 年推出的聚合物固态锂离子电池体积能量密度可达到 650 Wh/L，预计 2028 年推出 750 Wh/L 的聚合物固态锂离子电池，并完成硫化物全固态锂离子电池开发，预计 2030 年推出超过 900 Wh/L 的硫化物固态锂离子电池。

6.3 产 业 链 分 析

固态锂离子电池产业链与传统液态锂离子电池产业链相似，上游主要包括正极、负极、电解质、隔离膜等多种原材料和相关的生产制造设备，主要差异在于固态电解质材料的应用（发展至全固态锂离子电池阶段，可能将隔离膜、液态电解液进行替代）和新型制造工艺、设备的开发（例如固态电解质片层的生产和制造设备、等静压工艺等）。中游产业涉及电芯、模组、电池包的生产制造。电芯作为最小的能量单元，通过串联和并联的形式封装，即模组装配。电池包则是将数件模组与 BMS、热管理、结构件等多个辅助部件进行集成，可直接安装至车辆中。下游的主要应用包括新能源汽车、储能系统、消费电子等领域。近年来随着小鹏、蔚来、理想等国内新势力的崛起，我国新能源汽车市场需求旺盛，产销量屡创新高，对于已经具备消费属性的电动车，续航和安全是消费者最看重的核心指标，随着固态锂离子电池产品走向成熟，预计新能源汽车将成为其主要的需求市场。

如图 6-2 所示，固态锂离子电池产业链与液态锂离子电池产业链主要区别在于中上游的负极材料和电解质不同，其产业链条其他部分与液态锂电池大致相似，针对全固态锂离子电池，隔离膜可能也完全被替换。

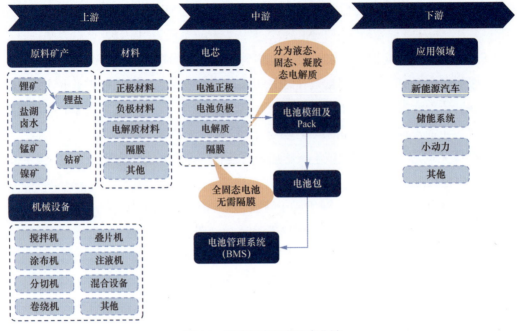

图 6-2　固态锂离子电池产业链

6.3.1　上游产业链

1. 上游产业链概况

相较于传统液态锂电池产业链，最大区别在于引入了固态电解质。在半固态锂离子电池发展阶段，固态电解质可以作为一种添加剂与正极主材进行掺混，或作为隔离膜涂层材料涂覆在高分子基膜上。在全固态锂离子电池发展阶段，固态电解质层作为液态电解液和锂离子电池隔离膜的替代，填充在正负极之间，防止正负极接触短路，并导通离子。

随着传统锂离子电池的产业链逐步走向成熟，传统电池产业链或新进入的企业开始寻求学术界的合作，共同推动固态电解质前沿技术的开发，以期在锂离子电池的下一次迭代中维持竞争力或寻求弯道超车。这一趋势有望促进固态锂离子电池领域前沿研究的商业化应用，推动行业迅速发展。固态锂离子电池上游产业链公司与研究所产学研项目情况见表 6-9。

表 6-9　固态锂离子电池上游产业链公司与研究所产学研项目情况

公司	合作团队	进展
上海洗霸	张涛研究员中国科学院上海硅酸盐研究所	Li$_x$La$_3$Zr$_2$O$_{12}$（LLZO）单釜产量由 5 kg 向 10 kg 过渡，生产粒径分别为 3μm、5 μm、200 nm、500 nm 的 4 款产品对外送样合计超过 2 kg

续表

公司	合作团队	进展
金龙羽	李新禄团队 重庆大学	2021 年 8 月与重庆锦添翼签订协议，5 年内投入不超过 3 亿元，在重庆设立研发中心，建设固态锂离子电池及其关键材料的中试线；团队技术特点：双层石墨烯包覆 $Li_3La_{2/3-x}TiO_3$（LLTO）/ $Li_{1+x}Al_xTi_{2-x}(PO_4)_3$（LATP）固态电解质
中自科技	吴孟强教授 电子科技大学	截至 2023 年 6 月 23 日，固态锂离子电池中试线正在进行设备的安装调试；已突破氧化物固态电解质粉体制备技术（LLZO：0.5 ～ 2.1 mS/cm；固态锂离子电池单体电芯：单体能量密度 >300 Wh/kg，常温循环 500 圈后容量 >80%）；开展无机氧化物 / 高分子聚合物复合固态锂离子电池研发，布局全陶瓷固态锂离子电池技术
华丰股份	李驰麟团队 中国科学院上海硅酸盐研究所	与中国科学院上海硅酸盐研究所李驰麟研究员团队合作研发锂金属固态锂离子电池，目标打造长续航动力电池和长寿命储能电池两大系列产品
高乐股份	郝金权 / 高宏权 中南大学	2 GWh 纳米固态锂离子电池项目：项目预计总投资 20 亿元，选址浙江省义乌市，自厂房租赁协议签订之日起 12 个月内投产，24 个月内达产
天目先导	陈立泉 / 李泓团队 中国科学院	北京卫蓝新能源科技股份有限公司与溧阳天目先导电池材料科技有限公司成立合资公司江苏三合新能源科技有限公司布局半固态锂离子电池领域
北京卫蓝	陈立泉 / 李泓团队 中国科学院	20 GWh 即将投产；先进储能装备创新产业园（山东淄博）10 万 t/年固态电解质、一期 5 万 t/年 2023 年建成

在产学研项目中，上海洗霸对上海硅酸盐研究所张涛研究员的学术成果转化：通过表面锂供体反应修饰界面，构建表面活性功能衍生层，提升 LLZTO 空气稳定性和离子电导率。其思路是利用 LLZTO 表面层 Li_2CO_3、LiOH（界面阻抗大）等自发反应惰性层作为反应锂源，与特定金属氧化物反应（Co_3O_4），生成 $LiCoO_2$ 包裹层，包裹层含有高速的离子传输通道，并且与正极活性颗粒间界面相适配，实现快离子传输。目前，根据上海洗霸公布信息，公司具备 1 ～ 10t/ 年的固态电解质粉体生产能力，单釜产出品纯度高，XRD 检测无杂相。

LLZTO@ $LiCoO_2$ 制备过程如图 6-3 所示。

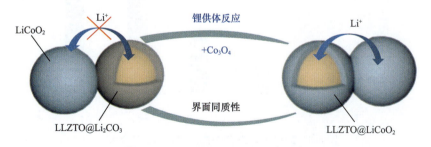

图 6-3　LLZTO@ $LiCoO_2$ 制备过程

产学研项目之外，部门公司也在研究和开发固态电解质。浙江锋锂通过将喷雾干燥与固相法工艺相结合，生产出形貌可控的球形含锂氧化物电解质（LLZO）。公司首先将前驱体混合物进行研磨、混匀，通过喷雾干燥方式获得球形微观形貌的前驱体混合物，粒径可控，然后再对前驱体进行烧结，充分反应获得对应的多孔球形 LLZO 粉体材料。颗粒尺寸范围在 0.3～150 μm，离子电导率在极佳的水平。多孔球形 LLZO 粉体材料 SEM 图如图 6-4 所示。

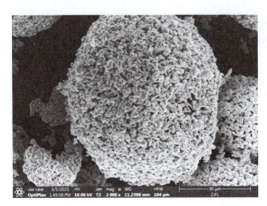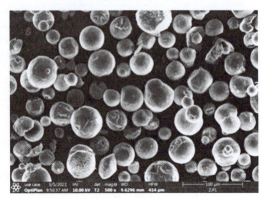

图 6-4　多孔球形 LLZO 粉体材料 SEM 图

2. 上游产业链分析

（1）正极材料。从正极材料整体市场发展趋势来看，得益于终端市场的强势增长及海外出口增加带动，中国正极材料市场呈快速增长态势。根据中商产业研究院发布的《2022—2027 年中国锂电池正极材料行业市场深度分析及发展趋势预测报告》显示，2023 年中国正极材料出货量 248 万 t，同比增长 31%。

2019—2023 年中国正极材料出货量统计如图 6-5 所示。

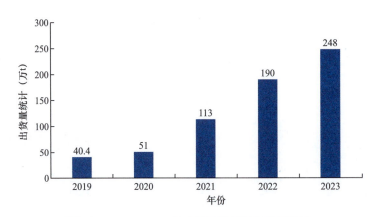

图 6-5　2019—2023 年中国正极材料出货量统计

从企业出货量来看，2022 年，湖南裕能市场份额近 15%，排名第一；德方纳米排名第二；以三元材料和钴酸锂为主的天津巴莫出货量份额占比约 5%，排名第三。

（2）负极材料。受益于国内外新能源汽车等终端市场增长拉动，我国锂电池相关行业发展快速，负极材料市场需求增大。根据中商产业研究院发布的《2022—2027 年中国锂电池负极材料行业市场深度分析及发展趋势预测报告》显示，2022 年中国锂电池负极材料出货量约为 143.3 万 t，同比增长 84%，2023 年出货量将达 167 万 t。中商产业研究院分析师预测，由于受到石墨出口管控的影响，2024 年出货量将保持增长但增速将减缓，将达 189 万 t。2019—2024 年中国锂电池负极材料出货量趋势如图 6-6 所示。

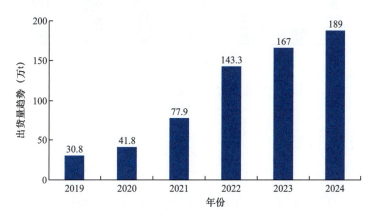

图 6-6　2019—2024 年中国锂电池负极材料出货量趋势

目前中国锂电池负极材料市场份额较为分散，2022 年前六企业市场份额总和约为 79%，但各企业的市场占有率差别较小。其中，贝特瑞凭借 26% 的市场份额排名第一。其次分别为上海杉杉（杉杉股份子公司）、江西紫宸（璞泰来子公司）、中科星城（中科电气子公司）、广东凯金、商太科技，占比分别为 16%、11%、9%、9%、8%。

（3）电解质。在我国，目前已有企业布局固态电解质。上海洗霸与中国科学院上海硅酸盐研究所签署固态电解质材料技术相关知识产权转让协议。根据协议约定，上海洗霸受让专利包括《一种有机 - 无机复合准固态电解质以及准固态锂离子电池》《一种锂空气电池用或锂锂对称电池用电解液》《一种固态锂金属电池及其制备方法》。东方锆业可用于三元系锂电池正极材料添加剂的高纯超细二氧化锆产能约为 1500t/ 年。奥克股份开展 PEO 基固态电解质研究。

（4）隔离膜。近年来，中国隔离膜企业全球供应能力不断提高，锂电池隔离膜出货量大幅增长。根据中商产业研究院发布的《2022—2027 年中国锂电池隔离膜行业市场深度分析及发展趋势预测报告》数据显示，2023 年中国隔离膜企业出货量的全球占比在 2023 年已经突破 83%，出货量达 176.9 亿 m^2，同比增长 32.8%。2018—2023 年中国锂电隔膜出货量统计如图 6-7 所示。

2023 年隔离膜行业的竞争格局呈现较大的变化，上海恩捷仍保持行业龙头地位。前十企业中，星源材质、中材科技、河北金力、中兴新材和惠强新材等企业的市场份额均有不同程度提升。

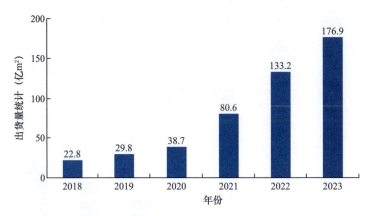

图 6-7　2018—2023 年中国锂电隔膜出货量统计

6.3.2　中游产业链

1. 中游产业链概况

固态锂离子电池中游产业链主要涉及电芯、模组、电池包的生产与制造。电池包又包含 BMS、热管理系统、结构件等多个辅助部件。固态锂离子电池中游产业链中，最关键的是固态电芯的研究开发和生产制造。国务院发布的《中国制造 2025》提出到在 2025 年、2030 年电池能量密度分别达到 400 Wh/kg 和 500 Wh/kg。目前主流的三元正极材料与硅碳负极材料体系电池的能量密度距离相关目标仍然存在较大差距。固态锂离子电池相较传统液态锂离子电池在化学体系上的迭代有望进一步突破锂电池能量密度天花板，达到预期目标。

由于固态锂离子电池的电化学体系设计有别于传统液态锂离子电池，对于电池制造企业的体系开发、设计能力，乃至工程制造能力都提出了更高要求，锂电头部企业有望成为该领域的先行者，引领行业变革。这其中，中国的宁德时代、美国的 Quantum Scape 和 Solid Power、韩国的三星集团或将成为其中的佼佼者。

2023 年 4 月，宁德时代发布了新一代凝聚态电池，提出了多重概念，进一步打破了传统液态锂离子电池性能的天花板。电解质方面，采用了高动力仿生凝聚态电解质，构建微米级别自适应网状结构，调节链间相互作用力，在增强微观结构稳定性的同时，提高电池动力学性能，提升锂离子运输效率。产品还融合了新型超高比能正极、新型负极、隔离膜、工艺等一系列创新技术，使电池兼具优良的充放电性能和高安全性，单体能量密度高达 500 Wh/kg，相关产品有望率先在航天器等高端领域实现应用，并逐步渗透到车用领域。宁德时代总部如图 6-8 所示。

Quantum Scape 是一家专注于为电动汽车提供固态锂金属电池解决方案的电池公司，成立于 2010 年，创立后获大众集团（Volkswagen AG）、上海汽车集团股份有限公司等车企的投资支持，2020 年 11 月成功上市。2023 年上半年，公司宣布完成了其首件商业化全固态锂离子电池产品的定义（命名为 QS-5，系容量为 5Ah），预期性能指标 15 min 可快速充电至 80%SOC，循环寿命为 800 次，可支持约 38 万 km 的行驶里程。化学体系方面将采用锂金属负极，相较传统电池，锂直接镀在阳极层，没有石墨主体结构，意味着锂离子在电池充放电循环时传输距离减少。根据公司 2023 年

图 6-8　宁德时代总部

Q1 披露的实验数据，其负极过载能力大于 5 mAh/cm^2，满足 6 ～ 8 C 放电倍率需求。目前，Quantum Scape 的全固态锂离子电池已完成 A0 样件的开发，并于 2022 年底交付终端车企进行测试。根据公司披露的信息，样品电芯叠层数达到 24 层（12 层正极 +13 层负极）。在安全性能方面，样品通过针刺、过充电、外部短路和热稳定性等测试［参考 SAE J2464《电动和油电混合动力车的充电储存系统（RESS）安全性和混用试验》，滥用等级≤3 级］。在工程制造方面，Quantum Scape 致力于提高固态电解质片层的生产效率，基于创新性的快速隔离层热处理工艺，设立 Raptor 和 Cobra 两个阶段目标。Raptor 阶段：通过连续热流处理设备生产固态电解质片层，速度更快、能耗更少；目前相关设备已经完成安装，目标是在 2023 年底完成生产验证，在 2024 年用于 B0 样品的生产。Cobra 阶段：在 Raptor 的基础上进一步缩减生产工序，以实现更快的处理速度、更高的能源利用效率和经济性，预计 2025 年用于 B 样的大规模生产。

Solid Power 是北美另一家专注于固态电解质和全固态锂离子电池开发的企业，2012 年在科罗拉多大学博尔德分校及国防高级研究计划局的资助下成立，其后获得福特、现代集团、三星等企业的投资支持，并有望启动与宝马和福特的合作开发。2023 年上半年 Solid Power 完成其位于丹佛的硫化物电解质工厂的建设，全面投入运营后预计产能可达 30t/ 年；生产线的装配已经完成，并从 2023 年 4 月开始陆续向潜在客户送样。根据日前公司发布的实验数据，其硫化物电解质室温离子电导率为（1 ～ 9）×10^{-3} S/cm，并且在 −40℃露点下可保持稳定，具备规模化应用条件。之后，Solid Power 的生产线能力再度提升，有望在规模化生产的过程中实现成本、工艺优化，推动硫化物电解质的商业化。在全固态锂离子电池方向，Solid Power 预设三个阶段。第一阶段：高硅负极全固态 + 商业化 NCM+ 硫化物电解质体系，目标重量、体积能量密度达到 390 Wh/kg、930 Wh/L，满足 1000 次循环和 15 min 快充。目前已经完成 Pre-A 样的开发，容量 20 Ah 的产品已经正式交付，进入车规验证环节。2023 年完成容量 100 Ah 的 A 样样品交付，并在 2024 年中旬完成 B 样开发。第二阶段：锂金属负极全固态 + 商业化 NCM+ 硫化物

电解质体系，目标重量、体积能量密度达到 440 Wh/kg、930 Wh/L，满足 1000 次循环和 20 min 快充。第三阶段：锂金属负极全固态＋转换反应型正极＋硫化物电解质体系，目标重量、体积能量密度达到 560 Wh/kg、785 Wh/L，满足 1000 次循环和 30 min 快充。采用锂金属负极体系的固态锂离子电池，Solid Power 规划在 2024 年进入 A 样电池交付阶段。

2017 年，三星集团首次展出其全固态锂离子电池，并在随后的一年与韩国 SKI、LG 化学达成合作，成立 1000 亿韩元规模的基金，共同投资固态锂离子电池等新技术，以期加快其商业化进程。生产制造方面，2023 年上半年，三星完成了业内第一条纯全固态锂离子电池生产线的搭建，在 2023 年底产出第一件电芯样品。目前，全固态锂离子电池的商业化一方面受限于固 - 固界面问题未完全解决，难以进行电池尺寸的放大，即难以制造具有良好循环性能的车规级电池；另一方面，由于生产工艺尚未定型，因而电池厂无法投入大量资源进行生产设备开发，实现规模化降本。根据三星早前的研究成果，公司将等静压技术引入全固态锂离子电池的生产制造，以解决界面接触问题。等静压技术依托帕斯卡定律，通过将电芯单元放置于充满液体或气体介质（如水、油或氩气）的容器，利用介质的压强，均匀地向电池组件的各个方向传递力，使得均匀的固态电解质薄层形成，同时片层与片层之间保持良好接触，从而实现平稳的离子运动。随着三星迈出了增加电池尺寸和生产放大工艺验证的第一步，全固态锂离子电池的商业化有望在不久的将来迎来重要的里程碑。化学体系方面，三星通过开发银 - 碳负极，解决锂金属负极的高效利用难题，实现高能量密度长续航全固态锂电池。根据三星发表的学术论文，公司制备的全固态锂离子电池样品实现 900 Wh/L 的能量密度，1000 次以上的循环，以及 99.8% 的库伦效率。三星开发的银 - 碳负极具备以下特征：银碳层介于固态电解质和金属锂负极 / 负极集流体之间，锂离子在正负极之间迁移的过程，与银碳层内的银结合，形成 Li-Ag 合金，降低锂离子成核能，在抵达负极前保持固溶的状态，使得 Li 可以在负极均匀地沉积，解决锂枝晶问题，电池的循环寿命提高；银碳层与硫化物电解质层具备良好的适配性，硫化物电解质通过银碳层与负极间接接触，改善界面阻抗，提高倍率性能；银碳稳定性好，对于干法、湿法电极工艺，都具备较佳的适配性。通过引入干电极工艺，即将活性物质与添加剂干混均匀后加入黏结剂，在黏结剂原纤化作用下形成自支撑膜，通过辊压将活性材料贴合在集流体表面，可以极大地提高生产效率，优化厂房空间，可作为动力电池潜在的降本途径。

2. 中游产业链分析

2022 年以来，固态锂离子电池的研发和产业化取得了明显的进展，中商产业研究院发布的《2022—2027 年中国固态锂电池产业发展趋势及投资风险研究报告》显示，2023 年全球固态锂离子电池出货量约为 1 GWh，主要为半固态锂离子电池。中商产业研究院预测，到 2030 年，全球固态锂离子电池出货量将增长至 614.1 GWh。2023—2030 年全球固态锂离子电池出货量预测趋势如图 6-9 所示。

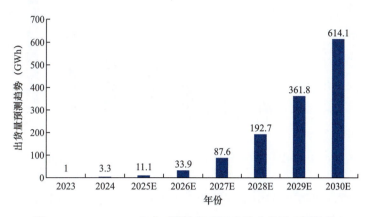

图 6-9　2023—2030 年全球固态锂离子电池出货量预测趋势

目前固态锂离子电池仍处于初期，市场渗透率低。根据中商产业研究院发布的《2022—2027 年中国固态锂电池产业发展趋势及投资风险研究报告》显示，2023 年全球固态锂离子电池渗透率约为 0.1%。中商产业研究院分析师预测，到 2030 年固态锂离子电池技术将进入商业化阶段，渗透率将达 10%。2023—2030 年全球固态锂离子电池出货量渗透率预测趋势图如图 6-10 所示。

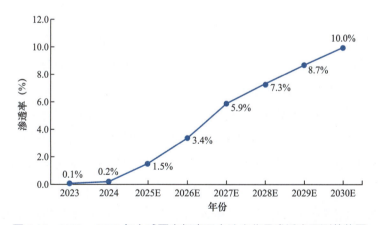

图 6-10　2023—2030 年全球固态锂离子电池出货量渗透率预测趋势图

近几年国家不断重视固态锂离子电池行业的发展，各大高校及科研单位已开始对固态锂离子电池进行研发。尽管目前我国固态锂离子电池行业正处于起步阶段，但随着技术进步，固态锂离子电池有望实现大规模商业化应用。中商产业研究院预测，到 2030 年中国固态锂离子电池市场空间将增至 200 亿元。2023—2030 年中国固态锂离子电池市场空间预测趋势如图 6-11 所示。

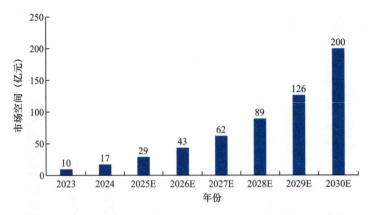

图 6-11　2023—2030 年中国固态锂离子电池市场空间预测趋势

固态锂离子电池近年来吸引了全球各大电池巨头以及众多初创企业及资本的关注，各家技术突破消息不断，产业化进程稳定推进。2023 年 4 月，宁德时代发布全新超高能量密度凝聚态电池产品。该产品并非传统意义上的固态或半固态电池。据宁德时代吴凯介绍，该电池首先应用于民用电动载人飞机。其中飞机用电池能量密度达 500 Wh/kg。全固态锂离子电池布局上，公司已在硫化物路线上公布多项专利。2023 年 5 月，辉能科技宣布在法国敦刻尔克建立首个国际固态锂离子电池超级工厂，涉及投资金额 52 亿欧元。8 月 3 日，公司宣布欧盟委员会批准了法国政府向挥能科技提供 15 亿欧元的资助建设该项目。2023 年 7 月，卫蓝新能源湖州基地二期项目奠基。公司潮州基地一期项目已达产，6 月 30 日，公司 360 Wh/kg 锂电池电芯交付蔚来汽车。2023 年 8 月，马车动力自主研发的 4695 半固态大圆柱电芯 A 样在肇庆大圆柱电芯中试基地成功下线；在 2023 中国国际电池技术展览会（CIBF）上，公司发布了研发的新一代硫化物全固态锂离子电池。2023 年 9 月，赣锋锂业推出半固态"先锋"电池，采用柔性固态电解质隔膜和超级半固态电芯，宣称可实现超过 3000 次循环，10 万 km 无衰减。2023 年 9 月，国轩高科透露，公司的高安全半固态锂离子电池 2023 年批量交付。此外，预计 2025 年后将生产出能量密度超过 800 Wh/L（400 Wh/kg）、循环 800 次的全固态锂离子电池。2023 年 11 月，上海汽车集团股份有限公司和清陶（昆山）能源发展集团股份有限公司联合设立上海上汽清陶新能源科技有限公司；10 月，宣布将在乌海市投建 10 GWh 固态锂离子电池零碳产业园区，项目总投资 70 亿元。

6.3.3　下游产业链

1. 下游产业链分析

（1）新能源汽车。中商产业研究院发布的《2022—2027 年中国新能源汽车产业调研及发展趋势前瞻报告》显示，新能源汽车继续保持较快增长，产销量再创新高。2023

年 12 月，新能源汽车产销分别完成 116.2 万辆和 119.1 万辆，同比分别增长 47.5% 和 46.4%，市场占有率达到 37.7%。2023 年，新能源汽车产销分别完成 958.7 万辆和 949.5 万辆，同比分别增长 35.8% 和 37.9%，市场占有率达到 31.6%。2019—2023 中国新能源汽车产销统计如图 6-12 所示。

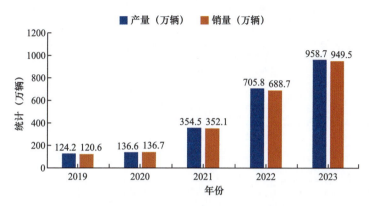

图 6-12　2019—2023 中国新能源汽车产销统计

目前多家车企已开始规划固态锂离子电池装车，上海汽车集团股份有限公司计划 2024 年将率先推动固态锂离子电池技术大规模量产上车；日产汽车计划 2024 年启动试点工厂，2028 年之前量产上市。大众集团 2025 年开始使用固态锂离子电池。丰田汽车公司 2025 年推出搭载全固态锂离子电池车型，2030 年实现量产。巴伐利亚发动机制造厂股份有限公司（宝马）2025 年前发布搭载全固态锂离子电池的试验车，2030 年前实现量产。广汽埃安新能源汽车有限公司 2026 年推出搭载全固态锂离子电池车型，昊铂车型将率先采用。福特汽车公司 2026 年推出搭载固态锂离子电池的车型。长安汽车股份有限公司 2027 年逐步实现量产，2030 年全面普及应用。

固态锂离子电池作为解决电池安全性能和提升能量密度的重要迭代方向，从上游材料厂，中游电池企业，以及下游车企均进入加速研发阶段，并制定了相应的发展战略。

日韩、欧美车企：普遍将 2025 年，定位为实现全固态锂离子电池装车验证的目标节点，并规划在 2025—2030 年间，完成全固态锂离子电池及搭载下一代电池的车型的量产。大量研究固态锂离子电池的初创企业受到欧美车企的青睐，接受传统工业巨头的投资，共同推动全固态锂离子电池的技术研发。

由于目前全固态锂离子电池技术和工艺难题仍未完全解决，因此，半固态锂离子电池过渡路线成为我国企业重点研发方向。2023 年，卫蓝新能源正式向蔚来交付 360 Wh/kg 的锂电池半固态电芯，以此为代表的高能量密度电池在整车层级上的性能验证，被认为是行业的重要阶段性进展。各大车企固态锂离子电池规划情况见表 6-10。

表 6-10　各大车企固态锂离子电池规划情况

车企	进展
蔚来汽车	2023 年 6 月 30 日，卫蓝新能源正式向蔚来汽车交付 360 Wh/kg 的锂电池半固态电芯
赛力斯	于 2023 年上市 SERES-5，搭载赣锋锂电 90 kWh 半固态锂离子电池组，WLTP 续航里程 530 km
东风汽车	2022 年 1 月，与赣锋锂业合作开发高比能固态锂离子电池，成功在东风 E70 搭载。 已完成新一代高比能固态锂离子电池的研发，形态为固态长模组，能量密度可达 405 Wh/kg，于 2024 年实现乘车搭载
上汽集团	向清陶（昆山）能源追加投资不超过 27 亿元，完成后将间接持有清陶能源约 14.29% 股权。 2024 年推出搭载固态锂离子电池的智己汽车，2025 年实现固态锂离子电池在入门级产品上的应用，下线首款搭载固态锂离子电池的量产产品
宝马集团	在某些里程碑达成的前提下，于 2024 年向 Solid Power 支付 2000 万美元，扩大后的联合开发协议包括共享专有的全固态电极和电池制造技术。 2025 年推出使用全固态锂离子电池技术的实验车辆。 2030 年将固态高压电池应用于量产车
奔驰	投资 Quantum Scape、Factorial Energy、台湾辉能等固态锂离子电池企业，计划 2026 年之前推出新技术电动车
Stellantis 集团	投资 Factorial Energy、台湾辉能等固态锂离子电池企业，目标在 2026 年引入首个具有竞争力的固态锂离子电池技术
保时捷	研发的新型固态锂离子电池，续航里程超过 1300 km；2022 年 5 月投资硅负极研发商 Group14 Technologies，硅负极代替石墨，电池储能密度提高 10 倍，快充水平 15min 达 5% ～ 80%SOC
日产	2024 年在横滨工厂安装一条大规模生产电池的试验生产线。 2025 年制造第一批无液体、成本较低的固态锂离子电池。 2028 年计划生产一款由固态锂离子电池驱动的全新电动汽车
本田	2024 年春季投产全固态锂离子电池示范生产线。 2026 年预计推出"Honda：e-Architecture"纯电动汽车专用平台，届时将搭载全固态锂离子电池
丰田	2025 年计划实现全固态锂离子电池小规模量产。 2026—2028 年计划投入实际应用，在 BEV 车型上搭载全固态电池。 2030 年前全固态锂离子电池要实现稳定量产

目前，新能源汽车市场固态锂离子电池的应用以半固态为主。在半固态锂离子电池技术日趋成熟的情况下，多家新能源汽车企业纷纷加快了在半固态锂离子电池领域开发合作的步伐。东风岚图"追光"汽车搭载 82 kWh 的半固态锂离子电池包，是行业首个乘用车量产装车案例，2022 年 1 月，首批 50 辆搭载赣锋锂电固态锂电池的东风 E70 在浙江、河北、江苏、广东、湖南、江西 6 省 10 地开展示范运营，安全运营里程已超百万公里，其中电芯质量能量密度为 235 Wh/kg。2023 年 6 月 31 日，北京卫蓝新能源的 360 Wh/kg 混合固液动力电芯交付蔚来（配套 ET7），实现单次充电续航达 1000 km 的目标，该电芯的顺利交付具有十分重要的意义，标志着高比能固态电芯离装车应用已走近现实。

除了东风 E70 和蔚来 ET7 搭载了固态锂离子电池，2023 年 2 月，赣锋锂电宣布，搭载其三元半固态锂离子电池的纯电动 SUV 赛力斯 -SERES-5 于 2023 年上市。SERES-5 纯电版车型搭载的半固态锂离子电池为 90 kWh，最大续航里程（WLTP）530 km，主攻欧洲市场。可以看出，高端电动车市场将成为半固态锂离子电池产业应用的重要突破口。

（2）电化学储能。储能行业仍处在发展初期，政策层面，基于国家的"双碳"目标，即 2030 年实现"碳达峰"、2060 年实现"碳中和"，2021 年国务院印发《2030 年前碳达峰行动方案》，加大促进产业发展力度，制订了一系列行动方案以促进储能行业的发展，地方政府也纷纷出台响应政策，有望刺激上游储能电池市场规模迎来爆发式增长。

中商产业研究院发布的《2022—2027 年中国电化学储能行业调研及发展趋势前瞻报告》显示，2022 年，中国电化学储能累计装机量达 11 GW，同比增长 99.64%，2023 年为 12.9 GW。未来，随着分布式光伏、分散式风电等分布式能源的大规模推广，电化学储能累计装机量将继续增长，中商产业研究院预测，2024 年中国电化学储能累计装机量达 15.1 GW。

2019—2024 年中国电化学储能累计装机量趋势如图 6-13 所示。

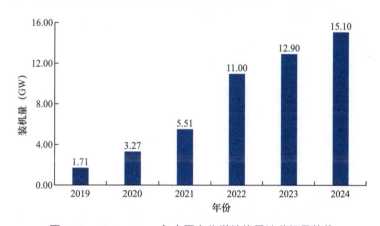

图 6-13　2019—2024 年中国电化学储能累计装机量趋势

储能电池广泛应用于电力、通信、户用领域，随着全球能源转型的进程加速，储能系统产业有望迎来快速发展期。根据 CNESA 数据显示，2022 年全球电化学储能新增装机规模达 21.1 GW，累计装机规模达 45.5 GW（剔除飞轮及压缩空气储能），同比增长近 87%，其中锂离子电池占比最高，达 94.50%。2022 年全球电化学储能各技术路线占比如图 6-14 所示。

锂离子电池技术成为新型储能技术的主流方向，根据国家能源局统计，2022年，在全国新型储能装机中，锂离子电池

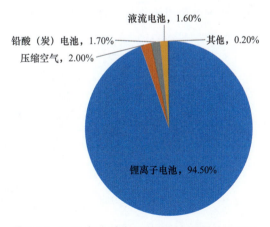

图 6-14　2022 年全球电化学储能各技术路线占比

储能占比达 94.5%，成为应用最广泛的新型储能技术。弗若斯特沙利文则预测 2026 年全球储能电池装机量将达 250 GWh，2022—2026 年复合增长率为 36.3%；其中，中国预计 2026 年装机量达 110.7 GWh，2220-2026 年复合增长率为 64.3%。

固态锂离子电池被公认有望突破电化学储能技术瓶颈，是满足未来电化学储能发展需求的新兴技术方向之一。而结合国家对能源发展的指导方针，电化学储能在用户侧、可再生能源并网配套等领域的需求有望迎来快速增长，固态锂离子电池在本征安全上的优势，有利于其在储能市场快速发展。北京卫蓝与合作伙伴海博思创共同开发了 HyperSafe 系列半固态磷酸铁锂电池储能系统。该储能系统采用本质安全的半固态磷酸铁锂电池，结合海博思创自主研发的电池全生命周期数字化建模技术及储能管理系统，实现了储能系统的高效、安全和稳定运行。这一技术的成功应用为用户侧储能领域带来了新的解决方案，将推动固态锂离子电池在储能领域快速发展。

（3）消费类锂离子电池。消费类锂离子电池服务于消费与工业领域，主要用于手机、便携式计算机、数码相机、移动电源等消费电子产品。随着锂离子电池产业的日趋成熟，其应用场景不断丰富和拓宽，近年来尤其在电动工具、智能家居等市场需求旺盛，成为支持万物互联、社会智能化率提升的关键能源部件之一。

新型细分市场有望带动锂电池需求量的快速增长：根据 Markets and Markets 预测，全球智能电表市场规模在 2026 年预计增长至 302 亿美元，2022—2026 年复合增长率接近 9%；根据共研网数据预测，预计到 2027 年我国智能水表行业市场规模有望达到 409 亿元，5 年复合增长率接近 21.45%。

但是，近年来中国手机出货量一直呈现下降趋势，市场已经接近饱和，消费者对于手机的需求逐渐减弱。中商产业研究院发布的《2022—2027 年中国手机行业分析与投资策略报告》显示，2023 年 12 月，国内市场手机出货量 2827.5 万部，同比增长 1.5%。2023 年 1—12 月，国内市场手机总体出货量累计 2.89 亿部，同比增长 6.5%。2018—2023 年中国手机出货量统计如图 6-15 所示。

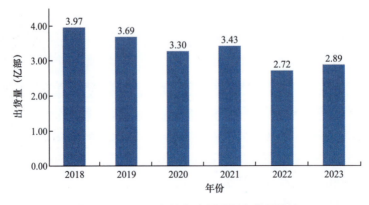

图 6-15　2018—2023 年中国手机出货量统计

（4）小型动力电池。小动力锂电池用于电动两轮车、电动叉车、电动低速车等领域，单台带电量接近 0.4 ～ 20 kWh。得益于锂电池在轻量化、环保和整体性能等方面的优势，电动二轮车市场的崛起有望带动小型动力锂离子电池的需求量快速提升。根据 GGII 预测，2022—2027 年我国小动力锂电池市场规模的年复合增长率将超过 30%，预计到 2027 年中国锂电两轮车出货量将达到 2800 万辆，其中锂电渗透率接近 40%。

在小动力应用领域，无人机成为半固态锂离子电池在应用端的过渡。2018 年，一飞智控与清陶能源正式签署战略合作协议，根据协议内容，双方围绕智能无人机电池进行开发，预计 2023 年半固态动力电池实现量产。2020 年，卫蓝新能源的半固态锂电池在无人机产品上实现量产，目前供货企业数量 50 余家，出货量较大。2021 年，恩力固态与软银联合发布 450 Wh/kg 高比能电池希望用于平流层通信无人机，完成中试阶段，开始小批量供货，预计 2024 年后半固态动力电池实现量产。2022 年，赣锋锂电牵手小米推出 1000 pro 户外电源，使用的是赣锋第一代 240 ～ 260 Wh/kg 半固态锂离子电池。在对价格敏感度较低的小动力领域，混合固液电芯已经实现了大批量的出货，规模化下的混合固液电芯成本会快速下降，进一步扩大了混合固液电芯的应用范围。

2. 固态锂离子电池市场空间

固态锂离子电池认为是解决传统液态锂离子电池存在的安全隐患和能量密度受限等问题的下一代电池，其市场规模主要来源于新能源汽车、储能、消费领域对锂离子电池的需求，以及固态锂离子电池在其中的渗透率。

学术界和产业界普遍认为，固态锂离子电池实现商业化应用的窗口期在 2024—2030 年期间，由于新型材料的开发、制造工艺的难题未完全解决，验证较长，加上产业配套尚不成熟，成本偏高，预计行业在 2025 年将实现小批量的出货，2030 年在体量上实现大规模提升。

6.4　行业发展困境及对策

6.4.1　行业发展困境

1. 本体技术需突破

目前，传统液态锂离子电池存在两个关键性的制约因素，一是能量密度已经达到瓶颈，二是电动汽车起火燃烧的安全事故频发。为了解决上述问题，研发人员聚焦到固态锂离子电池的开发上。开发固态锂离子电池是为了实现高安全性的同时，兼顾高比能、高倍率、长寿命、宽温度范围等一系列优势。但是，至今没有任何一种单一的电解质材料能够满足全固态锂离子电池的应用需求。实现固态锂离子电池高比能，就必须搭配下一代的正负极材料，例如高镍三元、富锂锰基、硅基负极、锂金属负极，这些材料的应用目前还存在较大的挑战。同时，新工艺的导入例如预锂化工艺技术、干法电极工艺技术也会增加固态锂离子电池制造的难度。由于固态电解质的引入，带来固-固界面问题更是无法避免的巨大挑战。短期内，半固态锂离子电池是大家可以接受的折中方案，各大电池企业升级的难度和成本相对较低。但是半固态产品向全固态产品升级却存在诸多问题尚未解决。全固态锂离子电池在设计与制造中面临的问题仍然很多，如图6-16所示[1]，下面详细概述。

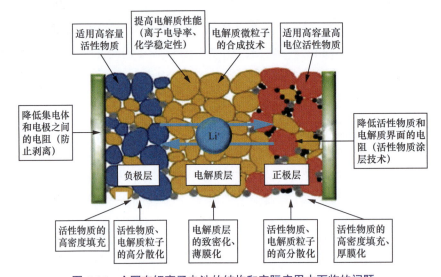

图 6-16　全固态锂离子电池的结构和实际应用中面临的问题

　　在固态锂离子电池的设计和开发中，电解质的选择至关重要，不同类型的电解质适用于不同的应用和性能要求。在半固态锂离子电池的发展阶段，一般采用氧化物+电解液、聚合物+电解液、氧化物与聚合物复合+电解液的方式，氧化物与聚合物复合电解质的半固态锂离子电池已经逐渐进入量产阶段。在全固态锂离子电池发展阶段，聚合物体系柔韧性好、加工性强，可卷对卷生产，量产能力好，但离子电导率低。针对以上问题，聚合物电解质通过交联、共混、接枝或添加少量增塑剂等改性手段提高聚合物电解质的室温电导率。通过原位固化技术可将聚合物电解质与正负极的物理接触提升到液态锂离子电池的水平。非对称电解质的设计可以扩宽聚合物电解质的电化学窗口。聚合物电解质可用于柔性电子产品或非常规形状的电池，制备工艺和现有锂电池比较接近，易通过现有设备改造实现在电池量产。但是聚合物电解质的室温离子电导率普遍较低，氧化电位较低。即使是综合性能最好的PEO（聚环氧乙烷）基聚合物电解质还存在不耐氧化的问题，一般只能用于LFP（磷酸铁锂）正极。氧化物电解质机械强度高、热稳定性和空气稳定性好、电化学窗口宽。但是氧化物电解质刚性较强，与正负极固-固界面接触差，需要烧结成致密陶瓷片才能保证离子传输。同时，氧化物电解质室温离子电导率较低。通过元素掺杂、晶界改性，氧化物电解质的室温电导率可以提高。但固 - 固界面接触问题仍难以解决。硫化物电解质室温电导率高、延展性好、硬度适中、界面物理接触较好。但是，硫化物电解质与正负极的界面稳定性较差，且对水分非常敏感，与空气中的微量水即可发生反应，释放有毒的硫化氢气体。当前硫化物电解质处于早期开发阶段，生产、运输、加工对环境要求很高，生产环境需要隔绝水分[2]，故其量产开发的难度也较大。同时，硫化物电解质与大多数极性溶剂会发生反应，导致对湿法制备的溶剂和黏结剂的选择较为困难。通过掺杂、包覆等改性手段可以稳定硫化物和正负极界面，降低硫化物电解质对水分的敏感度，但目前这些改性方法仍然没有实质性改变硫化物电解质的这一制约因素。全固态锂离子电池的开发中，三种固态电解质技术路线的发展前景均存在一定程度的不确定性。综合来看，硫化物电解质具有高离子导电性、低界面电阻、较好的延展性，其应用前景更加可观。而随着复合工艺的发展，氧化物与聚合物的复合电解质体系也在固态锂离子电池中获得了应用的可能性。

固态锂离子电池的设计和开发中，负极材料短期以石墨负极为主，中长期向硅基负极发展，终极目标是金属锂负极。其中，硅基负极理论比容量高、安全性好、原材料丰富，但存在体积膨胀、导电性差、首效低和固体电解质界面膜不稳定的问题，目前多与石墨掺混使用。锂金属负极理论比容量高、电位低、导电性优异，具有巨大潜力，但存在副反应剧烈、锂枝晶持续生长、循环时体积变化大等问题。传统液态锂离子电池中，硅负极容易和电解液发生副反应，消耗活性锂，导致首效降低、循环寿命缩短等问题，使其应用受到限制。而固态电解质电化学窗口更宽，化学稳定性更高，可避免上述副反应。硅基负极，硅氧为主流，硅碳更具潜力。硅氧负极以氧化亚硅（SiO_x）掺混石墨，粒径小、均匀度高、循环和倍率性能更佳，但首效低，无法单独使用，需要通过预锂 / 预镁化等处理提升首效。硅碳复合材料具有比容量高和首效高的优点，但体积膨胀较大，循环性能较差，对工艺要求较高，需叠加小粒径和包覆技术。预计硅基负极中期将以技术成熟的硅氧负极为主，长期高克容量硅碳负极应用空间更大。硅碳负极目前有两种制备方案，一种是由研磨后的纳米硅粉与基体材料，通过造粒工艺形成前驱体，然后经表面处理、烧结、粉碎、筛分、除磁等工序制备。另一种是以多孔碳为载体，通过硅烷高温沉积，然后经表面处理、烧结、粉碎、筛分、除磁等工序获得最终的成品硅碳负极。为了用好硅负极材料，会带来对应配套辅材的需求（聚丙烯酸、单壁碳纳米管、补锂剂等）。锂金属是固态锂离子电池最理想的负极材料，具有较高的理论比容量和较低的电化学势，分别为 3860 mAh/g 和 −3.04 V（相对于标准氢电极）。但锂金属存在剧烈副反应、不可控的锂枝晶生长、循环时体积变化大等问题。由于半固态锂离子电池中仍然含有电解液，因此锂金属无法在半固态锂离子电池中使用。全固态锂离子电池没有电解液，预计锂金属负极会在全固态锂离子电池中实现突破。金属锂负极应用于全固态锂离子电池仍存在技术难点，面临电化学充放电过程中的枝晶生长及孔洞产生等问题。不同于石墨负极的锂离子嵌入/脱出反应，金属锂负极通过沉积/剥离反应释放容量，没有支撑主体的金属锂负极在电化学过程中体积变化较大，易出现不均匀沉积，生成锂枝晶。此外，金属锂剥离过程中，如果从界面剥离金属锂的速度快于其补充速度，将会在界面处产生孔洞，导致金属锂负极粉化，引发安全问题，甚至导致固态电解质与金属锂负极由面接触转变为点接触，造成界面阻抗急剧增大。全固态锂离子电池可以使用金属锂作为负极，但是仍需至少 4～10 年的突破，才能具备规模商业化可能性，预计应用于 500 Wh/kg 以上的高端乘用车市场。

负极材料中，由于硅基负极首效偏低，首次不可逆锂损耗达 15%～35%，因此必须搭配预锂化手段，改善首效短板问题[3]。预锂化包括负极补锂和正极补锂，负极补锂方式有锂箔补锂、锂粉补锂、添加剂补锂等，但工艺难度高、成本较高、安全性低，并未大规模应用。正极补锂主要是以具有高不可逆比容量的含锂化合物作为补锂材料，一般在正极匀浆过程中加入补锂材料，工艺简单且成本较低，为当下最有前景的补锂技术[4]。但正极补锂也面临一些挑战，部分材料空气稳定性比较差；正极补锂材料补锂过程需要充到高电压，对电芯设计带来挑战；补锂材料的电子电导和离子电导比较差，在化成补锂的过程中往往难以完全分解，无法充分发挥其补锂量；补锂也涉及对工艺做一些调整，包括补锂剂的成本等。中短期正极补锂为主流路线，长期负极补锂更具潜力。一般来说，在更强调安全性和工艺兼容性，并对补锂的容量要求不高时，选择正极补锂合适，若需要大容量补锂时，负极补锂更加合适，因此预计中短期以正极补锂为主，长期负极补锂更具潜力。此外补锂剂目前属于新兴技术，产业链不成熟，成本较高。

固态锂离子电池电化学窗口更宽，因此可以适用的正极材料更为广泛。半固态/全固态锂离子电池短期预计仍会沿用三元高镍体系，或通过单晶化、氧化物包覆、金属掺杂等手段进一步提升电压，从而提升电池能量密度。在固态电解质、金属锂负极等技术逐渐成熟后，正极材料预计向超高镍、富锂锰基、高压尖晶石等新型体系进一步迭代。高比能的正极材料在循环过程中颗粒更容易破裂和粉化，而固态电解质不像液态锂离子电池中的液态电解质那样能流动并填充这些裂纹，因此在全固态锂离子电池中锂离子传输将受阻于裂纹，导致电池的循环寿命降低。此外高比能正极材料热稳定、副反应等问题解决更具挑战性。

隔离膜短期仍保留，长期预计被取代。短期内，传统液态锂离子电池仍然是主流，传统聚烯烃隔离膜地位仍不可动摇。传统聚烯烃隔离膜的技术难点集中于以下两点：一是热稳定性低，较差的耐热性，使得电池在过热时，隔离膜会发生收缩现象，导致电池短路甚至引发火灾；二是对电解液浸润性差，聚烯烃隔离膜与电解液的相容性差，进一步影响电解液的持有率与保有率，从而影响电池大倍率下的充放电性能和循环性能。这就限制了锂离子电池从小型设备向电动车、大型能量存储系统的应用。更进一步的，聚烯烃隔离膜必须配合易燃的液态电解液用于锂离子电池，这就为锂离子电池在高温下的使用埋下了安全隐患[5]。通过表涂无机物可以一定程度弥补其安全短板，增加其价值量，但最终方案仍然是全固态锂离子电池。中长期，半固态锂离子电池中，主流的原位固化工艺仍然需要隔离膜来分隔正负极防止短路。此外，可以通过在隔离膜表面引入氧化物或复合电解质方式来构筑离子导体膜，做进一步改性，实现更高的性能。全固态锂离子电池中，全固态电解质本身就能隔离正负极的接触，隔离膜是否需要被保留取决于各方案设计差异，长期来看，隔离膜会逐渐退出电池市场[6]。对于全固态电解质膜替代隔离膜的情况，固态电解质膜本身的制备也存在诸多难题：无法做薄，厚度难以达到商用隔离膜的水平；均匀性较差；综合性能难以满足设计应用的需求。

目前，部分固态电解质本征电导率已经逐渐接近甚至超越液态电解质，但界面阻抗限制了锂离子在全固态锂离子电池中的有效输运，成为制约其性能的瓶颈之一[7]。造成界面阻抗大的主要原因包括固 - 固接触面积较小，固态电解质无法像液态电解液那样具有良好的浸润性；在全固态锂离子电池制备以及充放电过程中，电解质和电极界面化学势与电化学势差异驱动的界面元素互扩散形成的界面相可能不利于离子传输，固 - 固界面还存在空间电荷层，也可能抑制离子垂直界面的扩散和传导；固体电解质与电极的稳定性问题，如电化学稳定性，在正极高氧化电位或负极低还原电位下，会发生电化学氧化或者还原反应；界面应力问题，在充放电过程中，多数正负极材料在嵌脱锂过程中会出现体积变化，而电解质不发生变化，这使得在充放电过程中固态电极 / 固态电解质界面应力增大，可能导致界面结构破坏，物理接触变差，内阻升高，活性物质利用率下降。氧化物和硫化物电解质的以上问题较为突出，聚合物电解质也存在类似问题。目前研究人员已经充分认识到，限制固态电解质应用的主要问题是界面物理接触差、界面反应产生不利离子传输的界面层，导致界面巨大的离子传输阻抗以及一些体系中的界面空间电荷层的存在，影响离子输运。此外，循环过程中，正负极颗粒会发生显著的体积膨胀收缩，不具备液态电解质流动性和界面润湿性的固态电解质如何在长期循环中保持良好的界面接触是研究的重点，各类界面修饰方案、原位固态化、施加外部压力作为解决方案进行研究[8]。

2. 制造工艺需降本

固态锂离子电池采用的预锂化硅基负极或金属锂负极、高镍正极、固态电解质等新材料生产成本远高于目前对应的材料成本。受限于工艺不稳定、量产规模不高等因素，新型工艺的引进导致良品率降低，制造成本提高。

完成从半固态锂离子电池到固态锂离子电池的产品化，要经历技术升级，部分工序和新设备也需要同步开展迭代工作，如图 6-17 所示。

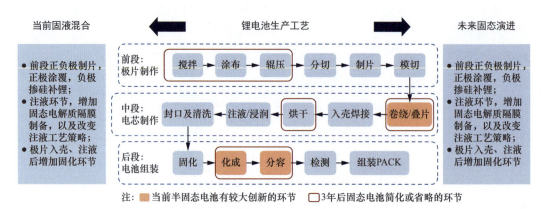

图 6-17　半固态和固态锂离子电池与当前锂电生产工艺流程差异

（1）材料成本。固态锂离子电池成本高于液态锂离子电池，主要体现在固态电解质和正负极材料上。固态电解质目前难以轻薄化，氧化物电解质含锆、硫化物电解质含锗，电解质生产所用到的稀有金属原材料价格较高，而且叠加高能量密度所使用的高活性正负极材料尚未成熟，表 6-11 列出了部分固态锂离子电池原材料价格。全固态对生产工艺和质量控制也提出了更严苛的要求，生产设备替换率大，固态锂离子电池成本预计明显高于现有液态锂离子电池。

表 6-11　部分固态锂离子电池原材料价格表

LLZO（锂镧锆氧）成分拆分	1t 用量	单价	LPSC（锂磷硫氯）成分拆分	1t 用量	单价	铜锂复合带
氧化锆	约 325 kg	约 4 万元 /t	硫化锂	约 407 kg	约 500 万元 /t	—
氧化镧	约 553 kg	约 1 万元 /t	五硫化二磷	约 281 kg	约 1 万元 /t	—
碳酸锂	约 255 kg	约 15 万元 /t	氯化锂	约 159 kg	15 万元 /t	—
原材料成本	约 70 元 /kg		原材料成本	约 2 万元 /kg		—
实际销售价格	约 2000 元 /kg		实际销售价格	约 3 万元 /kg		约 1 万元 /kg

（2）工艺成本。半固态锂离子电池制备工艺流程可兼容传统电池生产工艺，一些半固态锂离子电池企业之所以能快速推向市场，就是因为尽可能地延用现有液态锂离子电池装备和工艺，其中仅有 10% ～ 20% 的工艺设备要求不同。全固态锂离子电池与传统锂离子电池生产工艺有一定区别。目前主流的电池制备工艺有叠片工艺和卷绕工艺，全固态锂电池对现有电池制备工艺可以部分兼容，但在部分环节需要进行调整。

在电极制造环节，传统湿法工艺在固态锂离子电池生产中同样适用，但存在成本较高、工艺复杂、N- 甲基吡咯烷酮溶剂有毒等问题。干法电极技术是一种无溶剂的生产技术，预测将是电极工艺的迭代方向。干湿法电极工艺对比见表 6-12。

表 6-12　干湿法电极工艺对比

对比项	湿法	干法
NMP 溶剂	需要	不需要
黏结剂	大量	少量（1%～5%）PTFE
干燥车间	巨大	降低 1/3
流程	复杂	简单
生产速度	慢	快
环保	否	是
可做厚电极	否	是
能量密度	180～280 Wh/kg	300 Wh/kg 以上
成本	高	下降 20%

全固态锂离子电池逐步向叠片＋软包的方向迭代。与液态锂离子电池相比，固态锂离子电池后段工序不需要注液化成，但需要加压；从制造/封装方式看，氧化物及硫化物电解质柔韧性较弱，更适用于叠片工艺，其内部变形、弯曲或断裂的概率低，此外软包封装在能量密度上也具备优势，可容忍充放电过程中的体积变化，因此叠片＋软包的封装方式最适合于固态锂离子电池。

叠片的结构需要 4 个切边，不易控制，合格率相对较低，加上需要高精密度的半自动或全自动设备来控制切边，因此设备成本和产出成本偏高。软包的方形电池材料已完全国产化，而软包锂电池用铝塑膜材料仍需进口，且铝壳电池对电池材料技术要求低于软包锂电池。因此，在同等容量下整体材料成本比软包锂电池低 10% 左右。

目前，固态锂离子电池生产成本高于传统液态锂离子电池，根据近年市场材料成本和加工成本（包括人工、折旧、能源、维护和工厂面积成本等）来估算固态锂离子电池和液态锂离子电池的制造成本，固态锂离子电池（石墨负极）成本为 1158 元/kWh，半固态锂离子电池（石墨负极）成本为 870 元/kWh，液态锂离子电池（石墨负极）成本为 866 元/kWh，固态锂离子电池比液态锂离子电池高约 34%，主要原因为固态锂离子电池材料成本高昂和加工工艺复杂。但随着固态锂离子电池相关技术的不断进步，行业成长曲线将获指数级增长，工业化大批量生产将使成本不断下降，预计我国固态锂离子电池成本将从 2022 年的 1.9 元/Wh 下降至 2030 年的 0.8 元/Wh，如图 6-18 所示。

3. 产业配套需完善

在上游产业，半固态锂离子电池与液态锂离子电池大致相似，两者主要的区别在于负极材料和电解质不同，在正极方面几乎一致。但全固态锂离子电池相比现有成熟的液态锂电池技术变更巨大，需重塑原本就极其复杂的电池供应链。

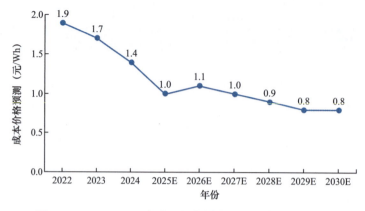

图 6-18 2022—2030 年我国固态锂离子电池成本价格预测

固态 / 半固态锂离子电池是系统性创新的产品，技术壁垒高，液态锂离子电池企业跟随复制难度大。固态 / 半固态锂离子电池开发、制备工艺挑战大，不仅涉及材料创新同时也涉及生产工艺革新。电解质膜制备工艺有涂覆、压实等多种技术路线，需要基膜、固态电解质及电芯企业密切配合开发，目前业内没有批量对外供应的企业。硅碳、金属锂基负极材料是高比能电池必选，产业化应用尚不成熟，技术门槛高。高镍三元材料已可批量生产，但固态电解质纳米化包覆还存在较多技术壁垒。此外，电芯制备还需要大量的导电添加剂、黏结剂、分散剂等辅材，选材及用量都需要进行大量的实验摸索才能确定。

（1）电解质材料供应链。固态锂离子电池与液态、半固态的主要区别为电解质，拥有完善制作工艺的公司及上游原材料厂商数量有限。电解质体系中，氧化物路线产业化较快，硫化物进展较慢，如进展相对领先的丰田预计 2025 年才有批量化硫化物全固态锂离子电池的制备能力。表 6-13 列举了部分电解质原材料及电解质生产企业。氧化物电解质锂镧锆氧（LLZO）、锂镧钛氧（LLTO）的使用会增加锆元素的需求。部分电解质原材料及电解质生产企业见表 6-13。

表 6-13 部分电解质原材料及电解质生产企业

产品	企业	进展
锆原料	东方锆业	锆产品在固态锂离子电池上的应用仍处于试验阶段，需要 3～5 年才投入生产计划，公司已提供锆产品样品供下游厂家研发
电解质	上海洗霸	拟定增建 50t/ 年固态锂离子电池粉体材料产线，产品在电池厂测试与验证中
电解质	多氟多	拥有半固态电解质技术储备，已研发用于固态锂离子电池的全氟磺酸质子交换膜

（2）正负极材料供应链。半固态和全固态锂离子电池的正极沿用现有液态体系，负极变化较大，全固态可能取消隔离膜。如表 6-14 所示，列举了一些正负极材料、隔离

膜和电解液生产厂家。

表 6-14　固态锂离子电池主要原材料生产厂家

主要材料	技术路线	主要厂商
正极材料	三元（高镍）	格林美、当升科技、振华新材、长远锂科、容百科技
	磷酸铁锂	湖南裕能、德方纳米
	钴酸锂和锰酸锂	湘潭电化
负极材料	硅碳负极	贝特瑞、璞泰来、杉杉、天目先导
	锂金属负极	Solid Energy Systems（SES）
隔离膜	固态电解质涂覆	山东章鼓、豪鹏科技、恩捷股份、璞泰来
电解液	氧化物电解质	卫蓝新能源、台湾辉能、清陶能源
	硫化物电解质	宁德时代、三星、丰田
	聚合物电解质	珈伟股份、Ionic Materials、Medtronic、Blue Solutions、Bollore

正极侧，半固态电解质基本能与现有液态锂电池所用的正极体系（如磷酸铁锂、三元、锰酸锂、钴酸锂等）进行匹配。全固态电解质能够兼容当前的正极材料体系，同时有望匹配高电压的正极材料（如富锂锰基等）。虽然电池正极材料企业同质化竞争严重，但随着行业技术水平的发展，新能源领域对电池的能量密度和寿命要求不断提高，电池正极材料技术向着高镍、多元方向发展，行业高端技术将逐渐分化企业的盈利情况。因此，目前行业主要企业均对未来的技术发展提出规划，高镍三元材料成为行业未来竞争的主要领域，宁波容百新能源科技股份有限公司率先布局国外，在韩国建成正极材料生产基地的企业，规划 10 万 t 正极产能，已建成 2 万 t / 年产能。

负极侧，石墨系、钛酸锂、硅碳系负极均可适用于半固态锂离子电池，但仍无法解决锂枝晶等问题，因此不适用于金属锂负极。全固态锂离子电池负极材料上可以沿用现有的负极体系并配合预锂化技术提高首效和能量密度，同时金属锂有望成为全固态锂离子电池的主流负极材料。现阶段固态锂离子电池主要是往硅基负极发展，金属锂作为负极的实现仍然还需较长的时间。硅碳负极是锂电池的发展趋势，也是固态锂离子电池的发展路线中绕不开的一个方面，相关产业链的企业是最为确定的增量，例如致力于制备低成本和高性能电池用负极碳材料的贝特瑞新材料集团股份有限公司等。

隔离膜侧，半固态锂离子电池保留了少量的电解液，因此仍需要隔离膜将电池的正负极隔开，防止正负极接触发生短路。其中基膜基本沿用当前材料体系，固态锂离子电池企业会根据自身需求在基膜上涂覆所需材料。全固态电解质体系下，将逐步取消现有体系下的隔离膜，隔离膜企业生存空间受到挤压，但仍有企业进行研发，如山东章鼓、豪鹏科技等企业致力于新型半固态、固态电解质膜的开发和应用，如表 6-15所示。

表 6-15　主要材料生产企业

主要材料	技术路线	主要厂商
正极材料	三元（高镍）	格林美、当升科技、振华新材、长远锂科、容百科技
	磷酸铁锂	湖南裕能、德方纳米
	钴酸锂和锰酸锂	湘潭电化
负极材料	硅碳负极	贝特瑞、璞泰来、杉杉、天目先导
	锂金属负极	Solid Energy Systems（SES）
隔离膜	固态电解质涂覆	山东章鼓、豪鹏科技、恩捷股份、璞泰来
电解液	氧化物电解质	卫蓝新能源、台湾辉能、清陶能源
	硫化物电解质	宁德时代、三星、丰田
	聚合物电解质	珈伟股份、Ionic Materials、Medtronic、Blue Solutions、Bollore

（3）工艺设备供应链。设备方面，半固态兼容度高，全固态或将涉及干法电极技术。

半固态锂离子电池工艺与传统液态锂离子电池兼容度较高，各家企业主要区别在于电解质加入方式。各家制备混合固液电池工艺与传统液态锂离子电池略有不同，仅在前段极片工艺 / 中段注液工艺 / 后段化成与分容工艺有所不同，大部分生产设备均可通用。

全固态锂离子电池制作工艺分为湿法工艺和干法工艺。其中湿法工艺较传统方式变化较小，可以借鉴液态锂离子电池中广泛使用的高速挤压涂布或喷涂技术。全固态锂离子电池的生产设备虽然与传统液态锂离子电池生产设备有一定差别，但并不存在突破性的创新，80% 的设备可以沿用，只是需要在环境要求更高的干燥间内进行生产。此外，也出现了一些新工艺，如干电极技术，不使用溶剂，直接将少量黏结剂、导电剂和正极 / 负极粉末黏合，通过挤出机形成薄的电极材料带，再将电极材料带层压到金属箔集流体上形成成品电极。封装上，全固态锂离子电池采用软包的封装形式，一般使用叠片 + 热封工艺。

主要设备 / 工艺有干法电极、涂布设备、注液机等，产业链中相关企业如表 6-16 所示。

表 6-16　主要设备 / 工艺相关企业

工艺 / 设备	主要厂商
干法电极	Maxwell、烯晶碳能
涂布设备	先导智能、赢合科技、科恒股份和璞泰来
注液机	先导智能、超业精密、赢合科技、誉辰自动化、鸿宝科技、铂钠特斯、精朗自动化
叠片机	先导智能、赢合科技、科瑞技术、格林晟、吉阳科技、超业精密、超源精密
化成 / 分容	先导智能、赢合科技、北方华创、杭可科技、星云股份
封装设备	阿李股份、吉阳科技

在电芯封装方式方面，全固态锂离子电池理想状态采用软包封装。采用软包封装，可以提高电池安全性、能量密度。但是软包外壳缺乏支撑作用，精简模组难度较大。

在技术迭代方面，半固态和固态锂离子电池技术迭代基于液态体系，顺序遵循固态电解质 - 新型负极 - 新型正极的迭代路径。主流厂商按照半固态到全固态的发展路径布局，核心变化在于引入固态电解质，电解质预计从聚合物 + 氧化物的半固态路线，向氧化物半 / 全固态路线，再向硫化物全固态路线迭代；负极从石墨向硅基负极、含锂负极，再向金属锂负极升级；正极从高镍三元向高电压高镍三元、超高镍三元，再向尖晶石镍锰酸锂、层状富锂锰基等新型正极材料迭代；隔离膜从传统隔离膜，向氧化物涂覆隔离膜，再向固态电解质膜升级。

6.4.2　行业发展趋势

出于对高能量密度和高安全性电池的追求，各国企业进入军备竞赛阶段，加注研发固态锂离子电池。根据固态锂离子电池企业的布局进度，已有多家企业 2023 年正在进行产能建设，但全固态锂离子电池现阶段还有很多核心问题无法解决，规模化量产尚需 5 ~ 10 年，半固态锂离子电池由于高安全性、长寿命与良好的经济性，成为液态锂离子电池向全固态锂离子电池过渡的产品，已处于产业化阶段。

半固态锂离子电池作为液态锂离子电池至全固态锂离子电池的过渡阶段，技术上的发展趋势主要有以下几点：电解质方面主要为氧化物 + 聚合物，电解液逐渐减少并且固态电解质厚度逐渐减薄；正极由目前的三元材料向镍锰酸锂 / 富锂锰基等材料转变；负极由石墨 / 硅负极转向金属锂负极。

1. 全球市场渗透率和需求逐年上升

2023 年全球半固态锂离子电池渗透率为 1%，需求达到 8.8 GWh，至 2030 年全球半固态锂离子电池渗透率将为 6%。半固态锂离子电池主要应用于新能源汽车、储能和消费电子市场等领域，近年来，伴随着国家政策支持，中国新能源汽车市场的需求正迎来快速增长。2022 年中国半固态锂离子电池在新能源汽车需求量为 0.2 GWh，预计 2026 年将增长达到 23.75 GWh。

2. 国内以半固态路线为主

国内短期聚焦于更具兼容性、经济性的聚合物 + 氧化物的半固态路线，2020 年实现首次装车突破，但能量密度在 260 Wh/kg 水平。2022—2023 年，一批领先的半固态锂离子电池企业逐渐发布车规级电池，2022 年蔚来发布 ET7、东风发布 E70、岚图发布追风等搭载半固态锂离子电池的车型，2023 年实现 360Wh/kg+ 装车发布，成为产业化元年，半固态锂离子电池的商业化转折点在 2024—2025 年。

中国固态锂离子电池市场与消费、动力、储能三大领域的锂电池需求量及固态锂离子电池在这三个领域的渗透率息息相关。2027 年中国锂电池产量有望超过 1200 GWh。结合业内对固态锂离子电池渗透率预测情况，经测算 2027 年中国固态锂离子电池市场空间约为 26 GWh。同时，固态锂离子电池的市场竞争程度将越来越激烈，技术将朝着大容量、大型化、稳定性方向发展，在车用固态锂离子电池有较大增长潜力。

市场竞争趋势：相比锂离子电池，固态锂离子电池性能更加优越，在下游能源发展刚需下将迎来快速发展。未来将有越来越多的企业延伸布局或跨界布局固态锂离子电池产业，产业整体竞争程度将越来越激烈。

技术创新趋势：固态锂离子电池技术将朝着大容量、大型化、稳定性、安全性等方向发展。随着固态锂离子电池材料技术发展，在实践中逐渐证明了其经济性和可靠性，未来在锂离子电池的渗透率上将逐渐上升。细分市场趋势：现阶段车用动力电池是固态锂离子电池企业研发重点，未来车用固态锂离子电池将会有较大的增长潜力。

6.4.3　行业发展对策

本小节提出固态锂离子电池行业发展的对策，供参考。

1. 政府政策支持

2020 年起，我国首次将固态锂离子电池列入行业重点发展对象并提出加快研发和产业化进程，2023 年进一步提出加快固态锂离子电池和固态锂离子电池标准体系的相关研究。目前尚未出台补贴政策，主要以市场驱动为主，进一步提出加强固态锂离子电池标准体系建设。

同时，为落实"十四五"期间国家科技创新有关部署，国家重点研发计划启动"新能源汽车""储能与智能电网技术"等 5 个 2021 年度重点专项申报，下一代电池技术"图景"得以显露真容。"新能源汽车"重点专项将围绕能源动力、电驱系统、智能驾驶、车网融合、支撑技术、整车平台 6 个技术方向展开，按照基础前沿技术、共性关键技术、示范应用，拟启动 18 个项目，拟安排国家财政拨款经费 8.6 亿元。其中，在能源动力方面，将重点围绕全固态金属锂电池技术、车用固体氧化物燃料电池关键技术、高密度大容量氢气车载储供系统设计及关键部件研制给予支持。主要考核指标如下：站在"十四五"开端，"新能源汽车"2021 年重点专项的目标在于：坚持纯电驱动发展战略，解决新能源汽车产业卡脖子关键技术问题，实现关键环节自主可控，形成一批国际前瞻和领先的科技成果，巩固我国新能源汽车先发优势和规模领先优势。

除了政策方面的支持，各地政府也颁布了对建立固态锂离子电池相关项目的支持文件。北京市发展改革委发布《关于进一步推动首都高质量发展取得新突破的行动方案

（2023—2025 年）》，其中提到，要加大绿色科技创新应用力度，并印发本市新型储能发展总体方案，支持高效率、长寿命、低成本储能技术研发应用，建设固态锂离子电池标准化厂房等重点项目。广东省深圳市人民政府于 2023 年 2 月印发《深圳市促进绿色低碳产业高质量发展的若干措施》，《若干措施》指出，重点推动新型储能快速发展，加快钠离子电池、固态锂离子电池等新型储能技术研发和示范。并对规模化示范储能项目给予财政资金支持，探索移动储能商业化运营模式。文件自 2022 年 12 月 23 日起施行，有效期 3 年。

2. 行业协会支持

电池行业的监管体制为国家宏观指导下的市场调节管理体制，政府职能部门进行产业宏观调控，行业协会进行自律规范。电池行业自律组织主要包括中国轻工业联合会、中国电池工业协会和中国化学与物理电源行业协会。

中国轻工业联合会主要开展行业调查研究，向政府提出有关经济政策和立法方面的意见或建议，组织开展行业统计，收集、分析、研究和发布行业信息，依法开展统计调查等。中国电池工业协会主要对电池工业的政策提出建议，起草电池工业的发展规划和电池产品标准，组织有关科研项目和技术改造项目的鉴定，组织国际国内电池展览会等。中国化学与物理电源行业协会主要开展对电池行业国内外技术、经济和市场信息的采集、分析和交流工作，向政府部门提出制定电池行业政策和法规等方面的建议，组织制定、修订电池行业的协会标准，参与国家标准、行业标准的起草和修订工作，并推进标准的贯彻实施等。

3. 匹配工业技术革命

"十四五"时期是我国从工业大国迈向工业强国的关键阶段，加速提升工业技术创新能力是实现这一转变的重要支撑。面向未来，需更加聚焦核心重点任务，找到有效提升工业技术创新能力的现实路径。面对新形势新挑战，需聚焦提升工业技术创新能力的重点任务，一是要进一步加强核心技术攻关，二是要构建良好产业技术创新生态，三是要有效推动科技成果转化，明确发力的主要方向。

固态锂离子电池的发展匹配国家工业技术革命的大趋势，中国是固态锂离子电池领域发表科学引文索引（Science Citation IndexTM，SCI）论文最多的国家，在各类电解质材料、各类固态锂离子电池的基础研究方面，是全球最活跃的国家，在一些关键的基础科学问题、材料设计、电池解决方案方面，提出了重要的原创想法，具有重要价值。如中国科学院物理研究所提出了原位固态化、纳米固态电解质包覆正极材料、界面预锂化、低膨胀纳米硅碳负极材料、界面热复合等综合解决方案，目前已经研制了能量密度达到 360 Wh/kg 的固态锂离子电池，循环性达到 800 次以上，并满足其他各类指标要求，该电池在 2024 年大规模生产。此外，通过创新的正负极材料解决方案，在 2020

年国家科学技术委员会组织的未来储能技术挑战赛中，已经实现了 0.1 C 下 610 Wh/kg（1834 Wh/L），5 C 下 545 Wh/kg（1704 Wh/L）的世界纪录。中国科学院物理研究所还同时深入研究了氧化物固态电解质与金属锂和正极的热失控行为以及利用材料基因组算法预测新的固态电解质 LiAlSO。上海空间电源研究所，2021 年开发了全新的 LZSP（$Li_3Zr_2Si_2PO_{12}$）氧化物电解质，是目前氧化物离子电导率最高，且电化学窗口最宽的材料，具有非常重要的应用前景。我国强化应用基础研究投入，提升工业技术创新的基础支撑能力，积极组织共性技术创新活动，提升工业技术创新的协同能力，完善了创新科技成果转化机制，提升了工业技术创新的扩散能力，为我国从工业大国迈向工业强国增砖添瓦。

6.4.4　行业发展建议

一是从国家政策引导，鼓励企业投入固态锂离子电池研发，培育相应人才。将固态锂离子电池纳入重点研发领域，推出更多重点研发计划、重点科技项目、产学研合作项目等，汇集更大力量，在固态锂离子电池研发领域抢占领先地位。同时，设立相应细分学科，发挥高校科研力量，培养更多专业人才，打好固态锂离子电池研发这场持久战、攻坚战。

二是重视技术路线选择和工艺开发。目前主流的三种技术路径分别是硫化物、氧化物和聚合物。中国主要走的是氧化物路线，中国的头部固态锂离子电池公司基本都以氧化物材料为基础的固液混合技术路线为主。日韩推进硫化物技术路线，欧洲走聚合物技术路线，美国则同时推进多条路线。但固态锂离子电池的技术路径并非绝对，不同性能适应不同场景，中国企业需根据电池应用细分行业选择合适的技术路线。

三是重视电芯设计和工艺验证。电池系统集成技术一直以电芯为基础，以电池包的空间体积和质量为两个受限因素，进行最优化设计。在电芯受限的情况下，标准模组、大模组和 CTP（无模组）依次迭代。当电芯技术得到突破时，这三个技术方案很可能会重新再走一遍，因此要重视电芯设计和工艺验证。

四是重视材料本身的放大，打通关键材料供应链。首先，需要为全球寻找优质矿山提供资源支持或共享，提升海外项目的投资、建设效率；其次，在保障可持续发展的前提下，加快国内资源项目的勘探、开发投入；最后，大力发展锂电池回收技术。

五是重视智能装备开发和设备自动化。新技术和新工艺的导入会对固态锂离子电池生产制造工艺提出更高要求，需要引入数字模拟仿真技术和数字化智能制造技术，克服工程放大和生产制造过程中的难题，实现精准可知可控可追溯。因此要优化产线设备生产工序及流程，创新产品结构，提高电池生产的良率和效率，有利于实现规模化生产。

六是建立标准化生产制造体系，建立和完善固态锂离子电池相关标准，逐步从半固态锂离子电池向全固态锂离子电池发展。虽然全球范围内有多家制造企业、初创公司和高校科研院所致力于固态锂离子电池技术，但目前国内外尚未有固态锂离子电池及其相关材料的标准，产业化进程仍处于早期，建立相关产业标准任重而道远。

本章小结

　　进入21世纪以来，尤其是2010之后，各国对固态锂离子电池的研究与开发越来越重视，相继出台了多项实质性的政策推动固态锂离子电池技术的发展和应用。从全球固态锂离子电池的专利申请数量上就可以看出，2010年之后专利申请数量在逐年增加。但是截至目前，固态锂离子电池尤其是全固态锂离子电池的全面商业化应用仍然没有实现。从中国来看，整个固态锂离子电池产业链并没有完全形成，基本还在沿用液态锂离子电池产业链，与液态锂离子电池较为接近的半固态锂离子电池实现了少量应用。从各国的规划来看，固态锂离子电池的全面产业化应用预计到2030—2035年。但从固态锂离子电池关键技术突破、工艺技术革新、价格成本降低等角度来看，2030年的全面产业化应用仍然是较为乐观的估计。尽管固态锂离子电池尤其是全固态锂离子电池还存在很多技术难题，但是从下游产业链新能源汽车与储能的发展需求来看，固态锂离子电池的高能量密度与高安全性仍然是未来迫切需要的，未来固态锂离子电池的市场空间极其可观。随着各项固态锂离子电池技术的突破，未来固态锂离子电池的全面产业化应用只是时间问题。

参考文献

[1] 洪月琼，洪海杉，李连豹，等. 固态电池研究及发展现状 [J]. 小型内燃机与车辆技术，2023，52（03）：80-85.

[2] 王雷. 下一代动力电池技术：固态锂离子电池技术前景几何？[J]. 中国石化，2023，（04）：61-65.

[3] Song Z F, Kai Z, Hong Z G, et al. "Giving comes before receiving": High performance wide temperature range Li-ion battery with $Li_5V_2(PO_4)_3$ as both cathode material and extra Li donor [J]. Nano Energy, 2019, 66: 104175.

[4] 朱如强，李志伟，孙浩，等. 锂离子电池快速发展的关键：预锂化技术 [J]. 电池工业，2021，25（04）：209-215.

[5] 王莹. 高安全锂离子电池隔离膜的制备及应用基础研究 [D]. 广州：华南理工大学，2018.

[6] 隋谨伊，吕晓东. 锂离子电池隔离膜行业发展现状及趋势展望 [J]. 石油石化绿色低碳，2023，8（01）：16-21.

[7] 武佳雄，王曦，徐平红，等. 车用固态锂电池研究进展及产业化应用 [J]. 电源技术，2021，45（03）：402-405.

[8] 李泓. 中国固态电池领域发展现状和未来挑战 [J]. 科学观察，2023，18（04）：4-9.